MATEMÁTICA EMOCIONAL

Los afectos en el aprendizaje matemático

INÉS Mª GÓMEZ CHACÓN

MATEMÁTICA EMOCIONAL

Los afectos en el aprendizaje matemático

NARCEA, S. A. DE EDICIONES
MADRID

INÉS GÓMEZ CHACÓN ha publicado en NARCEA:

- **Matemáticas y contexto.** *Enfoques y estrategias para el aula.*
- **Matemáticas en la red.** *Internet en el aula de Secundaria.*

3ª edición

Avda. Dr. Federico Rubio y Galí, 9. 28039 Madrid. España

www.narceaediciones.es

Ilustración de cubierta: Virginia Fernández Aguinaco

I.S.B.N.: 978-84-277-1336-9
Depósito legal: M-38244-2011
Impreso en España. Printed in Spain
Imprime: CLM. Pol. Ind. Codeín. 28946 Fuenlabrada (Madrid)

«El norte de mi brújula interior me ha llevado a vivir en lo fronterizo. Así como hay fronteras espaciales y conceptuales también las hay temporales y yo las he cruzado más de una vez a lo largo de mis andanzas hasta sentirme, después de cada una, en otra etapa de ese "hacerme lo que soy que es el vivir"».

J. L. Sampedro: *Fronteras,* 1995

Dedico este libro a mi familia, a mis amigos,
que me escuchan, hablan, ríen y lloran conmigo
y me mantienen cercana a lo humano.

Índice

PARTE II

PARTE III

9. Formación del profesorado para la educación emocional en matemáticas

ANEXOS

Prólogo

¿Qué es lo que hace que un adulto inteligente pueda apasionarse por las matemáticas hasta un grado de adicción difícil de imaginar y que otro, posiblemente tanto o más inteligente, vaya proclamando constantemente su repugnancia y su inutilidd para ellas?

Una pregunta tal vez más simple, por encontrarse al principio de la historia de cada individuo. ¿De qué depende el hecho de que un niño que entra en una escuela llegue a encontrar fascinante el quehacer propio de las matemáticas y otro en cambio se convierta en profundo aborrecedor de ellas para toda su vida?

¿Existen emociones en la matemática? Las actitudes señaladas anteriormente parecen apuntar que, al menos, existe un enorme caudal de afectividad en torno al quehacer matemático y que la toma de posición inicial respecto de la matemática, es capaz de generar actitudes que perduran toda la vida.

De la matemática se dice que es exacta, rigurosa, fría..., hablamos de una mente calculadora, un robot, una máquina de hacer números... pero, ¿matemática emocional? ¿qué es eso?

Esta excelente obra de Inés M.ª Gómez Chacón se introduce, a la vez con profundidad y con sentido práctico, en el difícil mundo de las emociones en torno al quehacer matemático y en la influencia que tienen en su aprendizaje.

El estudio sistemático de la influencia de las emociones y de los afectos en el aprendizaje matemático comenzó hacia los años 80 y es claro que desde entonces se van abriendo más y más los horizontes de tal investigación.

La profesora Gómez Chacón ha producido una obra pionera entre nosotros con la que pone en las manos, tanto de los profesores de matemáticas de diferentes niveles como de psicólogos y pedagogos interesados por explorar los vericuetos de la mente en su ocupación con la matemática, una gran variedad de instrumentos, muchos de ellos ideados por ella misma, para caminar con más luz por los caminos de las influencias afectivas de la mente cuando se enfrenta con el aprendizaje y el manejo de los saberes matemáticos.

Como explica ella misma en su introducción, diferentes lectores puede encontrar diversas sendas de lectura adecuadas a sus intereses. El marco teórico de la Parte I, que es un magnífico fruto de años de lectura, contacto con los máximos especialistas en el tema y reflexión propia, interesará especialmente a quienes quieran introducirse con mayor profundidad en el campo. La Parte II contiene la sistematización, profundamente analizada con instrumentos muy originales, de las observaciones y experiencias de su muy peculiar práctica docente y de la de otros. De tales experiencias ha obtenido luces que pueden iluminar extraordinariamente la de muchos otros profesores. La Parte III contiene propuestas muy originales para la formación de profesores y alumnos en el tema de su obra, que han sido ampliamente experimentadas por la autora.

Matemática emocional constituye, sin duda, una obra extraordinariamente original que interesará a una gran variedad de lectores y que amplía muy substancialmente el panorama de la exploración del aprendizaje matemático.

MIGUEL DE GUZMÁN
Universidad Complutense de Madrid

Introducción

> *¿Son las matemáticas algo emocional? La gente suele decir que no, pero yo creo que sí. Un matemático es una persona y tiende a sentir emociones fuertes sobre qué parte de las matemáticas está dispuesto a soportar y, naturalmente, emociones fuertes sobre otras personas y las clases de matemáticas que le gustan.*
>
> *Por ejemplo: «¿Qué prefieres, números o dibujos, símbolos o gráficas, álgebra o geometría?». Yo soy principalmente un hombre de números, y no sólo me ponen nervioso los dibujos, sino incluso la gente que los prefiere»* (Paul R. Halmos, 1991: 34)

Matemática emocional es un libro que trata de las influencias afectivas en el conocimiento de las matemáticas. Al igual que Halmos nosotros también creemos que el estilo matemático está relacionado con las emociones. Actualmente crece en la conciencia colectiva la necesidad de desentrañar los aspectos emocionales del conocimiento, en los que posiblemente haya que buscar la raíz de muchos fracasos de nuestra vida intelectual y, en particular, de nuestra educación.

Si hiciéramos un estudio de las palabras utilizadas en las discusiones del profesorado y de los investigadores sobre los factores de aprendizaje, «afectividad» y «motivación» serían las que encabezarían la lista. Este hecho pone de manifiesto que, en el ámbito de la enseñanza, se reconoce la gran influencia que las variables afectivas ejercen en la construcción del conocimiento de los y las estudiantes. No obstante, en la investigación escolar, el aprendizaje se ha medido por los logros académicos en los aspectos cognitivos. Aun reconociendo que los resultados afectivos, procedentes de la metacognición y de la dimensión afectiva del individuo, determinan la calidad del aprendizaje, estos estudios no se han incorporado hasta hace relativamente poco tiempo. Hemos de esperar la década de los 80 para que gran parte de las investigaciones en Didáctica de las Matemáticas sobre procesos de aprendizaje comiencen a centrarse en estos aspectos, a los que se añade otra variable importante: el contexto sociocultural. Este nuevo enfoque pone de manifiesto el papel esencial que la dimensión afectiva juega en la enseñanza y el aprendizaje de la matemática.

Es necesario tener en cuenta esta preocupación e insistir en la toma de conciencia de esta componente capital en la vida del alumnado. Desde nuestro punto de vista, queda aún bastante camino por recorrer, dado que, en la práctica, la integración de la perspectiva afectiva está por lograr en las situaciones de enseñanza y aprendizaje. Si echamos una ojeada al desarrollo teórico sobre distintas variables afectivas (motivación, actitudes, sentimientos, etc.) sus discursos son más contundentes y más matizados que sus propuestas de acción cotidiana en el aula. Parece urgente no sólo reflexionar sobre estas cuestiones sino presentar propuestas operativas que integren la dimensión afectiva en el aprendizaje. Ésta es la propuesta que ofrecemos a nuestros lectores con este libro.

La experiencia que se describe nace de la reflexión desarrollada en torno a la búsqueda de propuestas alternativas para estudiantes que fracasan en la matemática escolar y de nuestra experiencia en formación del profesorado. La investigación que realizamos fue una Tesis Doctoral sobre las influencias afectivas en el conocimiento de la matemática de poblaciones de fracaso escolar en contextos de exclusión social (Gómez-Chacón, 1997, 1999).

En este volumen hacemos una puesta al día de los aspectos teóricos de la dimensión afectiva en matemáticas. Mediante la utilización de datos empíricos, trataremos de:

- Hacer explícito cuáles son los principales factores afectivos que entran en juego en el aprendizaje de la matemática, y cuándo y por qué aparecen las reacciones afectivas hacia la matemática y su aprendizaje en los estudiantes.
- Establecer algunas relaciones significativas entre cognición y afectividad.
- Presentar un programa de formación de profesores para la educación emocional en matemáticas.

Para ello, nos acercamos en la primera parte del libro a los planteamientos teóricos: el aprendizaje matemático desde la perspectiva afectiva, en los capítulos 1, 2 y 3; en ellos exploramos una gama de literatura desde distintos paradigmas relacionada con las Matemáticas y los factores afectivos (emociones, actitudes y creencias). Nuestro propósito es presentar elementos claves en la configuración de un marco teórico para trabajar esta dimensión en el aula. En la segunda parte intentamos dar respuesta a cuestiones que se plantean en la dimensión emocional de los estudiantes y en la utilización en el aula de esta perspectiva (capítulos 4, 5, 6, 7 y 8). Por último, en el capítulo 9 presentamos una propuesta de formación del profesorado para la alfabetización emocional en matemáticas, describiendo el programa elaborado: aspectos que dan concreción al enfoque desarrollado y módulos de aprendizaje.

¿En quién pensabamos mientras escribíamos el libro? En cualquier persona interesada en las dos áreas problemáticas descritas: *Afectividad y Matemáticas*. Este libro, más que requerir conocimientos matemáticos especializados, pide algún conocimiento de cuestiones educativas y didácticas, buena predisposición para criticar la práctica tradicional y un gran interés en el proceso creativo de resolución de problemas, aplicado al campo de la educación matemática. Pensamos que estos requisitos no excluyen a ningún grupo específico de personas.

El lector o la lectora que se dispone a leer un libro tiene varias motivaciones, intereses e incluso necesidades; por eso pensamos que puede ser útil sugerir varios itinerarios de lectura. Es lógico que una profesora o un profesor preocupado por las dificultades de aprendizaje de sus estudiantes y deseoso de explicar y dar respuesta a lo que sucede en su aula, comenzara por el capítulo 5 y demás capítulos de la parte segunda. Es una buena elección, sin duda, pero posiblemente necesitará, para poder abarcar el conjunto de la propuesta, leer el capítulo 1, *Afectividad y matemáticas*, y el capítulo 3, *Configurar un marco teórico de la dimensión emocional en educación matemática*, que pondrán serle de utilidad para aclarar la terminología y las finalidades del trabajo. Si el lector se cuestiona sobre los principios teóricos que sustenta un enfoque de la educación matemática desde la perspectiva emocional, deberá ir al capítulo 1, 2, y 3. Si su interés se centra, en cambio, en los aspectos de *diagnóstico de los afectos* y busca una formulación de *un modelo de análisis para el estudio de la interacción entre cognición y afecto*, deberá ir al capítulo 6 a buscar información y continuar con los capítulos 4, 5 y 7, donde encontrará distintos *instrumentos para la evaluación de los afectos.* Y si quiere conocer cómo se articula una *propuesta de intervención y de formación del profesorado y del alumnado* a partir de estos planteamientos, deberá ir al capítulo 9, en donde se desarrollan distintos módulos de aprendizaje.

Un libro es rara vez el trabajo de un solo individuo. Representa unas pocas ideas de un autor, difundidas, comprobadas y vivificadas por las personas de su entorno social. Lo mismo ocurre con este libro. Su inspiración, formulación y terminación han dependido del talento y apoyo de muchas personas, de las que sólo es posible reconocer la contribución de unas pocas. Quiero desde aquí agradecer su cooperación a los alumnos y alumnas que han pasado por el Centro Taller Fuencarral de la Asociación Norte Joven –taller de ebanistería– del curso 93-94 al curso 97-98, cuyos trabajos en las clases de matemáticas son el sustrato de este libro. Me hicieron pasar ratos muy agradables, además de proporcionarme datos estimulantes para el trabajo. Al profesorado que ha participado y experimentado desde 1994 la propuesta de intervención en la dimensión afectiva y que me ha permitido validarla como una propuesta de formación de profesores. También a quienes me alentaron en la investigación que originó este trabajo, especialmente a Camino Cañón de la Universidad Pontifica de Comillas y Presidenta de la Asociación Norte Joven cuando este estudio se inicio; a D. B. McLeod, profesor de la Universidad del Estado de San Diego (USA) y especialista en afecto y matemáticas, cuyas aportaciones bibliográficas y los dos encuentros mantenidos con él, al inicio y final de este trabajo, me proporcionaron una orientación inestimable; a A. D. Schliemann, actualmente profesora de la Universidad de Tufts (USA), quien me invitó a trabajar con ella y su equipo en la Universidad Federal de Pernambuco (Brasil), sus trabajos sobre cómo la gente aprende y usa las matemáticas en situaciones fuera del contexto escolar y sus estudios sobre estrategias informales de «niños de la calle» fueron para mí de gran ayuda; a Rosa Aparicio, profesora de Sociología de la Universidad Pontificia de Comillas, especialista en el tema de identidad social, quien con su crítica y su conocimiento dio impulsos a mi trabajo; a Miguel de Guzmán, de la Facultad de Ciencias Matemáticas de la Universidad Complutense, que ha estado también en la gestación de este trabajo y ha tenido la amabilidad de escribir el Prólogo. Por último a mis colegas del IEPS, que me han animado a escribir este libro; a Virginia Fernández Aguinaco por su ayuda en algunos aspectos técnicos con el ordenador y a Rufina Gutiérrez, a Mª Dolores de Prada y a Malén Álvarez que leyeron el manuscrito y me hicieron acertadas observaciones.

Parte I

1. Afectividad y matemáticas

La enseñanza de la matemática está sufriendo profundos cambios en el ámbito escolar en diferentes países. Especialmente el concepto de matemática escolar y su enseñanza. Esta disciplina cada vez se concibe menos como un sistema estático y sus objetivos se van ampliando desde esta extensión de la visión del quehacer matemático.

Dentro de la investigación escolar, el aprendizaje se viene midiendo por los logros académicos de los aspectos cognitivos. Aun reconociendo que los resultados afectivos, procedentes de la metacognición y dimensión afectiva del individuo, determinan la calidad del aprendizaje, a menudo este aspecto se ha dejado de lado. A finales de la década de los 80, gran parte de las investigaciones en Didáctica de las Matemáticas sobre los procesos de aprendizaje comenzaron a centrarse en estos aspectos, a los que se añade la importancia del contexto sociocultural en el aprendizaje de la matemática (D'Ambrosio, 1985, Bishop, 1988, Mellin-Olsen 1987, Lerman, 1996). Este nuevo enfoque de la dimensión afectiva, auspiciado en gran medida por los trabajos del educador matemático McLeod (1988, 1992, 1994)[1], pone de manifiesto que las cuestiones afectivas juegan un papel esencial en la enseñanza y aprendizaje de la matemática, y que algunas de ellas están fuertemente arraigadas en el sujeto y no son fácilmente desplazables por la instrucción.

Cuando nos acercamos al tema de afectividad y matemáticas nos podemos hacer las siguientes preguntas:

– Qué es la dimensión afectiva en matemáticas.

– Cuál es el significado de los afectos en la actividad matemática.

[1] No pretendemos dar una panorámica exhaustiva de estudios sobre afectividad en Educación Matemática. En el presente trabajo nos limitaremos a la opción elegida en la investigación.

– Qué tipo de enseñanza es más optima desde el punto de vista de la dimensión afectiva.
– Cuál es, actualmente, el interés del tema en la investigación.

A lo largo del libro se tratará de dar respuesta a estas cuestiones.

EL CONCEPTO CENTRAL: DOMINIO AFECTIVO

Un problema persistente en la comprensión del afecto en la enseñanza y aprendizaje de la matemática ha sido encontrar una definición clara de qué es el afecto o el *dominio afectivo*. La definición que se ha utilizado más comunmente es la usada por el equipo de educadores[2] de Taxonomía de los objetivos de la educación: ámbito de la afectividad (Krathwohl, Bloom, y Masia, 1973). En esta definición, el dominio afectivo incluye actitudes, creencias, apreciaciones, gustos y preferencias, emociones, sentimientos y valores.

Ejemplos de investigaciones que han utilizado esta definición son los de Aiken (1970), Kulm (1980), Reyes (1984), aunque estos autores se han centrado más en estudio de las actitudes que en analizar y describir las componentes del domino afectivo. H. A. Simon (1982) en el Simposio Carnegie-Mellon sobre Afecto y Cognición examina la distinta terminología usada para describir el domino afectivo, sugiriendo que se utilice el término afecto como un término general. En esta misma línea McLeod (1989) usa el termino dominio afectivo «para referirse a un extenso rango de sentimientos y humores (estados de ánimo) que son generalmente considerados como algo diferente de la pura cognición» (p. 245) e incluye como descriptores específicos de este dominio las actitudes, creencias y emociones.

También desde el ámbito francófono las investigaciones más recientes definen como dominio afectivo «una categoría general donde sus componentes sirven para comprender y definir el dominio. Las componentes son las actitudes y los valores; el comportamiento moral y ético; el desarrollo personal; las emociones (entre las cuales sitúan la ansiedad) y los sentimientos; el desarrollo social; la motivación y finalmente la atribución» (Lafortune y Saint-Pierre, 1994: 45).

Hart (1989) y H. A. Simon (1982) indican que describir el dominio afectivo no es una tarea fácil, dado que los términos tienen significados diferentes en el ámbito de la psicología o en el de la educación matemática e incluso dentro del mismo campo utilizando la misma terminología no se estudia el mismo fenómeno, por ejemplo la ansiedad, que en algunos casos se describe como una emoción intensa y en otros como respuesta actitudinal.

Para nosotros, el término *dimensión afectiva* se usará tal como lo definen McLeod (1989, 1992), Krathwohl y otr. (1973): un extenso rango de sentimientos y humores (estados de ánimo) que son generalmente considerados como algo diferente de la pura cognición. En nuestra definición consideramos no sólo los sentimientos y las emociones como *descriptores básicos*, sino también las creencias, las actitudes, los valores y las apreciaciones.

---

[2] Para que la lectura del texto resulte más sencilla, se ha evitado utilizar conjuntamente el género femenino y masculino en aquellos términos que admiten ambas posibilidades. Así, cuando se habla de *educador* o *alumno*, se entiende que se refiere también a la *educadora* o *alumna*; y al aludir al *profesor* no excluye a las *profesoras*.

DESCRIPTORES BÁSICOS: CREENCIAS, ACTITUDES Y EMOCIONES

Las creencias matemáticas son una de las componentes del conocimiento subjetivo implícito del individuo sobre las matemáticas y su enseñanza y aprendizaje. Dicho conocimiento está basado en la experiencia. Las concepciones que se entienden como creencias conscientes son distintas de las creencias básicas, que son a menudo inconscientes y cuya componente afectiva está más enfatizada. Se define, por tanto, en términos de experiencias y conocimientos subjetivos del estudiante y del profesor. Las creencias del estudiante se categorizan en términos del objeto de creencia: creencias acerca de la matemática (el objeto); acerca de uno mismo; acerca de la enseñanza de la matemática; y creencias acerca del contexto en el cual la educación matemática acontece (contexto social) (McLeod, 1992). Este autor señala dos categorías de las creencias que principalmente parecen tener influencia en los aprendices de matemáticas. *Creencias acerca de las matemáticas* como disciplina que los estudiantes desarrollan. Estas creencias generalmente involucran poca componente afectiva, pero constituyen una parte importante del contexto en el que el afecto se desarrolla. Una segunda categoría se refiere a las *creencias del estudiante* (y del profesor) acerca de sí mismo y su relación con la matemática; tiene una fuerte componente afectiva, e incluye creencias relativas a la confianza, al autoconcepto, y a la atribución causal del éxito y fracaso escolar. Son creencias estrechamente relacionadas con la noción de metacognición y autoconsciencia (McLeod, 1989b).

Relativo al concepto de *actitud en la educación matemática* los educadores matemáticos han usado «actitud» con una definición menos clara que los psicólogos. Se puede observar, a través de los instrumentos de medida, que estos son diseñados para medir componentes específicas de la actitud (McLeod, 1989a):

- percepción del estudiante ante la utilidad de las matemáticas
- autoconcepto del estudiante o confianza respecto a las matemáticas
- percepción de la matemática desde el punto de vista de los alumnos, de sus padres, de los profesores (no tiene componente emocional)
- ansiedad (fuerte componente emocional)

Entendemos *la actitud* como una predisposición evaluativa (es decir, positiva o negativa) que determina las intenciones personales e influye en el comportamiento. Consta, por tanto, de tres componentes: una cognitiva que se manifiesta en las creencias subyacentes a dicha actitud, una componente afectiva que se manifiesta en los sentimientos de aceptación o de rechazo de la tarea o de la materia y una componente intencional o de tendencia a un cierto tipo de comportamiento. Esta definición que plantea Hart (1989), es de tipo general y es válida para cualquier tipo de actividad, se cual sea su objeto. Si el objeto es la matemática, se pueden distinguir dos grandes categorías (NCTM, 1989, Callejo, 1994):

- actitudes hacia la Matemática
- actitudes matemáticas

Las *actitudes hacia la Matemática* se refieren a la valoración y el aprecio de esta disciplina y al interés por esta materia y por su aprendizaje, y subrayan más la componente afectiva que la cognitiva; aquélla se manifiesta en términos de interés, satisfacción, curiosidad, valoración, etc...

Las actitudes que comprenden este grupo pueden referirse a cualquiera de los aspectos siguientes:

1. Actitud hacia la matemática y los matemáticos (aspectos sociales de la matemática).
2. Interés por el trabajo matemático, científico.
3. Actitud hacia las matemáticas como asignatura.
4. Actitud hacia determinadas partes de las matemáticas.
5. Actitud hacia los métodos de enseñanza.

El Diseño Curricular Base de matemáticas español al incidir en los contenidos actitudinales señala dentro de esta categoría las actitudes referentes a la apreciación de las matemáticas: apreciar su utilidad para resolver problemas de la vida cotidiana, por sus aplicaciones a otras ramas del conocimiento, y también por la belleza, potencia y simplicidad de sus lenguajes y métodos propios.

Las *actitudes matemáticas*, por el contrario, tienen un carácter marcadamente cognitivo y se refieren al modo de utilizar capacidades generales como la flexibilidad de pensamiento, la apertura mental, el espíritu crítico, la objetividad, etc., que son importantes en el trabajo en matemáticas. En el estandar 10 de la NCTM (1989/1991) se afirma en relación a esta categoría:

> «La actitud matemática es mucho más que una afición por las matemáticas. A los alumnos podrían gustarles las matemáticas pero no demostrar el tipo de actitudes que se indican en este estándar [se refiere a la flexibilidad, el espíritu crítico...]. Por ejemplo, a los alumnos podrían gustarles las matemáticas y a la vez creer que la resolución de problemas constituye siempre la búsqueda de una respuesta correcta de la manera correcta. Estas creencias, a su vez, influyen sobre sus acciones cuando se enfrentan a la resolución de un problema. Aunque estos alumnos tengan una disposición positiva hacia las matemáticas, no muestran sin embargo los aspectos esenciales de lo que venimos llamando actitud matemática» (NCTM, 1991: 241).

Por el carácter marcadamente cognitivo de la actitud matemática, para que estos comportamientos puedan ser considerados como actitudes hay que tener en cuenta la dimensión afectiva que debe caracterizarlos, es decir, distinguir entre lo que un sujeto es capaz de hacer (capacidad) y lo que prefiere hacer (actitud).

En el Diseño Curricular Base, en relación a esta categoría, se destacan las actitudes referentes a la organización y hábitos de trabajo: la curiosidad y el interés por investigar y resolver problemas, la creatividad en la formulación de conjeturas, la flexibilidad para cambiar el propio punto de vista, la autonomía intelectual para enfrentarse con situaciones desconocidas y la confianza en la propia capacidad de aprender y de resolver problemas.

Las *emociones* son respuestas organizadas más allá de la frontera de los sistemas psicológicos, incluyendo lo fisiológico, cognitivo, motivacional y el sistema experiencial. Surgen en respuesta a un suceso, interno o externo, que tiene una carga de significado positiva o negativa para el individuo. La clase de valoraciones relacionadas con el acto emocional sigue al acontecimiento de alguna percepción o discrepancia cognitiva en la que las expectativas del sujeto se infringen. Tales expectativas son expresiones de las creencias de los estudiantes acerca de la naturaleza de la actividad matemática, de sí mismos, y acerca de su rol como estudiantes en la interacción en la clase. Las creencias de los estudiantes, que parecen ser un aspecto crucial en la estructuración de la realidad social del aula –dentro de la que se enseña y aprende–, hacen derivar el significado de los actos emocionales. Más adelante ilustraremos cómo el estudio de las prácticas sociales, de las condiciones culturales, puede ayudar a dar significado a las reacciones emocionales de los individuos en el aula; éstas están estrechamente ligadas a ciertos valores y a la definición de la identidad social del sujeto (Gómez-Chacón, 1997).

SIGNIFICADO DE LOS AFECTOS EN MATEMÁTICAS

Distintos investigadores han puesto de manifiesto que los afectos (emociones, actitudes y creencias) de los estudiantes son factores claves en la comprensión de su comportamiento en matemáticas. El papel central que desempeñan las creencias (p. e. Schoenfeld, 1985 y 1992; Frank 1988; Garofalo, 1989[3]) y las emociones (McLeod, 1992, Gómez-Chacón, 1997) en el éxito o fracaso en matemáticas ha sido apuntado por distintos didactas de la matemática. Los aspectos más destacados relativos a las consecuencias de los afectos son

- El impacto poderoso que tienen en cómo los alumnos aprenden y utilizan las matemáticas. Los afectos establecen el contexto personal dentro del cual funcionan los recursos, las estrategias heurísticas, y el control al trabajar la matemática.
- La influencia en la estructura del autoconcepto como aprendiz de matemáticas.
- Las interacciones que se producen con el sistema cognitivo.
- La influencia en la estructuración de la realidad social del aula.
- El obstáculo que son para un aprendizaje eficaz. Los alumnos que tienen creencias rígidas y negativas acerca de la matemática y su aprendizaje, normalmente son aprendices pasivos y, a la hora del aprendizaje, ponen más énfasis en la memoria que en la comprensión.

La relación que se establece entre afectos –emociones, actitudes y creencias– y aprendizaje es cíclica: de una parte, la experiencia que tiene el estudiante al aprender matemáticas le provoca distintas reacciones e influye en la formación de sus creencias.

---

[3] Para más ampliación sobre el tema de creencias en la enseñanza y aprendizaje de la matemática se puede consultar la recopilación bibliográfica realizada por Penkonned y Törner (1996).

Por otra, las creencias que sostiene el sujeto tienen una consecuencia directa en su comportamiento en situaciones de aprendizaje y en su capacidad para aprender.

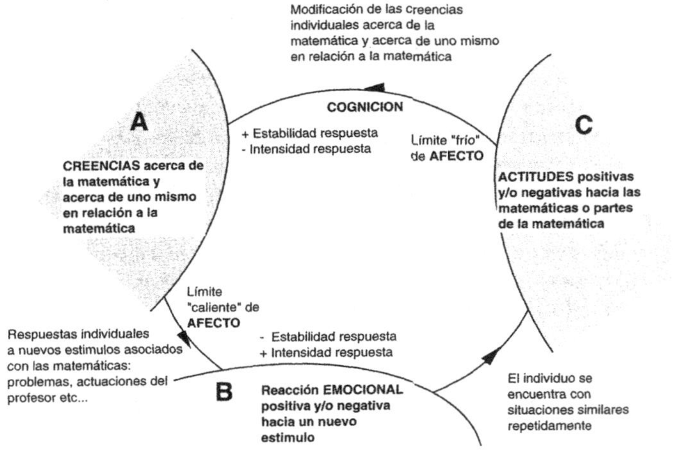

Figura 1.1. Diagrama interpretativo de los descriptores específicos del dominio afectivo en matemáticas

El estudiante, al aprender matemáticas, recibe continuos estímulos asociados con las matemáticas –problemas, actuaciones del profesor, mensajes sociales, etc.– que le generan cierta tensión. Ante ellos reacciona emocionalmente de forma positiva o negativa. Esta reacción está condicionada por sus creencias acerca de sí mismo y acerca de las matemáticas. Si el individuo se encuentra con situaciones similares repetidamente, produciéndose la misma clase de reacciones afectivas, entonces la activación de la reacción emocional (satisfacción, frustración, etc.) puede ser automatizada, y se «solidifica» en actitudes. Estas actitudes y emociones influyen en las creencias y colaboran a su formación (Gómez-Chacón, 1997a).

Los afectos hacia la matemática como sistema regulador

Los afectos hacia las matemáticas forman un sistema regulador de la estructura de conocimiento del estudiante. Dentro de este marco el individuo actuará, pensará, y orientará su ejecución. Por ejemplo, si a un alumno que entiende la matemática como cálculo, éste se le continua enfatizando en su etapa de primaria, en el futuro se resistirá a tareas que demanden pensar, manifestando miedos, desánimo y ganas de abandonarlas, con poca efectividad en el abordaje y con gran dificultad. Por tanto, conocer apropiadamente hechos, algoritmos y procedimientos no es suficiente para garantizar el éxito en este sujeto. Sus dificultades de aprendizaje radican en las creencias que tiene acerca de la matemática y acerca de sí mismo. Creencias que configuran su perspectiva matemática.

El aprendizaje es una actividad mediada por otros (profesores y alumnos) y se desarrolla en un marco escolar con características específicas. Autores como Pehknonen (1996), Martha Frank (1985), Gómez-Chacón (1997) han planteado distintos esquema de los factores que influyen en el comportamiento del estudiante en la resolución de problemas. La asunción progresiva de responsabilidad del alumno en la planificación, en el control del proceso de aprendizaje y en la evaluación, supone necesariamente tener en cuenta la regulación de los sentimientos, actitudes y creencias. Los alumnos actuan dentro de una compleja red de influencias (Underhill (1990) habla de redes de creencias). Por ejemplo los profesores de matemáticas, los alumnos, los padres, tienen su perspectiva de matemáticas y de su enseñanza y aprendizaje. Estas creencias afectan a las creencias del aprendiz y usualmente no siempre en la misma dirección. La toma de conciencia de la actividad emocional es un instrumento de control personal, un poderoso mediador en las relaciones con otros y un elemento clave de la autorregulación del aprendizaje en el aula.

Los afectos hacia la matemática como un indicador

Hay otro significado práctico de los afectos. La perspectiva matemática en la que se sitúa el estudiante, sus emociones, sus actitudes pueden constituir un indicador efectivo de la situación de aprendizaje que de otra forma no sería observable.

A partir de la perspectiva matemática que expresa el alumno, de las creencias que transmite, se puede obtener una buena estimación de las experiencias que ha tenido de aprendizaje y del tipo de enseñanza recibida. Con ello obtenemos un método indirecto de evaluar la instrucción a diferentes niveles. Se puede detectar la perspectiva profesional del profesor, la experiencia pasada como estudiante y la sensibilidad social correspondiente al contexto en el que se desarrolla la enseñanza.

Los afectos hacia la matemática como fuerzas de inercia

Si se desea mejorar la enseñanza y aprendizaje de la matemática parece conveniente tener en cuenta los factores afectivos de alumnos y profesores. Las emociones, actitudes y creencias actuan como fuerzas impulsoras de la actividad matemática. En muchos de los casos actúan como fuerzas de resistencia al cambio.

Los conocimientos subjetivos tienen una raíz profunda y un grado de estabilidad fuerte. Por ejemplo, si un profesor piensa que lo mejor para el aprendizaje de la matemática es trabajar rutinas y algoritmos, la enseñanza que imparta se centrará en estos aspectos. Este fenómeno viene siendo observando y estudiado desde hace años por varios investigadores. Afirman que diferentes filosofías de la enseñanza de la matemática (sistema de creencias) permiten distintas prácticas de enseñanza en el aula (Lerman, 1983; Ernest, 1991; Carrillo, 1996). Estos estudios tratan de ver cómo ayudar al profesor a extender su propio conocimiento didáctico.

También la perspectiva de los estudiantes debe ser mejorada. Si ellos tienen una determinada creencia acerca de cómo debe ser el aprendizaje, plantearán resistencia ante otra aproximación, manifestando reacciones emocionales negativas. Es importante plantear intervenciones que ayuden a los alumnos a salir del estado de bloqueo ante la actividad matemática.

Los afectos hacia la matemática como vehículos del conocimiento matemático

Los afectos como vehículos que sirven para conducir o transmitir fácilmente el conocimiento matemático, tienen un carácter diagnóstico. Habitualmente el profesorado trata de buscar razones que justifiquen por qué los estudiantes «fallan» al aprender la matemática. Las dificultades que comporta tanto aprender como enseñar matemáticas pueden tener su origen en las actitudes de los alumnos hacia la matemática, en la naturaleza de esta ciencia, en el lenguaje y la notación matemática y en el modo de aprender los alumnos. Parece pertinente no sólo ahondar cada vez más en la exigencias cognitivas para el aprendizaje, sino también, muy especialmente, en las exigencias afectivas.

Se han realizado algunos estudios para investigar la imagen que los estudiantes y los adultos tienen de las Matemáticas y de los sentimientos que esta disciplina genera en ellos, lo cual puede servir de referencia para hacer una crítica de ciertos métodos y también para dar luz sobre algunas estrategias que deben utilizar en el aula.

DESARROLLAR LA DIMENSION AFECTIVA

La mayoría de las investigaciones sobre factores afectivos se han orientado a poner de manifiesto cuáles son las creencias, actitudes y emociones de los estudiantes en la resolución de problemas. Son más escasas las que se realizan para buscar estrategias de instrucción que incorporen la dimensión emocional del sujeto y delimiten los factores que más influyen en una intervención eficaz.

Con objeto de desarrollar una enseñanza óptima desde el punto de vista de las creencias, modelos como los de Ernest (1989) y el de Thompson (1992) pueden tomarse en consideración. Algunos de los aspectos que resaltan estos autores para ser trabajados son la dimensión de autoridad compartida entre estudiante y profesor y algunos elementos que condicionan la construcción de la comunidad matemática en el aula.

Los datos de estudios empíricos nos muestran la considerable mejora que supone para la competencia emocional el abordar en el curriculum los siguientes aspectos (Gómez-Chacón, 1997a):

- factores afectivos y creencias acerca de la naturaleza de la matemática
- matemáticas y cultura: las matemáticas como conocimiento cultural
- la influencia de la historia personal en las actitudes y apreciaciones
- interacción entre cognición y afecto
- el autoconcepto del alumno como aprendiz de matemáticas

Un desarrollo óptimo de la dimensión afectiva en el aula de matemáticas requiere aportar modelos de situaciones que permitan descubrir y liberar creencias limitativas del alumnado, incorporar la experiencia vital y estimar la emoción y el afecto como vehículos del conocimiento matemático. Todo esto demanda que el profesor se forme en aspectos matemáticos y didácticos específicos para ello –relativos al área de conocimiento de la sociología y psicología de la Educación Matemática– y realice experiencias de aula que contribuyan al desarrollo de los afectos como vehículos del conocimiento matemático.

INTERÉS ACTUAL DEL TEMA EN INVESTIGACIÓN

Los afectos, un tema básico para matemáticas

Los sistemas de creencias en matemáticas son uno de los temas básicos en el estudio de esta ciencia. De forma específica, en su historia y su filosofía. La matemática misma es una ciencia intensamente dinámica y cambiante: se modifica de manera rápida y hasta turbulenta en sus propios contenidos. Y aún en su propia concepción profunda, aunque de modo más lento. Los cambios han obedecido a diversos factores entre los que cabría destacar los sociológicos y los epistemológicos. Estos últimos plantean la visión de las Matemáticas tanto como disciplina científica y de las matemáticas escolares, así como el modo de acceso a su conocimiento. El libro *La Matemática: creación y descubrimiento* de C. Cañón (1993), es un claro ejemplo de este tipo de investigación en el que se ha rastreado históricamente respuestas a preguntas como: el quehacer matemático, ¿es creación del espíritu humano o descubrimiento de un mundo de objetos y relaciones preexistentes?; ¿la matemática es una ciencia empírica?; ¿los resultados matemáticos están condicionados por el contexto sociocultural en que surgen?; ¿cuál es el papel del lenguaje en la actividad matemática? La autora va aportanto claves de respuesta a las cuestiones, presentando las épocas, corrientes y autores principales del pensamiento sobre las matemáticas. La enseñanza de las matemáticas no es ajena a las concepciones acerca de lo que es el conocimiento matemático. Muchas de las ideas sobre esta materia están enraizadas en las distintas visiones de la Filosofía de la Matemática. Por ello, es importante ayudar al profesorado a confrontarse con las propias concepciones epistemológicas de la matemática que indudablemente influyen en las prácticas de enseñanza.

Los afectos, un tema básico para la educación matemática

El desarrollo de estudios sobre cómo son los procesos de aprendizaje de los estudiantes y sus implicaciones en la práctica instruccional cada vez son más relevantes. Como hemos indicado, en esta última década se ha puesto énfasis especial en poner de manifiesto el papel de los factores afectivos en el aprendizaje de la matemática (McLeod, 1992; Gómez-Chacón, 1995, 1997).

La importancia y la insistencia dada al tema de los afectos es, hoy en día, asumida y aceptada por el profesorado cada vez más dispuesto a reconocerlas como elementos de indiscutible valor e interés en el seguimiento y evaluación del proceso de enseñanza-aprendizaje. Durante una larga época los estudios sobre dimensión afectiva en matemáticas estuvieron reducidos al estudio de actitudes, en estas dos últimas décadas se ha ampliado al estudio de creencias y reacciones emocionales (McLeod, 1994). Se han realizado algunas propuestas operativas relativas a la intervención de forma planificada, sistematizada y evaluativa en motivación, creencias irrealistas, métodos de trabajo para reducir ansiedad (Lafortune, 1992, Lafortune y St. Pierrre, 1994).

La dimensión afectiva entre las principales líneas actuales de investigación en matemáticas

Están surgiendo nuevas propuestas para investigar sobre afectividad y matemáticas que vienen marcadas por abordajes metodológicos distintos. La influencia de la ciencia cognitiva en autores como Goldin (1988) y McLeod (1988) ha proporcionado cambios importantes en la orientación teórica, pero otros estudiosos del tema han comenzado a proporcionar nuevos conceptos que pueden ser muy productivos en esta línea de investigación. Las recientes aproximaciones antropológicas en investigación educativas, empiezan a tener un impacto significativo en la investigación en afecto. Por ejemplo Hart y Allexsaht-Snider (1996) argumentan que el contexto socio cultural de aprendizaje ha recibido poca atención en cuestiones afectivas; en su trabajo de fundamentación combinan la perspectiva de la antropológia educativa, teorías de la motivación, e investigación en educación matemáticas. Sugieren que la investigación en afecto debería analizarse más unida a la organización social de la escuela, así como también al aprendizaje específico de clase. En sus análisis sobre cuestiones afectivas relativas al aprendizaje, estos autores formulan la hipótesis de que nociones de «pertenencias» y resistencias» son centrales en el estudio de la motivación, particularmente en relación a las cuestiones de igualdad y diversidad en educación matemática y, tratan de apuntar de cara a una conceptualización teórica algunos elementos de discontinuidad cultural y motivación.

En el presente libro también describiremos (capítulos 5, 6 y 7) algunos estudios de casos de estudiantes que nos permitan entender como la construcción del conocimiento en el aula va más allá de la interacción del profesor y estudiantes, situándose en una más amplia interacción entre los estudiantes mismos en el entorno social y cultural de la clase. Consideramos crucial que los profesores de matemáticas sean conscientes de cómo el aprendizaje de esta disciplina está ligado al lenguaje, la interacción social y el contexto cultural.

2. Emociones y matemáticas

En este libro no trataremos de abarcar todos los factores afectivos que entran en juego en el aprendizaje de la matemática. Nos centraremos en las emociones y en las creencias, siempre con relación a la reacción emocional[1].

En la comunidad científica se ha puesto de relieve la necesidad de articular en las investigaciones en afecto estos dos aspectos:

> «Las creencias proporcionan una parte importante del contexto dentro del cual se desarrollan las respuesta actitudinal y emocional hacia la matemática (Mandler, 1984). Necesitamos establecer conexiones fuertes entre investigación en creencias e investigación en otros aspectos del dominio afectivo relativos al aprendizaje de la matemática.» (McLeod, 1990: 19)

Si son escasos los estudios sobre dimensión afectiva y aprendizaje de la matemática, aún más raros son los relativos al estudio de la emoción. Las razones que parece han frenado a éstos son por una parte la gran dificultad de su diagnóstico y de no

[1] Especificamos el significado de los términos *reacción emocional y emoción* en nuestro estudio.
Entendemos por *reacción emocional* una respuesta afectiva fuerte, se trata del tipo de afecto más visceral que es intenso pero de relativa corta duración. En las observaciones de aula y en el seguimiento de los estudiantes focalizaremos nuestra atención en estos cambios de respuestas afectivas o cambios de estado de sentimientos durante la resolución de problemas matemáticos. Para la identificación de las reacciones emocionales se tiene en cuenta, cómo la persona está valorando el objeto o la situación, contextualizándolas en la realidad que las produce.
Entendemos que las *emociones* son respuestas afectivas fuertes que no son sólo automáticas o consecuencia de activaciones fisiológicas, sino que serían el resultado complejo del aprendizaje, de la influencia social y de la interpretación.
Por último explicitar que a lo largo de nuestro estudio utilizaremos, en algún caso, el término reacción emocional y el de emoción indistintamente. Si bien, consideramos que se puede estar experimentando una emoción sin que externamente se produzca una reacción emocional.

disponer de instrumentos adecuados para ello, y de otro lado la dificultad de ubicarlo en un marco teórico:

> «La falta de atención a la emoción es probablemente debida al hecho de que la investigación en cuestiones afectivas –en su mayor parte– ha buscado factores actitudinales que son estables y que se pueden medir mediante cuestionarios. No obstante ha habido estudios dirigido a los procesos involucrados en el aprendizaje de la matemática, alguno de ellos ha prestado atención a las emociones.... Sin embargo, nunca ha jugado un papel relevante en las investigaciones sobre el dominio afectivo en matemáticas. El mayor problema ha sido la falta de un marco teórico dentro del cual interpretar el rol de las emociones en el aprendizaje de la matemática. La teoría de Mandler puede ser un buen punto de partida para construir ese marco teórico...» (McLeod, 1990: 21)

En este capítulo presentamos una breve panorámica de los enfoques teóricos que sirven de fundamento al planteamiento de la problemática de investigación en la dimensión afectiva en didáctica de las matemáticas. Se trata aquí de explicitar algunos aspectos terminológicos, modelos, conceptos, teorías y métodos relativos al dominio afectivo ya trabajados por la comunidad científica, que consideramos de interés para un debate sobre los criterios y propuestas que deben guiar un objetivo de alfabetización emocional en la enseñanza de la Matemática.

Una persona alfabetizada emocionalmente en matemáticas es aquella que ha desarrollado su inteligencia emocional en este contexto, que ha logrado una forma de interaccionar con este ámbito, y que tiene muy en cuenta los sentimientos y emociones propios y ajenos. La alfabetización emocional engloba habilidades tales como el control de los impulsos y fobias en relación a la asignatura (lo cual permite desarrollar la necesaria atención para que se logre el aprendizaje) la autoconciencia, la motivación, el entusiasmo, la perseverancia, la empatía, la agilidad mental, etc. Algunos de los principios teóricos que aquí se exponen sustentan nuestra propuesta y pueden ser de utilidad para quien quiera interpretar qué conlleva una alfabetización emocional, tanto en el ámbito de la práctica educativa como en el de la investigación.

TEORÍAS PSICOLÓGICAS, TEORÍAS SOCIOLÓGICAS Y EMOCIÓN

En la actualidad asistimos, en psicología, a un auge del interés por el estudio de las emociones, con una tendencia inflacionaria en las publicaciones que tratan de analizar este aspecto, largo tiempo olvidado (Lewis y Haviland, 1993). Se ha acuñado el termino de Ciencia Afectiva (Ekman y Davidson, 1994) para designar la ciencia que estudia los fenómenos afectivos en los 90, especialmente el de la emoción.

Cualquier intento de revisar la producción en torno a las emociones produce dispersión y numerosos conflictos. Junto al resurgir de las teorías neo-darwinistas (que se centran en los aspectos biológicos y expresivo-faciales de las emociones) encontramos teorías cognitivas que, en ocasiones, no harán sino aplicar sus modelos de procesamiento cognitivo a este área, considerando las emociones como un periodo de tales procesos. El construccionismo social, el interaccionismo simbólico y los autores hermenéuticos replantearán el problema del enfoque individualista dominante y señalarán la necesidad de abordar la emoción como un producto de procesos de interacción social, juegos simbólicos de lenguaje, y/o regulaciones sociales. Otros autores resaltarán la importancia de las dimensiones estructurales y, en fin, aún habrá quien trate de aunar este panorama disperso.

Influencias en el ámbito de la matemática

Han sido muchas las teorías psicosociales que han surgido para explicar la emoción. Sin embargo son escasas las que en su modelo han considerado el ámbito matemático. La excepción ha sido el sociocognitivo Mandler (1989a).

Una síntesis de la revisión realizada sobre distintas investigaciones efectuadas sobre la emoción en educación matemática en relación con las teorías sobre la emoción (psicológicas y sociales) se presentan en el Cuadro 2.1. En ellos se destaca, también, qué concepción subyace sobre la naturaleza de la emoción y la terminología al uso.

Se puede observar que las tendencias cognitivista (sociocognitiva) y constructivista dominan como sustrato teórico en el estudio de la emoción. Explican la emoción como la interrupción de un plan y como resultado de una serie de procesos cognitivos: evaluación de la situación, atribución de causalidad, evaluación de expectativas y de conformidad con las normas sociales, evaluación de expectativas y objetivos.

Las teorías cognitivas de la emoción postulan, por un lado, una serie de procesos cognitivos (evaluativos, atributivos, etc.) que se sitúan entre la situación estímulo y la respuesta emocional; por otro, estudian los contenidos subjetivos (representaciones cognitivas y afectivas) que se manifiestan en la reacción emocional (experiencia subjetiva).

Las diferencias más significativas entre la perspectiva cognitiva y constructivista radican en la forma de conceptualizar la naturaleza de la emoción, en la importancia de la estructura social y cultural en la determinación del estado afectivo, y en la diferencia que establecen entre la concepción de la emoción como estado o como acto. En los próximos apartados se desarrollarán con más amplitud estos aspectos.

AUTORES Y FECHAS	TEORIAS SOBRE LA EMOCION (Autores de referencia)	CONCEP-CION DE EMOCION	DENOMINA CION	TIPO DE INVESTIGACION	METODO
Buxton (1981)	Ciencia Cognitiva. Skemp (1979)	Emoción como estado.	Respuesta emocional.	Estudio en adultos de las emociones negativas hacia la matemática. Desarrolla un modelo de inteligencia para explicar los mecanismos del pánico.	Entrevistas en profundidad. Observación durante el desarrollo de la actividad matemática. Grabaciones.
Mason, Burton, Stacey (1982)	Ciencia Cognitiva.	Sensaciones mientras discurre el razonamiento; estados psicológicos.	Estado emocional. Instantánea emocional.	Satisfacción del ¡Aja! en resolución de problemas. Sugerencias acerca de cómo los estudiantes pueden anticipar la experiencia emocional positiva relativa al aprendizaje de la matemática. Modelo de instrucción en resolución de problemas.	
McLeod (1985, 1988, 1989, 1990, 1992, 1994) McLeod y Adams (1989) McLeod y otros (1989) McLeod y otros (1990) McLeod y otros (1993)	Ciencia Cognitiva. Mandler (1975, 1984, 1989) Ortony, Clore y Collins (1987) Kagan (1978) Snow y Farr (1987)	La clase de afecto más visceral, una respuesta que es intensa pero de relativa corta duración.	Respuesta emocional. Emoción.	Revisión bibliográfica Configurar un marco teórico para el afecto en resolución de problemas. Interacción cognición y afecto. Las diferencias entre las reacciones emocionales de expertos y novatos.	Entrevistas. Gráfica emocional. Grabaciones audiovisuales en video (estudios de laboratorio).
Goldin (1988a, 1988b) Debellis y Goldin (1991, 1993)	Ciencia Cognitiva. Izard (1979) McLeod (1985, 1988) Rogers (1983) Zajonc (1980)	Cambios de estado de sentimientos durante la resolución de problemas.	Estado emocional y sentimientos. Afecto local. Afecto global.	Estudios longitudinales en primaria y secundaria sobre los cambios de estados emocionales en el comportamiento matemático. Análisis de metodologías y técnicas para la identificación de la interacción afecto cognición.	Grabaciones en video de entrevistas clínicas. Observación de la expresión verbal, gestual y facial. Utilización del Maximally Discriminative Facial Movement Coding System (MAX).

Cuadro 2.1. Investigaciones en Educación Matemática y teorías de la emoción.

AUTORES Y FECHAS	TEORIAS SOBRE LA EMOCION (Autores de referencia)	CONCEPCION DE EMOCION	DENOMINACION	TIPO DE INVESTIGACION	METODO
Cobb, Yackel y Wood (1989)	Constructivismo Social e Interaccionismo Simbólico. Averill (1986) Armon-Jones (1986) Mandler (1989)	Consideran la emoción como acto. La emoción como acto reconoce la representación de emociones, las cuales expresan las valoraciones y evaluaciones relativas a alguna norma o valor. Valoración de un objeto o situación que está influenciado por el orden social.	Acto emocional. Norma Social.	Estudios sobre afecto y enseñanza. Analizar ejemplos de actos emocionales ocurridos en la clase de matemáticas de Infantil y Primaria. Tomar en cuenta cómo los estudiantes desarrollan creencias y valores y cómo llegan a ser intelectualmente autónomos en matemáticas. Describir procesos en los cuales se constituyen las normas socioculturales y cómo influyen en las oportunidades de aprendizaje tanto para el alumno como para el profesor.	Observaciones en clase Grabaciones audiovisuales Trabajo en grupo sobre actividades matemáticas.
Adams (1989)	Ciencia Cognitiva. Mandler (1984, 1989)	Reacción afectiva intensa en resolución de problemas.	Tono emocional de la clase. Tono emocional del individuo. Emociones del individuo.	Estudios sobre la influencia del afecto en la enseñanza de la matemática. Cuestiones afectivas que el profesor tiene que resolver para planificar e implementar la instrucción. Frustración. Expectativas del estudiante y metas del profesor.	Informes sobre resolución de problemas. Autoinformes de los estudiantes.
Hart (1989)	Mandler (1984) McLeod (1985) Silver (1985)	Reacción afectiva intensa.	Emociones. Reacciones. Variables afectivas.	Aspectos teóricos sobre el dominio afectivo.	
Marschall (1989)	Ciencia Cognitiva.	Respuestas afectivas «*hot*» (intensas).	Reacción emocional.	Afecto y aprendizaje. Respuesta afectivas en la resolución de problemas aritméticos en Primaria. Influencia en procesamiento (memoria y almacenaje de la información).	Cuestionario de lápiz y papel sobre 10 problemas. Entrevista de discusión sobre el cuestionario. Grabaciones audiovisuales.

Cuadro 2.1. Investigaciones en Educación Matemática y teorías de la emoción. Continuación.

AUTORES Y FECHAS	TEORIAS SOBRE LA EMOCION (Autores de referencia)	CONCEPCION DE EMOCION	DENOMINACION	TIPO DE INVESTIGACION	METODO
McDonald (1989)	Ciencia Cognitiva.		Reacciones emocionales.	Aspectos teóricos sobre concepciones psicológicas de matemáticas y emoción. Interacción procesamiento cognitivo, procesamiento emocional. Emoción-desarrollo de la personalidad-influencias sociales.	Utilización de juegos de ordenador. Entrevistas grabadas.
Sowder (1989)	Ciencia Cognitiva. Mandler (1984) Weiner (1974)	Emoción es la combinación de una evaluación, quizás inconsciente, que en algunos casos no es esperada o deseada, con el consiguiente sistema nervioso autónomo.	Respuesta emocional.	Estudios de afecto y aprendizaje. Analizar distintas estrategias de resolución de un mismo problema algebraico y sus diferentes reacciones afectivas.	Entrevistas. Escala de Diferencial Semántico.
Lafortune (1992) Lafortune y St. Pierre (1994)	Sillamy (1980) Martin y Briggs (1986) Schater y Singer (1962)	Es una reacción afectiva, feliz o triste, que se manifiesta de distintas maneras.	Emoción.	Afecto y teoría de la instrucción. Propuestas para la intervención sobre la dimensión afectiva matemática (adultos, universitarios). Aspectos teóricos y material didáctico para la intervención. Metacognición y emoción.	Investigación-Acción. Cuestionarios. Entrevistas. Material didáctico.
Isoda (1996)	Ciencia Cognitiva-Costructivismo Social. Ekman (1975) McLeod (1990)	Interrupción de un plan como elemento que provoca la respuesta emocional.	Emoción.	Modelo de interacción social en la clase: cambios de la emoción en relación a la interacción social. Emoción-creencia. Interacción cognición-afecto.	Observación verbal, gestual y facial. Gráfica emocional. Grabaciones audiovisuales con distintas cámaras.

Cuadro 2.1. Investigaciones en Educación Matemática y teorías de la emoción. Continuación.

INFLUENCIAS DE LA PERSPECTIVA COGNITIVA DE LA EMOCIÓN EN LA EDUCACIÓN MATEMÁTICA

Resulta significativo, desde lo anteriormente destacado, ampliar la perspectiva de ciencia cognitiva y revisar algunos de los autores más representativos que han influido en las investigaciones en educación matemática y afecto: Mandler y Weiner[2].

La teoría de Mandler

Mandler (1984, 1985, 1988, 1989) destaca en la construcción de su modelo el aspecto psicológico de la emoción. En el abordaje de la misma trata de integrar la activación fisiológica y el proceso de evaluación cognitiva. En su concepción, la emoción es una interacción compleja entre sistema cognitivo y sistema biológico.

Para este autor, la experiencia emocional deriva de dos conjuntos de factores: la activación (arousal), específicamente la activación del Sistema Nervioso Autónomo (en adelante SNA), y la evaluación cognitiva, que será la que determine la cualidad de la emoción.

El SNA es un sistema que corresponde a ciertos eventos que requieren interrupción cognitiva. La activación autónoma se produce por la interrupción y discrepancias entre pensamientos y acciones (Mandler, 1984). Será pues la desconfirmación o frustración de una expectativa o la no finalización de algo ya iniciado lo que conducirá a la activación del SNA.

En relación al sistema cognitivo, el proceso de evaluación cognitivo será el que defina la cualidad de la emoción. Algunas emociones se manifestarán transculturalmente (miedo, orgullo etc.); y otras, sin embargo, presentaran importantes diferencias individuales y culturales. Existen tres fuentes de evaluación cognitiva (Mandler, 1985):

- evaluaciones innatas (por ejemplo, preferencia de lo dulce ante lo amargo, etc);
- evaluaciones aprendidas culturalmente (por ejemplo, la moda);
- evaluaciones de base estructural (por ejemplo, preferencia por lo conocido frente a lo desconocido);

[2] Otros autores representativos de esta corriente son Ortony, Clore y Collins (1988). No serán desarrollados en nuestro estudio debido a que sus avances teóricos no han tenido hasta ahora ninguna concreción explicita en el ámbito de las matemáticas, aunque sus aportaciones pueden ser de gran ayuda, particularmente en la determinación de cómo las respuestas emocionales más tempranas pueden ser posteriormente fuente de actitudes hacia las matemáticas (McLeod, 1992). También es interesante el estudio de estos autores debido al uso de métodos cualitativos y a la descripción detallada que realizan sobre emociones y huellas (dimensiones evaluativas de los antecedentes emocionales) que acompañan a la elicitación de la emoción. La finalidad de su modelo es elaborar una teoría cognitiva que trate los orígenes de las emociones, con el objeto de dar respuesta a qué es la estructura cognitiva del sistema emocional, y qué es la estructura cognitiva de las emociones del individuo. Intentan, pues, especificar tanto las interrelaciones de la estructura global de las diferentes emociones como las características de las emociones individuales, caracterizando éstas en diferentes clases de cogniciones en relación a la meta central de cómo las personas perciben el mundo.

Las consecuencias secundarias de estas evaluaciones, estrechamente ligadas con los valores y los deseos de la persona, serán producir juicios de valor positivos o negativos.

Dentro del sistema cognitivo, Mandler retoma el concepto de «esquema» como unidad básica del sistema cognitivo interpretativo, definiéndolo como «representaciones de la experiencia que guían la acción, la percepción y el pensamiento... que se desarrollan en función de la frecuencia de encuentros con detonantes relevantes» (Mandler, 1984: 55). Estos esquemas se pueden activar por sucesos externos o intrapsíquicos, por inputs sensoriales o por otros esquemas (Mandler, 1984).

La activación fisiológica aporta a la emoción su intensidad y el «reflejo corporal»; y la evaluación cognitiva le otorga la cualidad y el contenido subjetivo de la misma (Mandler, 1984:172).

El modelo de Mandler puede esquematizarse de la siguiente forma:

Interrupción —> Arousal —> Interpretación —> Emoción

Se define la interrupción como desconfirmación de una expectativa o la no finalización de una acción iniciada (Mandler, 1984). La emoción emerge cuando hay conflictos entre los planes y la realidad, o entre los planes mismos. Según esto las emociones estarían asociadas a reorganizaciones del sistema cognitivo a partir de estos conflictos. En palabras del autor:

> «He discutido que en la gran mayoría de las ocasiones el despertar visceral sigue a la aparición de alguna discrepancia cognitiva o conceptual o a la interrupción y el bloqueo de una acción que se está desarrollando en ese momento. Esas discrepancias o interrupciones depende en una gran medida de la organización de las representaciones mentales sobre el pensamiento y la acción. Dentro de los límites de la teoría de esquemas, estas discrepancias ocurren cuando las expectativas de algún esquema son muy elevadas. Este es el caso tanto si el suceso que viola el esquema es peor o mejor que las expectativas acerca del mismo, tiene que ver con el despertar visceral tanto en las ocasiones desagradables como las alegres. Muchas emociones suceden después de esta discrepancia, porque la discrepancia produce el despertar visceral. La combinación de este despertar o excitación con una cognición evaluativa del suceso en ese momento produce la experiencia subjetiva de emoción. No digo que las emociones son interrupciones, discrepancias, bloqueos, frustraciones, novedades etc.; son ocasiones que provocan la actividad del Sistema Nervioso Autónomo... Las discrepancias pueden ocurrir por una variedad de distintas expectativas. Nosotros raramente operamos por la guía de un solo esquema... La emoción es la concatenación de un proceso evaluativo y un despertar del sistema nervioso autónomo.» (Mandler, 1989a, 6).

Las nuevas situaciones se evalúan a partir de los esquemas preexistentes. La incongruencia o necesidad de acomodación de un nuevo estímulo al esquema preexistente conducirá a una activación fisiológica y a estados evaluativos positivos o negativos. Por tanto, la construcción de la emoción consiste en la concatenación, en la consciencia de algún esquema cognitivo evaluativo juntamente con la percepción de un despertar visceral.

El autor señala también la importancia de la capacidad consciente en la construcción de las emociones, e indica su función adaptativa en la relación entre emociones, y discrepancia y SNA. Considera que las emociones ocurren en tiempos importantes en la vida del organismo y, cuando éstas se focalizan, pueden servir para preparar al organismo para una respuesta más efectiva tanto del pensamiento como de la acción (Mandler, 1989a: 7).

Para Mandler el estudio de los valores es central en orden al cambio de clima emocional, siendo el papel del valor importante para los argumentos constructivistas de la emoción: «Vivimos en un mundo de valor y afecto, y los temas que determinan nuestras construcciones conscientes a menudo requieren un contenido afectivo» (Mandler, 1989a: 5). Destaca dos características de las emociones, la de *valor* y la de *intensidad*:

> «De los posibles análisis de las emociones, en el lenguaje común sobre las mismas, me he fijado en dos características: la noción de que la emoción expresa algún aspecto de valor, y la afirmación de que las emociones son intensas (*hot*).» (Mandler, 1989a: 10)
>
> «El problema de la evaluación cognitiva parece ser común a todas las teorías de la emoción. En los últimos años, ha habido una búsqueda activa de las bases de estas estructuras evaluativas. Básicamente, las evaluaciones cognitivas requieren una teoría de las representaciones del valor.» (Mandler, 1989a: 11)

Refiriéndose al ámbito de la educación matemática, señala la función del valor en relación al cambio emocional:

> «La naturaleza de nuestras emociones está en función de los valores que operan y están involucrados en las «emociones» que ocurren. El papel de los valores es una cuestión central ante un cambio del clima emocional en resolución de problemas matemáticos.... Los padres, los profesores, los iguales, son los principales transmisores de valores culturales, de las valoraciones positivas o negativas que el estudiante impone a su mundo. Necesitamos estar atentos a la transmisión cultural de los valores.... Me gustaría ver más investigaciones en «valores matemáticos». ¿Cuáles son las actitudes de los chicos y de los adultos hacia la matemática y cómo estas varían a través de las clases, de los diferentes subgrupos de nuestra cultura? ¿Cuáles emergen con más intensidad?» (Mandler, 1989b: 238-239)

Destaca la necesidad de considerar en el proceso emocional la transmisión de valores culturales y concepciones sobre la matemática que hace el entorno próximo al estudiante. Los procesos de aprendizaje se contemplan como ámbitos privilegiados de este proceso:

> «Mi mayor interés aquí es que nos centramos en el proceso de aprendizaje como creador de discrepancias e interrupciones, sobre todo en la producción de errores como sucesos inesperados, así como en los valores (reacciones evaluativas) que pueden surgir en el transcurso del proceso de aprendizaje». (Mandler, 1989a: 9)
>
> «Lo mejor que podemos hacer al presente es entender cómo el aprendizaje y el afecto se relacionan, cómo interactuan y cómo su inevitable simbiosis puede ser puesta a disposición del estudiante y de nuestra sociedad.» (Mandler, 1989a: 17)

Parece crucial para Mandler que los profesores de matemáticas sean conscientes de cómo la reacción emocional en el aprendizaje de las matemáticas puede estar ligada a la comunicación e interacción en el aula, a la interacción social y al contexto cultural. Son estos fenómenos los que dan forma y significado al proceso emocional:

> «Berscheid (1983) ha descrito de forma imaginativa las condiciones de las interacciones interpersonales que llevan a la interrupción y a la discrepancia y, por tanto a las reacciones emocionales. Cuando una relación está anclada, está hecha una gran masa (cuando las acciones de un individuo dependen de las acciones del otro) entonces las dos personas involucradas en esa relación se pueden convertir en ocasión para las interrupciones respectivas.» (Mandler, 1989a: 7)

Resolución de problemas y afecto en el modelo de Mandler

El modelo desarrollado por Mandler se ha aplicado al estudio de la emoción en resolución de problemas (Mandler, 1989a; McLeod y otros, 1993). Como indicamos anteriormente, el autor plantea que la mayoría de los factores afectivos surgen de las respuestas emocionales a la interrupción de los planes. Su esfuerzo queda sintetizado de la forma siguiente:

Problema planteado
/
Esquema activado, plan escogido
/
Interrupción, bloqueado ante la solución
/
Reacción afectiva
/
Intentos de hacer cambios en el problema o abandonar frustrado

En términos de Mandler, los planes surgen a partir de la activación de un esquema. El esquema produce una secuencia de acciones, y si la secuencia anticipada de acciones no puede llevarse a cabo, se sigue el bloqueo o discrepancia por una respuesta fisiológica. Ese despertar fisiológico se siente, de modo típico, como un aumento en el ritmo cardiaco o de la carga muscular y sirve como mecanismo para redirigir la atención del individuo. Simultáneamente el individuo intenta evaluar el significado de ese inesperado o perturbador bloqueo. La evaluación de la interrupción podría ser clasificada como una sorpresa agradable, una irritación desagradable o, incluso, como una catástrofe importante. La evaluación cognitiva de la interrupción proporciona el significado a la activación (arousal).

El significado de las interrupciones se puede analizar secuencialmente. En principio, el significado proviene de la interpretación cognitiva de la activación (arousal) y dependerá de lo que el individuo considere o asuma como verdadero. A continuación, la activación que conduce a la emoción generalmente no dura mucho: los individuos se suelen ajustar al hecho inesperado, interpretarlo en el contexto en que se da, y tratar de encontrar otro modo de llevar a cabo su plan y conseguir su meta. Por último, las interrupciones repetidas en el mismo contexto dan como resultado, habitualmente, emociones que se hacen menos intensas. Se reduce la exigencia en el proceso cognitivo y se responde de modo más automático y menos intenso a medida que se producen las nuevas interrupciones. Las respuestas en esta situación se hacen más estables y predecibles, y comienza a parecerse a la clase de actitudes que han constituido el centro de la investigación tradicional sobre el afecto en la formación matemática.

En el ámbito educativo el arousal puede ser relativo a cualquier sentimiento positivo o negativo. La interpretación, por supuesto, estará influida por múltiples factores, incluyendo la experiencia previa del estudiante con la resolución de problemas.

Interacción cognición-afecto

Para Mandler la perspectiva de la emoción es una interacción compleja entre sistema cognitivo y sistema biológico y destaca el papel indiferenciado de la activación fisiológica en la producción de la emoción.

La teoría de la discrepancia de Mandler (1989a) proporciona una explicación plausible a la forma en que las creencias de los estudiantes y su interacción con situaciones de resolución de problemas conducen a respuestas afectivas. Según plantea él, cuando la instrucción en la clase es radicalmente diferente de lo que los estudiantes esperan, ellos experimentan discrepancia entre sus expectativas y sus experiencias, y estas discrepancias son posiblemente el resultado de fuertes respuestas emocionales.

De acuerdo con Thompson y Thompson (1989), la teoría de la discrepancia de Mandler puede ser útil para investigar sistemas de creencias y afecto. Ciertamente, las reacciones emocionales resultan de discrepancias entre qué se espera y qué es actualmente experienciado, y debería ser posible rastrear (y localizar) las reacciones afectivas desde las creencias y expectativas que las originan. La comprensión y expectativas que los estudiantes traen a la clase de matemáticas podría ser un primer paso en el aprendizaje para tratar de forma efectiva su afecto en el transcurso de la instrucción en resolución de problemas.

Mandler (1989a) presenta dos aproximaciones para el estudio de las emociones en resolución de problemas, denominadas macroanálisis (centrado en las diferencias individuales y la eficacia cognitiva) y microanálisis.

La aproximación microanalítica del afecto y de la cognición se da específicamente en la interacción del individuo con la tarea de resolución de problemas.

> «Cualquier discrepancia en el curso de resolución de problemas representa un episodio afectivo en potencia. Como señalé antes, dichos episodios se pueden ver dentro del contexto de una corriente afectiva general y de cambios de humor. De todas formas es posible identificar clases de discrepancias e interrupciones que pueden ocurrir en el curso de la resolución de problemas en general y en el razonamiento y aprendizaje matemático en particular. La mayor clase de este tipo de sucesos se puede denominar generalmente errores, cuando el aprendiz piensa algo que es diferente de su intenciones originales o es diferente por lo que al final termina ocurriendo.... Otra clase de discrepancias se pueden dominar sucesos, que pueden ser intencionados o no intencionados.» (Mandler,1989a: 13)

Destaca la importancia de la detección de tipologías de interrupciones y de la corriente afectiva global que se dan en resolución de problemas; subraya, también, el papel de los errores y sus consecuencias afectivas e invita al profesorado a aprovechar estas ocasiones como fuente de aprendizaje:

> «Los trabajos típicos en errores y fallos humanos prestan poca atención a los problemas de las consecuencias de los errores y, esencialmente no prestan atención a ninguna de las consecuencias afectivas.» (Mandler, 1989a: 14)
> «La ocurrencia de la reacción afectiva en la experiencia de aprendizaje, el despertar producido debido a la discrepancia durante el proceso de aprendizaje y otra experiencia malas son las que construyen nuestras expectativas y son las que construyen nuestro esquemas experienciales. Sucesos que son totalmente inesperados producen un despertar máximo y reacciones afectivas.» (Mandler,1989a: 15)

En relación a los instrumentos de medida, indica que los métodos macroanalíticos, suelen facilitar algunas indicaciones sobre las preocupaciones afectivas de las personas que surgen al realizar un test, las tareas cognitivas y situaciones similares. Estas disposiciones van a interactuar con las consecuencias emocionales derivadas de los errores específicos, de fallos de estrategias, etc. Por tanto, se pone de manifiesto que en el análisis de una tarea y en el desarrollo del aprendizaje se debe prestar atención a tales factores y señalar diferentes caminos de adquisición de conocimientos para los individuos que reaccionan con mayor carga emocional.

Como forma eficiente para trabajar el afecto en resolución de problemas, destaca una información adecuada sobre estrategias de resolución de problemas:

> «Para manejar el estrés y el afecto de forma eficiente en la tarea de resolver un problema, el individuo tiene que estar equipado con un conocimiento adecuado del problema, de la tarea y de los diferentes caminos posibles de resolverlo. En otras palabras, la información inadecuada conduce al estrés, pero el individuo bien informado puede usar el estrés de forma constructiva». (Mandler, 1989a: 8)

Las críticas al modelo

Muchas de las críticas al modelo son comunes a las formuladas sobre otras teorías cognitivas (Echevarría y Páez, 1989). Se le ha cuestionado la equiparación de emoción con interrupción de la acción, ya que esta afirmación puede ser válida para otros estados emocionales intensos y, generalmente, negativos.

Alguna de las ventajas que se le han reconocido se han comentado anteriormente. Reseñamos otras brevemente:

Para los autores Ortony, Clore y Collins (1987: 6), el modelo de Mandler es claro para interpretar la relación entre cognición y emoción. Su propuesta es una de las más atractivas por ser específica en relación a los aspectos de valoración (*appraisal*) de la emoción y por su explícita recognición de la importancia de planes, metas y representación del conocimiento. Sin embargo, consideran que desarrolla de forma insuficiente lo referente a emociones específicas –sobre todo las positivas–; no ofreciendo tampoco un informe sistemático de la relación entre las diferentes emociones.

B. A. McDonald (1989) subraya, de la teoría de Mandler, el acento puesto sobre los procesos. Este modelo cognitivo tiene en cuenta a la persona entera, destacando que es capaz de capturar aspectos importantes de la interacción cognición y afecto. El análisis de la reacción fisiológica, aunque no necesariamente consciente, involucra un procesamiento extensivo que incorpora las actitudes y creencias del individuo. El despertar depende de la interpretación que la persona haga de los sucesos y, a su vez, de los valores que ésta sostiene. Mandler reconoce que el impacto de las creencias y actitudes en la reacción emocional se manifiesta en la expresión y es una de las causas de la interrupción. Con una comprensión del individuo como la que presenta Mandler se enfatiza que el aprendizaje de la emoción necesita no estar restringido a escenarios simples tales como: tareas de procesamiento, errores, reacción emocional y vuelta a la tarea. El análisis de Mandler permite comprender qué está ocurriendo en escenarios de la vida real más complejos y reales, por ejemplo: cuando la persona está involucrada en una tarea, comete errores y, en vez de intentarlo de nuevo, abandona y entra –sin darse cuenta– en fantasías de su propia incompetencia (autocompasión, mecanismos de defensa). Muchas de estas conexiones entre cognición y afecto, a menudo, no pasan al nivel consciente del sujeto.

Modelo de Weiner

La teoría de la atribución

La teoría de la atribución trata los distintos modos de explicar el comportamiento social, sus atribuciones causales y aquellas explicaciones que se basan en el sentido común. El modelo de Weiner, parte del trabajo de Heider (1958), en el que se propone que la conducta social de las personas queda afectada por las atribuciones de causalidad que estas realizan. Las personas intentan explicarse el «porqué» de los acontecimientos, la motivación de las conductas propias y ajenas: buscan una causa. Las atribuciones de causalidad son percepciones frías o cogniciones sobre la forma en que funcionan las cosas.

Aunque la memoria dispone de un número virtualmente infinito de adscripciones o atribuciones causales, en las situaciones relacionadas con el logro –que se han estudiado ampliamente–, las causas se reducen de forma significativa, apareciendo como las más dominantes la capacidad y el esfuerzo, lo que parece reflejar una tendencia a la economía o simplicidad en el pensamiento causal y hace pensar en una posible estructura de la causalidad percibida (Weiner, 1986).

Heider (1958) había analizado la estructura de causalidad percibida, señalando que las causas podrían ser internas o externas al individuo. Posteriormente mediante estudios empíricos, estudiaron otras como la dimensión de estabilidad-inestabilidad y controlabilidad. El Cuadro 2.2. recoge la propuesta de Weiner y ejemplos de la misma.

Weiner (1986) aplicó esta teoría para explicar la motivación y la emoción. Con respecto a la motivación, adopta la posición de los teóricos de la expectativa por el valor. Según él, la motivación, está determinada por lo que uno puede obtener (incentivo), y por la probabilidad de conseguirlo (expectativa).

Los estudios empíricos muestran que las atribuciones causales influyen sobre las expectativas de éxito (expectativas de meta). A su vez, si bien las atribuciones causales no influyen en las propiedades objetivas de los objetos meta, determinan o guían las reacciones emocionales y las consecuencias subjetivas de alcanzar el objetivo.

El valor del objeto se entiende en términos de valor subjetivo, no objetivo. Así, las atribuciones de causalidad que hagamos podrían determinar nuestras reacciones emocionales (produce distinto grado de satisfacción el conseguir un mismo objeto, de-

		Origen del poder de la acción			
		Interna		Externa	
	Estabilidad	Estable	Inestable	Estable	Inestable
Posibilidad de control	Incontrolable	Aptitud	Me puse enfermo el día del examen	Dificultad de la tarea	Suerte
	Controlable	Esfuerzo: nunca estudio	Esfuerzo inmediato: no he estudiado para esta prueba	El profesor me tiene manía	Los amigos no me han ayudado

Cuadro 2.2. Causas percibidas de fracaso en la tareas de logro según el esquema de clasificación de la teoría de la atribución de Weiner y ejemplos de la misma.

pendiendo de cuáles sean las causas que atribuyamos a ese logro). A su vez, las reacciones emocionales influyen sobre nuestra motivación conductual, puesto que de ellas depende el valor (incentivo de la meta).

Con respecto a la emoción, Weiner, propone un punto de vista atributivo (por lo tanto, cognitivo) para el proceso emocional y no intenta hacer una teoría general sobre la misma.

El proceso de cognición-emoción que propone Weiner (1986) es el siguiente: tras el resultado de un acontecimiento, hay una reacción general positiva o negativa (una emoción «primitiva»), basada en el éxito o fracaso percibido sobre el resultado (la «valoración primaria»). Estas emociones se consideran dependientes del resultado e independientes de la atribución y las dos reacciones más frecuentes son la de felicidad, por el éxito y la frustración, por el fracaso.

Sin embargo, tras la valoración del resultado y la inmediata reacción afectiva, se buscará una adscripción causal en función de la atribución o atribuciones elegidas y se generará una serie de emociones diferentes: sorpresa, serenidad, orgullo, tristeza, frustración, etc.

Las dimensiones de la causalidad percibida jugarán un papel importante en el proceso emocional y cada una de ellas se le adscribe una serie de sentimientos: la internalidad causal aparecerá asociada a sentimientos relativos a la autoestima en mayor medida que la externalidad. Según ésto, los sentimientos aparecen a partir de cómo se construya o evalúe un acontecimiento.

Lazarus y Folkman (1984) señalan que las atribuciones de causalidad son importantes para las emociones, pero no equivalen a la valoración (*appraisal*) cognitiva, ya que ésta aporta la dimensión de atribución, importante para el bienestar del individuo, que las interpreta de acuerdo a sus valores y compromisos.

Weiner (Weiner, 1986) analiza siete emociones (autoestima, ira, compasión, culpabilidad, vergüenza, gratitud y desesperación) y las relaciona con las dimensiones causales. El Cuadro 2.3. recoge la interpretación atribucional de las emociones.

- Ira: resultado negativo y atribución de ausencia de control (con atribución de conducta arbitraria al otro).
- Culpabilidad: resultado negativo, con atribución de causas controlables y falta de esfuerzo propio.
- Vergüenza: resultado negativo, con atribución de causas controlables, pero con falta de capacidad.
- Desesperanza: resultado negativo y atribución de causas estables.
- Orgullo y autoestima positiva: resultado positivo y atribución causal interna.
- Autoestima negativa: resultado negativo y atribución causal externa.
- Compasión: está relacionada con ausencia de control.
- Gratitud: sí y sólo si se atribuye a la conducta del otro el carácter de volitiva y dirigida a beneficiarnos.

Cuadro 2.3. Interpretación atribucional de las emociones según Weiner.

En síntesis, las dimensiones causales tienen consecuencias psicológicas, relacionándose tanto con las expectativas como con el afecto (que se supone es el valor de alcanzar la meta). Por tanto, las emociones se pueden interpretar como consecuencias postcognitivas, resultado de las atribuciones de causalidad que se llevan a cabo al analizar los resultados de una acción. Las cogniciones preceden y determinan las reacciones afectivas.

Sin embargo, la relación entre dimensiones de causalidad y emoción no es fija, sino predominante en una cultura. Así, de una adscripción causal no se sigue necesariamente una emoción asociada, ni toda emoción tiene por qué ir precedida de sus antecedentes asociados.

Como el propio Weiner señala, más que una teoría sobre la emoción, se trata de una interpretación de algunos fenómenos emocionales, al extrapolar la teoría de la atribución a este campo.

De las críticas realizadas a este modelo destacamos la de Apodaka (1989) que indica que Weiner parece reducir los procesos cognitivos que evocan emociones diferenciadas al proceso de atribución causal, en oposición a modelos cognitivos que prefieren hablar de procesos cognitivos en general, no reducidos al análisis de las causas de los hechos. También se le discute la secuencia unidireccional atribución-emoción que el modelo propone como la secuencia más relevante.

INFLUENCIAS DE LA PERSPECTIVA CONSTRUCTIVISTA DE LA EMOCIÓN EN LA EDUCACIÓN MATEMÁTICA

Junto a la perspectiva cognitivista, desarrollada en la sección anterior, otra de las tendencias que han orientado los estudios sobre la emoción en educación matemática ha sido la perspectiva constructivista, que presta singular atención a la estructura social y cultural en la determinación del estado afectivo. Esto es relativamente reciente. El desarrollo de teorías de las emociones, que tengan en cuenta factores macro y microsociales, ha surgido en estas últimas décadas. Excede a nuestras pretensiones ofrecer una panorámica general de las teorías constructivista (sociológicas de la emoción). Presentaremos sólo algunos de los elementos que las caracterizan: aquellos aspectos más relevantes en relación a la metodología usada en sus estudios empíricos. Posteriormente, destacaremos tres de ellas: las teorías interaccionistas simbólicas, el construccionismo social, y la teoría de las representaciones sociales; la fundamentación teórica que ofrecen resulta pertinente para el trabajo que nos ocupa.

Algunos elementos a destacar

Las teorías sociológicas sobre las emociones se pueden ordenar en torno a cuatro proposiciones (Valencia, Páez y Echevarría, 1989):

1. Las estructuras sociales determinan las emociones por los patrones de experiencias que se distribuyen diferencialmente en estas estructuras.
2. La socialización de la emoción genera variabilidad cultural y subcultural.
3. El actor construye las emociones a partir de las normas sociales, del lenguaje y de las definiciones de la situación que él utiliza y que la sociedad le ha dado.
4. Las emociones cumplen una función social. Sirven en ciertos contextos para mantener y reforzar el sistema de relaciones sociales.

Las teorías de corte estructural y universalistas (como las de Kemper, Collins y Thoits) desarrollan sobre todo las proposiciones 1 y 2, y en menor medida la 3 y la 4. Las teorías de corte interaccionista simbólico y construccionista social, desarrollan las proposiciones 3 y 4 y en menor medida la 2. Estas últimas coinciden en afirmar que la evaluación y definición cognitiva de la situación son los factores determinantes de las emociones que el sujeto va a experienciar; son las reglas o normas de definición de la situación y de sentimiento las que determinarían el estudio afectivo; las normas sociales se refieren a las demandas o expectativas de la sociedad sobre el individuo.

Consideramos pertinente exponer aquí la perspectiva general del interaccionismo simbólico y la del construccionismo social, dada la influencia que tienen en el fundamento teórico del estudio sobre el afecto en matemáticas, con fuerte perspectiva constructivista como es la que Cobb y otros (1989) sostienen y que posteriormente desarrollaremos.

Teorías interaccionistas simbólicas y emoción

Para el interaccionismo simbólico cuatro premisas generales son específicamente apropiadas para explicar la construcción de la afectividad que realiza la persona:

- Las definiciones de la situación e interpretaciones del actor social son esenciales para comprender su conducta. El actor construye su afectividad a partir de un proceso creativo.
- La conducta humana es emergente, continuamente construida durante su ejecución.

- Las acciones de los individuos aparecen influidas por sus estados internos e impulsos, y por los estímulos y sucesos externos. Las percepciones e interpretaciones emocionales del actor son moldeadas tanto por elementos externos como internos.
- Las estructuras sociales y las regulaciones normativas son el marco de la acción –más que su determinante– y modelan la conducta sin dictarla ineluctablemente (Shott, 1979).

Los interaccionistas simbólicos postulan el trabajo cognitivo como esencial para la experiencia emocional; y afirman que la construcción de las emociones es maleable y moldeable por las influencias sociales. En el interior de los límites impuestos por las normas sociales y por los estados internos, los individuos construyen sus emociones: las definiciones e interpretaciones que realizan son centrales en este proceso emergente de construcción. Sin embargo, los estados e índices internos, siendo necesarios para la experiencia emocional, no determinan por sí mismos los estados afectivos; así las emociones no serían respuestas automáticas o consecuencias de activaciones fisiológicas, sino que serían un resultado complejo del aprendizaje, de la influencia social y de la interpretación (Shott, 1979). Ahora bien, este proceso constructivo de las emociones no niega que las normas sociales presionen para establecer cuáles son las emociones apropiadas en una situación dada. Las culturas enfatizan o suprimen diferentes elementos afectivos y, en general, las personas descargan y «airean» sus emociones en las formas culturalmente prescritas.

El interaccionismo simbólico asigna un lugar central a la socialización en la construcción de la Identidad. Si bien las emociones han estado olvidadas del proceso de socialización, actualmente se plantea la necesidad de considerarlas (Harré 1986).

El proceso de socialización se ha centrado en el desarrollo de habilidades comportamentales y cognitivas debido al trabajo de Mead (1934); actualmente se ha redescubierto la matización del «Self como sentimiento», por ello la socialización del sentimiento se ve como parte de un proceso más amplio que incluye el desarrollo de la Identidad Social. Así pues, la socialización sería aquel proceso por el cual el sujeto aprende gradualmente a verse a sí mismo desde el punto de vista de los demás, en los tres niveles cognitivo, comportamental, y afectivo.

En este sentido, desde el interaccionismo simbólico se asumirán las emociones como una producción social; ello no indica que las emociones se improvisen de situación en situación, sino que es la sociedad quien establece las normas de las emociones, del sentimiento adecuado a la definición de las situaciones, y que poco a poco se van instaurando en la persona, se van «objetivando» (Berger y Luckman 1979) en las interacciones sociales.

Las emociones serían los estados de ánimo (afecto, humor, etc.) que acompañan, se derivan, o anticipan, la evaluación que la persona hace de sus transacciones con el entorno.

Será la sociedad quien establezca los ideales, patrones, valores y normas, que encauzan y objetivan la expresión de las emociones, y quien proponga a la persona qué, cómo y cuándo se emociona, así como el significado de su experiencia, y no sólo de su conducta. Las emociones contribuyen a la existencia, mantenimiento y reconstrucción de la misma estructura social; en consonancia el sujeto como actor social configurará su propia estructura afectiva, su forma de sentir y experimentar la realidad, así como el modo de experienciarse a sí mismo.

Construccionismo social y emociones

Bajo la denominación de «constructivismo social» podemos englobar una serie de autores con diferentes posiciones ante la emoción, pero que comparten el postulado sobre el origen y función social que éstas desempeñan (Collins, 1984; Averill, 1986 y 1988; Armon-Jones, 1986; Harré, 1986).

Estos autores asumen que «las emociones tienen una utilidad especial sancionando los valores socio-culturales» (Armon-Jones, 1986b: 80). Para los construccionistas sociales las emociones no pueden ser estudiadas seriamente sin atender al «orden moral local» en el que tienen lugar. En palabras de Harré:

> «El estudio de las emociones... requerirá una atención cuidadosa a los detalles del sistema local de derechos y obligaciones, del criterio de valor. En síntesis... las emociones no pueden ser seriamente estudiadas sin prestar atención al orden moral local...» (Harré, 1986a: 6)

De acuerdo con Harré (1986a: 10-12) los principios asumidos por los autores construccionistas sociales serían los siguientes:

- Existencia de diferencias evaluativas de la misma emoción.
- Emociones «intensas» en unas culturas pueden ser «débiles» en otras.
- Existencia de cambios en el repertorio emocional a lo largo de la historia.
- Existencia de cuasi-emociones de carácter cultural.

Las distintas emociones, adscritas a diversos periodos de crecimiento de la persona, reflejarían ideas socioculturales y valores relacionados con un desarrollo moral e intelectual que implicarían concepciones particulares de emociones específicas a cada edad (Armón-Jones, 1986b: 77). En la interacción social, las emociones jugarán un papel fundamental para el establecimiento de relaciones de pertenencia social y del status social.

Dentro de la perspectiva construccionista social, podemos diferenciar dos posiciones que vamos a tipificar como «radical» y «abierta». En la primera, la emoción se define como «intrínsecamente cultural, dependiendo su existencia de las funciones sociales a las que sirva» (Armón-Jones, 1986b: 61). En la segunda, aunque se admite la función social de la emoción, no se excluye la existencia de reacciones emocionales básicas de carácter adaptativo.

No obstante, la tendencia de todos los constructivistas sociales es a asumir la existencia de restricciones culturales en la intensidad de las emociones, en el modo de expresión de las mismas y en los contextos en los que se deben producir.

Las bases metodológicas sobre las que se basa el análisis constructivista de las emociones son (Harré, 1986a: 13):

- el repertorio lingüístico de una cultura dada
- el repertorio moral de dicha cultura
- el análisis del rol que juega la emoción en la estructura social y la determinación de los «escenarios» (situaciones) en las que se produce
- las formas narrativas que reflejan los aspectos anteriores
- el sistema de reglas que regulan la expresión de la emoción.

De acuerdo con Valencia, Páez y Echevarría (1989), para los construccionistas sociales una emoción es un significado aprendido que permite al sujeto organizar una experiencia privada. Consideran las emociones como «constructos de sentido común» multirreferenciales asociados semánticamente a una serie de creencias interpretativas. En palabras de Averill:

> «En términos cognitivos, las emociones pueden ser concebidas como un sistema de creencias o esquemas que guían la valoración de las situaciones, la organización de las respuestas, y el *self-monitoring* (autodirección) del comportamiento.» (Averill, 1986: 100)

De acuerdo con las asociaciones que establece Averill el estudio de las prácticas sociales y de las condiciones históricas que ayudan a dar un significado emocional a un estado se destaca como esencial. Otro autor como Armon-Jones (1986a: 33) subraya lo mismo al definir las emociones como actitudes, como conjuntos de respuestas asociadas a la internalización de creencias normativo-morales.

En resumen, para los constructivistas sociales las emociones se construyen socialmente (se constituyen socioculturalmente) a partir del lenguaje, de las normas culturales de interpretación, expresión y de sentimiento de las emociones, así como de los recursos sociales de los sujetos. Las emociones están constituidas de tal forman que sostienen y vertebran el sistema de creencias y valores. La emoción es una actitud global (Armon-Jones, 1986) o una representación internalizada de las normas y reglas sociales (Averill, 1986, 1988).

Representaciones sociales y emociones

Para los autores que se engloban en esta corriente las emociones son la internalización de estas representaciones sociales (Wood, 1986). Experimentar una emoción sería realizar y practicar las acciones físicas, verbales y mentales que le sirven de criterio definitorio y que la expresan, tal como ésta se conceptualiza en las representaciones dominantes.

Las emociones serían la representación de ciertos roles sociales transitorios. Estos roles son patrones de conducta íntimamente ligados a ciertos valores y a la definición de la identidad. Una representación social es un conjunto de creencias y actitudes –y un campo estructurado de ellas– que une explicaciones, clasificaciones, intenciones de conducta y emociones. En este sentido, se puede decir de que toda representación social tiene un componente emocional, tiene una gran carga afectiva.

EL ACTO EMOCIONAL Y EL CONTEXTO SOCIAL

Cobb, Yackel y Wood (1989) subscriben la aproximación cognitiva y constructivista de la emoción. Consideran que los actos emocionales están basados en valoraciones (*appraisals*) cognitivas de situaciones particulares. Desde esta perspectiva, las emociones no son impulsos incontrolados que ocurren y se sufren pasivamente y –de acuerdo con Pritchard– sostienen que «nuestra capacidad de experimentar ciertas emociones está supeditada a nuestro aprendizaje para interpretar y apreciar los temas en términos de normas, criterios, principios y fines... que se juzgan deseables o apropiados» (Pritchard, 1976: 219).

Si bien apoyan la postura de Mandler, en relación a que la experiencia emocional o los sentimientos involucran la percepción de una activación visceral en concatenación con las coloraciones cognitivas, diferencian estos dos aspectos de la emoción: de la emoción como estado o como acto. La emoción como *estado* es relativa al aspecto fenomenológico de la experiencia emocional, emociones como sentimientos interiores. La emoción como *acto* reconoce los aspectos de representación de la emoción, que expresan juicios relativos a algún criterio o valor.

Estos autores centran sus trabajos en *la emoción como acto.* Afirman que no se puede identificar la emoción si no se considera el modo en que una persona está valorando el objeto o la situación. Para ellos, las emociones tienen un subyacente racional, dentro de la cultura en general y en particular en la cultura de clase de matemáticas y las emociones consiguen su carácter cualitativo si son contextualizadas en la realidad social que las produce. Consideran esencial cuidar las normas sociales que el profesor y los estudiantes establecen conjuntamente cuando se va analizar el acto emocional en las clases. Por ello, estos actos han de situarse en el contexto social en el cual se manifiestan y dentro del cual toman su significado. El estudio de las emociones requiere, por tanto, una atención cuidadosa a los detalles del sistema local de derechos y obligaciones, al criterio de valor, al orden moral local, y por consiguiente, a las normas sociales. Cobb, Yackel y Wood abordan su estudio desde una doble perspectiva (psicológica y sociológica) en interacción.

Desde su interés por el contexto social, dentro del cual observan el acto emocional, no intentan abstraer las emociones particulares sino que las tratan como objetos que pueden ser estudiados como independientes y separados. No analizan emociones particulares, como la alegría; se centran en «alegre» como actos, tal como ocurre en el mundo concreto del contexto y de las actividades matemáticas. Dado que los actos emocionales tienen un racional relativo al orden social local individual, ofrecen un resultado de las conductas a través del examen de las «razones». La clase de valoraciones que permite el acto emocional sigue al acontecimiento de alguna percepción o discrepancia cognitiva en la que las expectativas del sujeto se violan. Tales expectativas son expresiones de las creencias[3] de los estudiantes acerca de la naturaleza de la actividad matemática, de sí mismos, y acerca de su rol como estudiantes en la interacción en la clase. Por consiguiente, para estos autores las creencias de los estudiantes parecen ser un aspecto crucial del «estándar de las expectativas normativas»; de ello se podría infe-

[3] En sus análisis expresan que las creencias, aunque son básicamente cognitivas, operan en la construcción e interpretación del acto emocional.

rir que las normas que estructuran la realidad social local del aula –dentro de la que se enseña y aprende– hacen derivar el significado de los actos emocionales.

Los modelos de interacción y las normas asociadas pueden analizarse en términos de ambos explícitos e implícitos de las obligaciones que se dan por supuestas y que los profesores y estudiantes aceptan en situaciones particulares y de las expectativas que cada uno tiene del otro. Este análisis simultáneo dirige las creencias de estudiantes y profesores sobre sí mismos y sobre el rol que ambos juegan en la interacción en clase.

En síntesis, para Cobb y otros (1989) el acto emocional está generado por valoraciones cognitivas de las situaciones, influidas por el orden social local. La valoración involucra una comparación de la situación interpretada a través de las expectativas. Su énfasis en la base cognitiva de la emoción como acto no niega que las gentes sientan emociones, o que estas puedan sentir, en ocasiones, una emoción que va más allá de su control. En estas ocasiones la experiencia emocional intensa la genera una interpretación subjetiva cognitiva de una situación particular.

Consideran, también, que los actos emocionales juegan un papel en el desarrollo y regeneración de las obligaciones y expectativas que regulan la actividad en cada situación durante la instrucción matemática. Afirman que el acto emocional tiene un racional, y que este racional deriva en parte del orden local (o al menos las interpretaciones de la comprensión individual) de lo que es representado por sus creencias. El acto emocional que se manifiesta como adecuado en un contexto social puede ser inapropiado en otro. El conocimiento por parte de los sujetos de la conveniencia de sus emociones les hace autónomos y sirve, en la gestión de clase, para regular socialmente el comportamiento no deseado.

Justifican que un acto emocional conveniente (adecuado) sostiene las normas sociales. Recíprocamente, un acto emocional inapropiado socialmente indica bien que los estudiantes han interpretado mal las intenciones del otro, o bien que las creencias de los estudiantes son incompatibles con las normas sociales que han sido establecidas por el profesor y los alumnos. Puesto que estos actos se presentan abiertos a la crítica por referencia a la norma, se constituyen en oportunidades para iniciar un diálogo sobre las creencias y valores del profesor y los estudiantes.

Estos autores sostienen que el modo de modificar el afecto de los alumnos en clase es alterar las normas que prevalecen en la clase, aspecto que ejemplifican y desarrollan ampliamente en sus investigaciones (Cobb, Yackel y Wood 1989, Carter y Yackel, 1989, Yackel y Cobb, 1996). Desde este modelo, los esfuerzos dirigidos a los alumnos como individuos, como la reconversión de la atribución, no se comprenden. Y representan un procedimiento poco sistemático. Para producir un cambio significativo, los educadores se deben centrar en factores situacionales, tales como aprender el modo en que las tareas se organizan e ir definiéndolas en el trabajo diario. Una de sus metas principales es fomentar el tipo de ambiente «en donde las interpretaciones que justifican las emociones negativas, como la frustración, simplemente no se hacen mientras se resuelven problemas» (Cobb, Yackel y Wood, 1989: 144). En tal contexto, los alumnos experimentarán el mismo tipo de afecto positivo que experimentan los matemáticos cuando resuelven problemas o realizan demostraciones refinadas. Parece que ésto requiere un procedimiento de enseñanza de las matemáticas que difiere del que prevalece actualmente.

Los resultados que consiguen son dignos de mención en relación a la perspectiva afectiva. En una de sus investigaciones –en la que se pretendía ilustrar cuáles eran las creencias de los estudiantes, su actos emocionales y la red de obligaciones y expectativas que constituyen el contexto social dentro del cual se realizan matemáticas– se desarrolló un programa experimental con alumnos de 2º grado. Este programa se ajustaba a muchos de los requisitos en la reforma curricular en USA. El aprendizaje de conocimientos conceptuales y procedimentales se trabaja dentro del enfoque de resolución de problemas. Los alumnos trabajaban en parejas o en grupos. El profesor trataba de establecer un ambiente donde los alumnos se sintieran libres para indagar ideas, hacer preguntas y cometer errores..., en definitiva buscaba que desarrollasen su autonomía intelectual y moral. Los resultados fueron los siguientes:

> «En relación a los resultados referidos a que los alumnos de la clase del proyecto se implicaban cada vez más en la tarea durante las matemáticas, hemos sido incapaces de identificar un sólo caso en donde el niño se frustrase y lo dejase porque no podía completar una actividad, durante todo el segundo semestre. Observamos que niños a quienes comparábamos con otros compañeros fracasaban repetidamente día tras día, pero sin embargo ahora continúan persistiendo durante el trabajo en pequeños grupos, y contribuyen a las discusiones de toda la clase, y logran satisfacción personal haciéndolo así» (Cobb, Yackel y Wood, 1989: 144).

Consideramos que las investigaciones de este equipo, así como el esfuerzo por interpretar desde una doble perspectiva (sociológica y psicológica) el discurso de aula son una aportación significativa en lo referente a creencias y contexto social (Cobb, Yackel y Wood, 1993; Yackel y Cobb, 1996). Con la finalidad de hacer relevante el desarrollo de creencias y valores en los estudiantes y cómo llegan a ser intelectualmente autónomos en matemáticas, describen procesos en los cuales se constituyen las normas socioculturales como oportunidades de aprendizaje tanto para el estudiante como para el profesor. Destacamos, también, la metodología de investigación desde paradigmas múltiples: Construccionismo Social, Interaccionismo Simbólico y Etnometodología (Blumer, 1969; Cobb y Bauersfeld, 1995).

EL DESARROLLO DE LA INTELIGENCIA EMOCIONAL EN MATEMATICAS

El corpus de investigaciones realizadas sobre afecto se han centrado en cuestiones sobre la naturaleza de la emoción y sobre la interacción entre la cognición y el afecto, focalizando el objeto de sus estudios en procesos cognitivos como la memoria, la comprensión, etc. Estos estudios adolecen de un enfoque tradicional y no aportan una visión amplia del aspecto emocional y sobre la educación de la afectividad. Lentamente va emergiendo un interesante debate en las investigaciones que, si bien apunta en direcciones muy diferentes, permite examinar cómo las personas valoran y comunican la emoción y cómo la usan en la resolución de problemas.

Salovey y Mayer (1990) han establecido un modo de conceptualización amplio de la inteligencia y han tratado de formularlo en una línea de investigación que describen, de forma breve, como un camino que aporta más inteligencia a nuestras emociones. Así, proponen el término de «inteligencia emocional» y la definen como:

«la faceta de la inteligencia social que involucra la habilidad para manejar nuestros propios sentimientos y los sentimientos de otros, discriminando entre ellos y usando esta información como guía de nuestro pensamiento y acciones» (Salovey y Mayer 1990: 189).

Estos autores crean un concepto de inteligencia emocional que incluye los procesos mentales involucrados en la información emocional: la valoración y expresión de la emoción, la regulación de la emoción y su utilización. Las relaciones entre estos componentes se recoge en la Figura 2.1. Aunque los autores señalan que estos procesos mentales son comunes a toda la gente, su modelo presta atención a las diferencias individuales (relativas a estilos de procesamiento y habilidades). Esto es importante por dos razones: por el reconocimiento a las diferentes capacidades de las personas para comprender y expresar sus emociones; y porque tales diferencias son una puerta abierta a qué habilidades subyacentes se puedan aprender y modificar.

Los procesos que conceptualizan la inteligencia emocional se presentan como un potencial tanto intrapersonal como interpersonal. Los autores piensan que es importante para el individuo ser capaz de valorar y regular sus emociones, expresarlas a otros y usar esta información en la resolución de problemas intrapersonales (por ejemplo, considerar los factores emocionales en la toma de decisiones). Es igualmente importante que los individuos sean capaces de hacer lo mismo con las emociones de los otros (por ejemplo, tranquilizar en las alteraciones).

Quizás, para dar el primer paso en la alfabetización emocional que pretendemos, debamos observar la interacción en el aula, los procesos mentales involucrados en la información emocional: valoración, expresión, regulación y utilización. También será importante detectar qué elementos curriculares favorecen en el estudiante la habilidad de aprovechar sus propias emociones, en orden a trabajar las actividades matemáticas. En los próximos capítulos haremos una concreción mayor de estos aspectos.

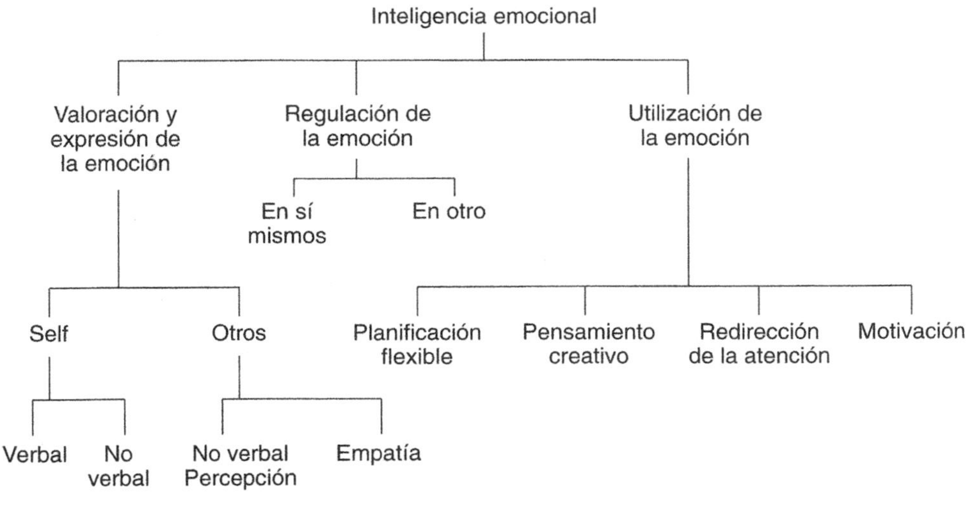

Figura 2.1. Relaciones entre los procesos involucrados en la información emocional

3. Configurar un marco teórico de la dimensión emocional en educación matemática

La reconceptualización del dominio afectivo en la década actual viene marcada por dos intencionalidades esenciales: por el intento de consolidación de un marco teórico y por la apertura para tomar en cuenta el contexto social de aprendizaje.

En educación matemática el paradigma alternativo de investigación en afecto, que con más fuerza ha surgido en la década de los 90, se ha desarrollado al margen de la psicología evolutiva, a la sombra de los trabajos más recientes de la psicología cognitiva y del socioconstructivismo. Su precursor en el ámbito matemático es McLeod (1992). Sus investigaciones tienen como base las ideas de la teoría del psicólogo Mandler, quien ha aplicado sus propuestas a la enseñanza y aprendizaje de la resolución de problemas en matemáticas (Mandler 1989).

Las aportaciones más significativas que explicitan esta reconceptualización son:

- Configurar y definir el constructo «dominio afectivo» desde tres descriptores especificos: creencias, actitudes y emociones.
- Dar mayor relevancia a las emociones apoyandose en que la mayoría de los factores afectivos surgen de las respuestas emocionales a la interrupción de los planes en la resolución de problemas.
- Intentar poner en diálogo las distintas aproximaciones haciendo síntesis sobre el tema.
- Configurar un marco teórico para trabajar la dimensión afectiva: se sugiere las teoría sociocognitiva como un marco de referencia para trabajar el afecto en la resolución de problemas matemáticos. Especificando varias dimensiones del estado emocional del resolutor de problemas: magnitud, dirección de la emoción, duración y nivel de consciencia y de control del estudiante.

- Interacción entre cognición y afecto (causas y consecuencias de la interacción emocional); así como el papel en los procesos cognitivos.
- La dimensión afectiva en matemáticas tiene un subyacente racional, dentro de la cultura en general, y en particular en la cultura de clase. El acto emocional está generado por las valoraciones cognitivas de las situaciones y éstas, a su vez, están influidas por el orden social local (Cobb y otr., 1989).

A continuación pasamos a explicitar y desarrollar qué han aportado investigaciones más recientes a la reconceptualización de la dimensión emocional desde la apertura a la dimensión socio-contextual del aprendiz. Consideramos que esta aproximación amplía elementos vigentes y colabora a la consolidación de un marco teórico desde una perspectiva holística que contemple a la persona en situación.

ELEMENTOS PARA LA DISCUSIÓN DE UN MARCO TEÓRICO

En el presente capítulo queremos llamar la atención sobre algunos aspectos teóricos y metodológicos, que consideramos pertinentes a la hora de acometer estudios sobre la dimensión emocional en matemáticas. Las ideas que aquí expresamos se justificarán con datos procedentes de una investigación realizada sobre las influencias afectivas en el conocimiento de la matemática con poblaciones de fracaso escolar en contextos de exclusión social (Gómez-Chacón, 1997).

Las hipótesis sobre las que centraremos nuestra discusión son las siguientes:

- Los estudios sobre afecto no deberían estar separados de los estudios sobre cognición: es necesario tener en cuenta sus interrelaciones. Parece conveniente no separar investigaciones en afecto (valores, creencias, actitudes, y emociones), de los estudios sobre cómo la gente aprende.
- El estudio de la reacción afectiva hacia la matemática y la motivación por el aprendizaje de los estudiantes no debe restringirse a situaciones de laboratorio o niveles de sujeto o de aula, sino que debe tener en cuenta la realidad social que produce estas reacciones y el contexto sociocultural de los alumnos. Tradicionalmente en las investigaciones sobre afecto encontramos que cuando interesaba indagar las actitudes hacia la matemática se medían mediante escalas de actitudes, o cuestionarios; o si se quería estudiar las reacciones emocionales se indagaban observando al sujeto cuando aborda un problema. Son menos las investigaciones que estudian las reacciones afectivas en situaciones de aula (natural), en las que los sujetos desarrolla la actividad matemática en interacción con otros y; aún menos, los que contextualizan estas reacciones en la realidad social que las produce, indagando el origen de las reacciones afectivas y viendo la relación existente entre éstas y las convenciones culturales, creencias y representaciones sociales del grupo en el que están inmersos los estudiantes. Indagar la relación afectiva hacia la matemática y la motivación por el aprendizaje demanda una base amplia de comprensión del contexto sociocultural, dentro y fuera del ámbito escolar que influye en los estudiantes.

- Los estudiantes reciben continuos mensajes sobre qué significa conocer matemáticas y sobre cuál es el significado social de que ellos estén aprendiéndolas. La estructura del autoconcepto como aprendiz de matemáticas está relacionada con sus actitudes, la perspectiva del mundo matemático y con su identidad social. El autoconcepto tiene una fuerte influencia en su visión de la matemática y en su reacción hacia ella. Incorporar la perspectiva de la identidad social acentúa la necesidad de considerar la influencia de las relaciones simbólicas sociales. Es en este nivel donde se puede buscar una comprensión de cómo las valoraciones a las cuales los grupos sociales ligan las diferentes formas de conocimiento son mediadoras en la cognición matemática, de cara a una interpretación global del afecto en cada sujeto.

Para ilustrar los puntos de discusión se extraerán los datos y conclusiones de la investigación anteriormente citada, realizada durante los cursos 94-95 y 95-96 con un grupo de 23 estudiantes de ebanistería (16-19 años) pertenecientes a un Centro-Taller. La preparación matemática está contemplada como área instrumental de su formación básica para obtención del graduado escolar y para su preparación profesional. Estos jóvenes tienen la experiencia de fracaso escolar y se encuentran en situación de exclusión social. En el diseño de la investigación se combinaron las técnicas propias de la *etnografía* con las de los *estudios de casos*, así como la reflexión sobre *la propia acción*. Las fuentes y procedimientos de recogida de datos fueron variados: cuestionarios, entrevistas a los estudiantes, entrevistas semiestructuradas de debate grupal, entrevistas al maestro de taller, observaciones en el aula, notas de campo, grabaciones en audio, producciones del trabajo matemático de los alumnos, etc.

Comentaremos, brevemente, algunos aspectos relacionados con los dos primeros puntos enunciados para la discusión, pasando seguidamente a realizar un desarrollo mayor del tercer elemento.

INTERRELACIÓN AFECTO-COGNICIÓN. UNA PROPUESTA DE INTEGRACIÓN

Los trabajos en afecto han estado separados de los estudios sobre procesos de aprendizaje en contexto (McLeod, 1992, 1994; Goldin, 1988; Bassarear, 1989, Cobb, 1985, Schoenfeld, 1987). En teoría, los estudios sobre «aprendizaje situado o cognición situada» que han descrito y explicado los procesos de aprendizaje (matemático) tal como se producen en la vida cotidiana o contextos socioculturales y que consideran como unidad de análisis la persona en situación (Lave, 1988, Nunes, 1992, Carraher, Carraher y Schliemann, 1988) deberían haber integrado la dimensión afectiva y cognitiva. Sin embargo, no ha sido así. Éstos se han centrado en la descripción de estrategias y habilidades asociadas al contexto de la práctica.

Nuestro deseo es poner de manifiesto la necesidad de articular afecto y contexto. Sobre todo, en orden a comprender el aprendizaje de niños y jóvenes de fracaso escolar en contexto de desventaja socioeconómica o el aprendizaje de chicos en contextos socioculturales determinados (minorías, inmigrantes, etc...). Para nosotros sería necesario clarificar cómo los valores y las creencias influyen en la selección de los conocimientos, en las circunstancias y en las condiciones para que se dé el aprendizaje.

A continuación, describimos algunas de las dimensiones del estado emocional en la actividad matemática que para una evaluación de la dimensión emocional de los sujetos habría que tener en cuenta. Apuntamos dos caminos diferentes a tener en cuenta en los procesos cognitivos y afectivos en el aprendizaje de la matemática: uno es a través de la representación de la información que trata sobre las reacciones emocionales que afectan momento a momento al procesamiento consciente. Y otro, que tiene que ver con las influencias socioculturales en el individuo y los modos en que se internaliza esta información y configuran su estructura de creencia. El desarrollo se presenta en los siguientes apartados:

- Dimensiones del estado emocional del resolutor de problemas.
- Dónde colocar el «zoom» a la hora de la observación de la relación cognición-afecto.

DIMENSIONES DEL ESTADO EMOCIONAL DEL RESOLUTOR DE PROBLEMAS

Especificamos algunas características o dimensiones del estado emocional del resolutor de problemas en el ámbito de la instrucción matemática: magnitud, dirección de la emoción, duración, nivel de consciencia y de control del estudiante, afecto local y global, escenarios simples y complejos.

Magnitud y dirección

Las influencias afectivas en resolución de problemas varían en su intensidad (o magnitud) tanto como en su dirección (positiva o negativa). Los estudiantes expresan como reacciones más comunes la frustración, al emprender algo en serio, una reacción que es normalmente intensa y negativa; y otras positivas, como el ¡ajá!, percibida de forma también intensa. Otras reacciones ante los problemas, tales como el agrado o la simpatía porque tienen aplicación al mundo real, parecen menos intensas que la frustración o la satisfacción.

Duración

Las reacciones emocionales en resolución de problemas son especialmente intensas, pero de duración relativamente corta. Los estudiantes mantienen dificultades en resolución de problemas si sus reacciones son intensas y negativas: tienden a abandonar y así pretenden reducir la magnitud de su emoción. Los estudiantes que perseveran parecen oscilar alternativamente entre emociones positivas (cuando sienten que han progresado) a emociones negativas (cuando sienten que se han bloqueado). En cada dirección la magnitud puede ser bastante grande.

Nivel de consciencia

Habitualmente los resolutores no son conscientes de las emociones que les influyen en el proceso de resolución de problemas. La falta de consciencia está estrechamente relacionada con la noción de capacidad de procesamiento limitada y de memorias a corto plazo. Aunque los estudiantes puedan percibir su reacción emocional, su consciencia puede no ser manifiesta. Por ejemplo, una interrupción en un plan de resolución de un problema puede causar frustración y el resolutor puede reducirla retomando el problema y marcando una nueva meta, o realizando un plan diferente que no se vea interrumpido. Los resultados obtenidos en la observación de los estudiantes, pusieron de manifiesto que la reducción de la frustración ocurre rápidamente, siempre de manera automática, y sin ser los estudiantes realmente conscientes de este proceso. Si el resolutor de problemas es consciente de sus reacciones emocionales, puede mejorar su habilidad para controlar sus respuestas automáticas en resolución de problemas y lograr un mayor éxito.

Nivel de control

Los estudiantes pueden sentir mayor dificultad para controlar algunas emociones. Por ejemplo, al sujeto que experimenta profundo miedo ante la resolución de problemas le puede costar tenerlo bajo control. No obstante, muchas de las reacciones emocionales típicas en resolución de problemas pueden ser fáciles de controlar. Cuando un alumno comprende que la resolución de problemas involucra interrupciones y bloqueos, puede percibir su frustración como una parte habitual en la resolución y, no como una señal que induzca el abandono del problema. Del mismo modo, los estudiantes pueden aprender que la alegría que les produce el descubrimiento de una solución no debe provocar el relax, y en esa situación es importante continuar con otra tarea. Esta perspectiva de las emociones posibilita que el resolutor aprenda a revisar soluciones y a buscar otras más elegantes y aproximaciones alternativas. Muchos de los modelos de instrucción en resolución de problemas pretenden que los individuos traten de conocer sus procesos cognitivos y elijan estrategias más efectivas que la de ensayo y error. De la misma forma, la instrucción en cuestiones afectivas puede ayudar a los estudiantes a controlar sus reacciones emocionales de frustración y alegría en resolución de problemas.

Dos estructuras de afecto en el sujeto: local y global

En el estudio de casos que realizamos en la investigación se puso de manifiesto que para comprender las relaciones afectivas de los estudiantes con la matemática no basta con observar y conocer los estados de cambio de sentimientos o reacciones emocionales durante la resolución de problemas (*afecto local*[1]) y detectar procesos cognitivos asocia-

[1] Para operativizar los aspectos de la interacción de los factores afectivos, cognitivos y culturales, que entran en juego en el aprendizaje de la matemática a través de los escenarios simples y complejos, y con objeto de ir generando una teoría comprensiva de la dimensión afectiva del sujeto en matemáticas, se definieron dos constructos: afecto local y afecto global, en la investigación (Gómez-Chacón, 1997: 112-114).

dos con emociones positivas o negativas. Por ejemplo, que las dificultades de comprensión del problema o dificultades de recuperación de la memoria provocan en el sujeto frustración y ansiedad; o que la toma de conciencia del progreso personal en el aprendizaje provoca alegría y satisfacción; o que la curiosidad puede favorecer el desarrollo de procesos heurísticos importantes para la planificación indagatoria, etc. Junto a detectar estas relaciones significativas que se pueden establecer entre cognición y afecto y sus posibles utilizaciones en la enseñanza y aprendizaje de la matemática, consideramos necesario –y así lo ratifican nuestros datos– que para comprender la dimensión afectiva del estudiante en relación a las matemática hay que tenerla en escenarios más complejos (*afecto global*) que permiten contextualizar las reacciones emocionales en la realidad social que las produce. El *afecto global*, se entiende como el resultado de las rutas seguidas (en el individuo) en el afecto local que se establecen con el sistema cognitivo que van contribuyendo a la construcción de estructuras generales del concepto de uno mismo[2] y a las creencias acerca de la matemática y su aprendizaje. Es importante conocer y comprender el sistema de valores, ideas y prácticas del contexto (de la cultura), puesto que éstos cumplen la función de establecer un orden que permite al individuo orientarse y le proporciona un código de comunicación. Por tanto, parece conveniente que al trabajar sobre dimensión afectiva y matemáticas se aborden las dos estructuras de afecto en el sujeto: la local y la global. Ésta última implica contemplar a la persona en situación, conociendo los sistemas de creencias del individuo (creencias como aprendiz de matemáticas, creencias sobre las matemáticas, creencias sobre el contexto escolar), las representaciones sociales y el proceso de construcción de la identidad social del sujeto.

Hacemos notar que al referimos al *afecto global* se toman en consideración los sentimientos y actitudes que refuerzan las estructuras de creencia. Por ejemplo, un estudiante puede tener miedo a las matemáticas (global), no obstante, cuando se compromete en un problema de matemáticas experimenta variedad de emociones y sentimientos (local), desde la ansiedad hasta la satisfacción y la sorpresa. Concebimos el *afecto local* como un sistema dinámico de cambio de emociones. Las rutas seguidas por el afecto local en interacción con las heurísticas de resolución de problemas puede provocar resultados positivos o negativos. Éstos influyen en la configuración del afecto global.

Por tanto, de cara a la evaluación de la dimensión emocional de los sujetos apuntamos dos caminos diferentes a tener en cuenta en los procesos cognitivos y afectivos en el aprendizaje de la matemática: uno es a través de la representación de la información que trata sobre las reacciones emocionales que afectan momento a momento al procesamiento consciente. Y otro, que tiene que ver con las influencias socioculturales en el individuo y los modos en cómo se internaliza esta información y configura su estructura de creencia.

Escenarios simples y complejos

Al estudiar las respuestas afectivo-cognitivas de los sujetos en interacción en el aula de matemáticas, dirigimos nuestra observación hacia situaciones de rechazo en el

[2] La creencia en uno mismo como buen (o mal) resolutor de problemas; la expectativa de éxito o fracaso ante un problema matemático, y la anticipación de sentimientos, emociones al comenzar o en el transcurso o en el final de la actividad matemática, la identidad social, etc.

aprendizaje o situaciones cuyas condiciones básicas para el aprendizaje no se daban. Determinamos en ellas elementos comunes y diferentes, según sujetos. Por ejemplo, encontramos similitudes:

- en la vivencia de falta de confianza en sus posibilidades para enfrentarse a los problemas matemáticos;
- en los miedos a vivenciar nuevamente experiencias marcadas como negativas en la escuela, o ante experiencias en la que han fracasado. Miedos y ansiedades ante la captura de la estructura del problema;
- en la escasa dedicación a tareas de resolución de problemas (procesos, etc.), manifestando resistencia, miedos e inseguridades y prefiriendo los ejercicios de aplicación directa; parecen no tener constancia de conocimiento de estrategias y fases de resolución de problemas;
- en la fase de procesamiento de información matemática experimentan miedo a salirse de lo establecido o habitual, que les da mayor seguridad: la habilidad de razonamiento está ligada a las inseguridades y repugnancias propias; necesitan soporte cognitivo de la profesora en relación al desarrollo de su habilidad para la generalización de objetos matemáticos, de relación y operaciones;
- en la provocación de peleas en el grupo cuando no les va bien una actividad matemática;
- en que, a su manera, suelen estar atentos a los elementos que les puede aportar el grupo o la profesora para avanzar en su tarea.

Y diferencias según sujetos:

- en las inseguridades en las relaciones y transferencias al taller. Éstas dependen o están vinculadas a su posicionamiento y experiencia;
- en las representaciones auxiliares que usan en sus razonamientos matemáticos, en sus formas de pensar; algunos utilizan procedimientos propios o estrategias informales adquiridas en el contexto de la práctica o de la vida cotidiana; diversas imágenes del taller que les ayudan a la captura de la estructura del problema;
- en la interacción con los iguales; ésta depende de su posicionamiento en el grupo.

Al tener algo característico cada una de las situaciones que, respectivamente, desencadenan las conductas de resitencias y rechazo hacia el aprendizaje y tratando de determinar las influencias socioculturales en el individuo y los modos en cómo se internaliza esta información y configuran la estructura de creencia en el sujeto, nos resultó justificado utilizar el concepto sociológico de «*escenario*» para designar a esas situaciones, lo que en el apartado anterior hemos denominado *escenarios más complejos*.

Tal como suele usarse en la descripcion sociológica de este concepto, se atiene al sentido que la palabra tiene en inglés, el cual no coincide del todo con el castellano. En castellano escenario significa la parte de un teatro donde trabajan los actores y, por extensión, el lugar donde uno, más que nada, se exhibe. En inglés hablar de un escenario es hablar más bien de lo que hace que una escena se organice tal como se organiza, y por tanto, muy especialmente, hablar de lo que se está poniendo en juego en un ámbito y en un tiempo concreto, con unos recursos determinados. Siempre que eso mismo vuelva a ponerse en juego en parecidas circunstancias, las personas que intervengan en esa situación volverán a comportarse más o menos del mismo modo, porque a eso les predispone su aprendizaje individual y social.

Pues bien, examinando las distintas conductas que el sentir común considera características de estos jóvenes de fracaso escolar y en situación de desventaja social y los factores que las desencadenan en situaciones de interacción durante el aprendizaje de la matemática, y viendo también las alternativas que se ofrecen para aquellas conductas, encontramos que lo que está en juego puede reducirse a cuatro propósitos en nuestro grupo de estudio: *ajuste escolar, autolegitimación, demanda de interdependencia, y de respuesta a mensajes o diferenciación (resistencial).* En próximos capítulos 5 y 7 ampliaremos con ejemplos este punto.

DÓNDE COLOCAR EL «ZOOM» A LA HORA DE LA OBSERVACIÓN DE LA RELACIÓN COGNICIÓN-AFECTO

Las reflexiones y datos empíricos sobre el tema de aprendizaje y afecto hacen referencia a que las reacciones afectivas pueden tener influencias diferentes en varios procesos cognitivos. Destacamos como más susceptibles de influencias: *los metacognitivos y los catalogados como procesos directivos.* Por ejemplo la decisión de perseverar en el camino de una posible solución está bastante ligada al nivel de confianza o la ansiedad. Los procesos de almacenaje y recuperación de la información pueden estar afectados, también, por las emociones. No obstante, en el estudio se puso de manifiesto que cuando la magnitud de respuesta de una emoción negativa es larga, alcanzando el nivel de pánico, todo el procesamiento del estudiante queda detenido y la capacidad de procesamiento queda limitada, al estar ésta concentrada en evaluar el estado emocional.

Los educadores constructivistas sostienen, que la percepción de los estudiantes acerca del éxito y fracaso escolar influye en su motivación hacia el aprendizaje de la matemática (Nicholls, y otr., 1990). Igualmente, las creencias de los estudiantes tienen gran influencia en el aprendizaje, pueden debilitar la habilidad de los estudiantes para resolver problemas no rutinarios que requieren un profundo procesamiento de la información (Schoenfeld, 1992, Penkonned, y Törner, 1995). En otros trabajos (Gómez-Chacón, 1998a) y en capitulo 4 nos ocupamos de dos clases de creencias: las creencias de los alumnos suscitadas por el contexto social y las creencias sobre el contexto social al que pertenecen los alumnos, prestando especial atención en las repercusiones que éstas tienen en su aprendizaje y como pueden actuar como filtros en la búsqueda de sentido en el contexto del aula y en la comprensión del contenido que se enseña en el aula, así como su influencia en la motivación del estudiante por el aprendizaje. Parece pertinente, de cara a una interpretación global del afecto en cada sujeto, tener en cuenta las valoraciones a las que los distintos grupos sociales ligan las diversas formas de conocimiento, ya que éstas son mediadoras en la cognición matemática. Sobre todo, en orden a comprender el aprendizaje de niños y jóvenes de fracaso escolar.

La atribución causal de éxito o fracaso también parece tener un impacto significativo en los aspectos metacognitivos y en el manejo de estos procesos. Los estudiantes que atribuyen su éxito a la ayuda que reciben de sus profesores, pueden no sentirse capaces de buscar soluciones alternativas y tomar decisiones razonables sobre qué caminos elegir para la resolución.

La cualidad e intensidad del afecto puede tener gran influencia en el éxito o fracaso de muchos intentos del *proceso de transferencia.* Las personas transfieren (ideas, pensamientos, etc..) de un contexto a otro porque entran en juego una variedad de significados y reacciones emocionales diferentes. De forma específica el *autoconcepto* del estudiante tiene una fuerte influencia en su visión de la matemática y en su reacción hacia ella y actua en los procesos de transferencia (Cfr. Gómez-Chacón, 1997). La estructura de *autoconcepto como aprendiz de matemáticas,* como veremos en el capítulo 4, está relacionada con sus actitudes, su perspectiva del mundo matemático y con su identidad social. El autoconcepto en relación a las matemáticas está formado por conocimientos subjetivos (creencias, cogniciones), las emociones y las intenciones de acción acerca de uno mismo relativas a esta disciplina.

Parte II

4. Creencias en educación matemática

En la literatura reciente sobre el aprendizaje de la Matemática, las investigaciones sobre la influencia de las creencias ocupan un lugar destacado (Thompson, 1992; Pehkonen y Törner (1995)[1]. Cuando nos acercamos al tema de creencias nos podemos hacer las siguientes preguntas: qué son creencias, dónde las encontramos, sobre qué versan las creencias, cómo se originan, cómo influyen en la enseñanza y aprendizaje de la matemática. En este capítulo vamos a tratar de dar respuesta a alguna de estas cuestiones.

QUÉ SON LAS CREENCIAS

En el capítulo 1 situamos las creencias como uno de los descriptores básicos del dominio afectivo. Ahora no pretendemos presentar una revisión amplia sobre el concepto de creencias, pero sí detenernos en algunos elementos conceptuales. Tesis doctorales españolas recientes sobre concepciones (Carrillo, 1996 y Contreras, 1998) han realizado una puesta apunto del tema. Son múltiples los autores que han barajado este término atribuyéndole diferentes características y connotaciones. Destacamos algunas de las aproximaciones que son pertinentes para este trabajo porque en ellas se explicitan la diferencias entre concepciones y creencias, la pertenencia de las creencias al ámbito metacognitivo y la componente afectiva de la creencia.

A. G. Thompson (1992) define las *concepciones* como una estructura mental general, que abarca creencias, significados, conceptos, proposiciones, reglas, imágenes mentales, preferencias y similares. Atribuye las siguientes características a la *creencia/co-*

[1] Para más ampliación sobre el tema de creencias en la enseñanza y aprendizaje de la matemática se puede consultar la recopilación bibliográfica realizada por Törner, & Penkonned (1996).

nocimiento: las creencias pueden ser tenidas con varios grados de convencimiento, no tienen que ser consensuadas, la disputabilidad está asociada a ellas y a menudo se tienen o justifican por razones que no tienen criterios que conlleven cánones de evidencia, la verdad o certeza está asociada con el conocimiento, en general existe acuerdo sobre procedimientos para evaluar y juzgar su validez, debe encontrar criterios que envuelvan cánones de evidencia.

Schoenfeld (1987, 1992), Garofalo y Lester (1985) sitúan las creencias dentro de los *aspectos metacognitivos*. Las creencias e intuiciones constituyen el punto de vista matemático sobre uno mismo, sobre el contexto, sobre el tema, sobre matemáticas, que determinan la conducta de un individuo.

Ponte (1994), siguiendo a Pajares (1992), distingue entre creencias y concepciones, situando a aquellas en un dominio metacognitivo y a estás en uno *cognitivo*:

> «Utilizo conocimiento para referirme a la amplia red de conceptos, imágenes y habilidades inteligentes que poseen los seres humanos. Las creencias son las «verdades» personales incontrovertibles que tiene cada uno, derivadas de la experiencia o de la fantasía, que tienen una fuerte componente afectiva y evaluativa (Pajares, 1992). Las concepciones son los esquemas subyacentes de organización de conceptos, que tienen esencialmente naturaleza cognitiva. Creencias y concepciones son parte del conocimiento» (p. 199)

No obstante, el mismo Ponte admite la frecuente yuxtaposición de los dominios (cognitivo y metacognitivo), resultando no vacía la intersección entre creencias y concepciones.

Abelson (1979) define *sistema de creencias* diferenciándolo claramente de *sistema de conocimiento*:

«1. Los elementos (conceptos, proposiciones, reglas, etc.) de un sistema de creencias no son fruto del consenso...
2. Los sistemas de creencias se refieren parcialmente a la existencia o no de ciertas entidades conceptuales...
3. Los sistemas de creencias incluyen con frecuencia representaciones de «mundos alternativos»...
4. Los sistemas de creencias dependen en gran medida de componentes evaluadoras y afectivas...
5. Los sistemas de creencias son proclives a incluir gran cantidad de material episódico...
6. El conjunto de contenido a incluir es un sistema de creencias suele ser muy «abierto» (difícil establecer fronteras)...
7. Las creencias pueden poseerse con un grado variable de certeza.» (p. 356-360)

En la discusión realizada por Carrillo (1996) en su tesis doctoral sobre el término ha puesto de manifiesto la *ausencia de univocidad del término «creencia»*, señalando las siguientes caracterizaciones o clasificaciones:

- Las creencias poseen diferentes grados de consciencia; hay creencias inconscientes, preconscientes y conscientes, desde un 0 a un 100%.
- Las creencias están ligadas a situaciones.
- Algo es más conocimiento y menos creencia cuando menor papel desempeñan en él los afectos. No obstante, aquí habría que distinguir entre el conocimiento personal y el que se estima ya como objetivo.
- Hay que dirigirse hacia concepciones más dinámicas de las creencias, no tan estáticas.
- Más que creencias básicas, debería hablarse de creencias primitivas.
- *Afectos, creencias y conocimiento* son tres conjuntos de los que no se sabe cómo son sus inclusiones o intersecciones. Un modelo que se planteó fue el de las creencias como conjunto con parte común en los otros dos, siendo éstos disjuntos.

Cañón (1996), siguiendo la formulación de creencia de Ortega y Gasset, dice «La creencia es *certidumbre* en que nos encontramos, sin saber cómo ni por dónde hemos entrado en ella.... No llegamos a ellas tras una faena de entendimiento, sino que operan ya en nuestro fondo cuando nos ponemos a pensar sobre algo»[2].

CUESTIONES CENTRALES EN LAS QUE SE HAN SITUADO LAS INVESTIGACIONES

Los estudios sobre sistemas de creencias se centran, principalmente, en cuatro áreas de interés:

1. Identificar y describir las creencias del sistema de creencias del individuo.
2. Determinar las influencias de los sistemas de creencias.
3. Conocer cómo se originan y desarrollan los sistemas de creencias.
4. Buscar condiciones para propiciar un cambio de creencias.

La recopilación bibliográfica realizada por Törner y Penkonned (1996) es reveladora del estado actual de la cuestión. En el análisis que hemos efectuado, sin pretender ser exhaustivo, nos detuvimos en dos criterios: explicitar los centros de interés y los colectivos o ámbitos en los que se estudia las creencias. Hacemos notar que en la columnas, por ejemplo al referirnos alumnos o profesores o escuelas no se ha especificado los niveles educativos. También que en algunas investigaciones las cuestiones se solapan.

[2] ORTEGA Y GASSET, J. (1976) *Ideas y creencias.* Colección Austral, Espasa Calpe. Madrid. 8ª edición.

	ALUMNOS	PROFESORES	MATERIALES DIDÁCTICOS	OPINIÓN PÚBLICA	ADMINIS-TRACIÓN ESCOLAR	ORGANIZA-CIONES Y ASOCIACIO-NES DE PROFESORES
1. ¿Qué son las creencias?	X	X		X		
2. ¿Cómo influyen las creencias?	X	X				
3. ¿Cómo se originan las creencias?	X					
4. ¿Cómo cambian las creencias?		X				

Cuadro 4.1. Centros de interés de las investigaciones realizadas sobre creencias según el objetivo y el colectivo de estudio

En el cuadro podemos observar algunos huecos en blanco, la intencionalidad es poner de manifiesto algunos de los centros de interés que demandan más investigación: origen de las creencias, la modificación de creencias limitativas, y las creencias del profesorado en distintos ámbitos institucionales.

IMPACTO DE LAS CREENCIAS EN LA ENSEÑANZA DE LAS MATEMÁTICAS

Uno de los pilares claves en la producción de cambios en Didáctica de la matemática e implantación de reformas educativas es el profesorado. En gran parte, los avances dependen, esencialmente, de los cambios que se produzcan en el profesor, como personas individuales, en su aproximación a la enseñanza y aprendizaje de la matemática, en sus creencias.

Las prácticas de enseñanza de la matemática depende en gran medida de una serie de elementos claves. Destacamos como más notables:

- Los esquemas mentales, sistemas de creencias del profesor relativos a la enseñanza y aprendizaje de la matemática;
- El contexto social de la situación de enseñanza o contexto social en que el alumno accede al conocimiento;
- El nivel de procesos de pensamiento y de reflexión del profesor.

Estos factores determinan la autonomía del profesor e inciden en los resultados de las propuestas de innovación. En los esquemas mentales incluímos los conocimientos de matemáticas y las creencias. Los conocimientos matemáticos son importantes, pero los hechos nos demuestran que las diferencias más significativas que se producen en las actuaciones del profesor están marcadas por las creencias acerca de las matemáticas y su aprendizaje. Ernest (1989) señala tres componentes de las creencias del profesor de matemáticas:

- perspectiva o concepción de la naturaleza de la matemática,
- modelo sobre la naturaleza de la enseñanza de la matemática (modelo de enseñanza),
- modelo de procesos de aprendizaje en matemática.

Las concepciones o sistemas de creencias del profesor sobre la naturaleza de la matemática están enraizadas en las distintas visiones de la Filosofía de la matemática. Ayudar al profesor a confrontarse con las propias concepciones epistemológicas de la matemática que influyen en su práctica de enseñanza es uno de los desafíos actuales en Didáctica de la Matemática. Existen en la literatura tipologías diversas en relación a las creencias respecto de la Matemática; por ejemplo la que ofrece Ernest (1988) y el modelo de Thompson (1984). Otros autores como Cañón (1993, 1995) no tratan de establecer tipologías, ni reducen a perfiles homogéneos, sino que ofrecen una panorámica de cómo se han gestado las creencias más arraigadas en torno a la matemática. La aproximación de esta autora permite establecer un marco teórico desde el cual analizar los cambios epistemológicos de los curricula de Matemáticas y ante el cual, los profesores pueden confrontar sus modos de proceder en el aula.

Comentamos brevemente alguna de las tipologías anteriores. Ernest (1988) señala tres tipos:

1. Visión de la Matemática como una caja de herramientas. La matemática se hace acumulativa en la medida en que hay objetivos externos a ella que puede ayudar a lograr. El fin que persigue la creación del conocimiento matemático es el desarrollo de otras ciencias y técnicas. La matemática como conjunto de hechos no relacionados (visión utilitarista).
2. Visión de la Matemática como cuerpo estático y unificado de conocimiento. La matemática entonces sólo se descubre, no se crea (visiones platonistas).
3. Visión dinámica de la Matemática, como un campo de creación humana en continua expansión, en el cual se generan modelos y procedimientos que son destilados como conocimientos. La Matemática es algo abierto y sus resultados permanecen abiertos a revisión (perspectiva de resolución de problemas).

Así mismo Thompson (1984) ha estudiado la influencias de las creencias sostenidas por el profesor en su modo de enseñar, el énfasis que cada profesor pone en el aula puede ser explicado por su visión predominante respecto de la Matemática. Así podemos decir que:

- un instrumentalista enseña de manera prescriptiva enfatizando reglas y procedimientos.
- un platonista enseña enfatizando el significado matemático de los conceptos y la lógica de los procedimientos matemáticos.
- un matemático que esté en la línea de resolución de problemas, enfatizará actividades que conduzcan a interesar a los estudiantes en procesos generativos de la matemática.

El rol del profesor varía en cada uno de ellos en el primer caso es meramente instructor, sin embargo en el tercero es facilitador o mediador en la construcción del conocimiento matemático, existiendo una correlación similar con el uso de los materiales curriculares.

A mi parecer, hay dos aspectos de interés a tener en cuenta en las relaciones entre creencias del profesor e impacto en las prácticas de enseñanza:

1. La influencia poderosa del contexto social.
2. El nivel de consciencia de las propias creencias.

El contexto social, configurado por las expectativas de estudiantes, de los profesores, de los padres, y de otras instituciones, proporciona oportunidades o restricciones a la situación de enseñanza. De forma singular, la institucionalización del curriculum que establece contenidos, criterios metodológicos y de evaluación, y los efectos que provoca su socialización en los ámbitos nacionales incide en la prácticas de enseñanza. En una misma escuela, a pesar de que los profesores tengan distintas creencias, las prácticas escolares pueden ser similares, aunque éstas entren en conflicto con las creencias.

Algunos elementos claves en el pensamiento del profesor y sus relaciones con las prácticas son las siguientes:

- consciencia de la perspectiva que adopta en relación a la naturaleza de la matemática y a su aprendizaje,
- habilidad para justificar su perspectiva,
- consciencia de la existencia de alternativas viables,
- sensibilidad contextual en la elección e implementación apropiada de estrategias de enseñanza y aprendizaje acordes con su perspectiva,
- reflexión sobre sus creencias, los conflictos que se derivan de ellas y cómo se integran en sus prácticas.

Muchos de estos elementos están en estrecha relación con el rol adoptado por el profesor. Por tanto, en esta línea se considera que una de las componentes importantes del pensamiento del profesor son sus creencias y concepciones sobre la tarea profesional, es decir, sobre la enseñanza y aprendizaje de las matemáticas, y también sobre las matemáticas. Tal como dicen los autores Carrillo (1998) y Contreras (1999) las concepciones son filtros o posicionamientos a través de los que el profesor contempla o aborda su tarea profesional. Carrillo se plantea como problema de investigación detectar relaciones que 9 profesores de matemáticas de secundaria de la provincia de Huelva establecen entre sus concepciones sobre las matemáticas y su enseñanza, y el modo de resolver problemas. Con este fin, aborda la tarea de elaborar instrumentos para caracterizar las tendencias didácticas, las concepciones sobre las matemáticas, y otros para evaluar protocolos de resolución de problemas, con los que caracterizar los modos de resolución. Las concepciones sobre la enseñanza de las matemáticas están clasificadas utilizando las tendencias didácticas en profesor: tradicional, tecnológico, espontaneista e investigador, utilizando para ello una serie de dimensiones (forma de concebir la metodología, sentido de la asignatura, concepción del aprendizaje, papel del alumno, papel del profesor y evaluación). Su estudio le lleva a concluir que los profesores de secundaria examinados tienen dificultades para asumir una enseñanza como la que se propone en el currículo actual, dado que sus concepciones sobre las matemáticas y su enseñanza difieren de las que están en los fundamentos del currículo.

Además de los instrumentos que se pueden encontrar en los anteriores autores en el capítulo 9, en el módulo 1 y 2 incluimos algunos cuestionarios que puede facilitar al profesor la toma de conciencia de la perspectiva que adopta en relación a la naturaleza de la matemática y a su aprendizaje.

SOBRE QUÉ VERSAN LAS CREENCIAS

Douglas B. McLeod, en su estudio sobre la influencia de los afectos –emociones, actitudes y creencias– en la educación matemática (McLeod, 1992), diferencia cuatro ejes en relación a las creencias: creencias sobre las matemáticas, sobre uno mismo, sobre la enseñanza de la matemática y sobre el contexto social al que pertenecen los alumnos. Describimos estas categorías, ejemplificaremos con datos de profesores y de alumnos.

Creencias sobre las matemáticas

La importancia de considerar las creencias acerca de la disciplina ha sido reiteradamente destacada por distintos autores entre los que se encuentran Mcleod (1992), Garofalo (1989), Frank (1988) y Schoenfeld (1985). Por ejemplo, Garofalo afirma que muchos estudiantes de secundaria creen «que todos los problemas de matemáticas se pueden resolver mediante la aplicación directa de hechos, reglas, formulas y procedimientos mostrados por el profesor o presentado en los libros de texto» (p. 502), conduciéndoles a la conclusión que «el pensamiento matemático consiste en ser capaz de aplicar hechos, reglas, fórmulas y procedimientos» (p. 503). Desde la perspectiva motivacional estos estudiantes estarán motivados para memorizar reglas y formulas. No estarán interesados en los aspectos conceptuales, en las conexiones entre distintos conceptos matemáticos. Invertirán más tiempo en hacer que en reflexionar sobre el problema, sobre lo que hacen y sobre para qué les sirve lo que están haciendo.

Hersh (1986:13) dice al respecto de las creencias del profesor acerca de las matemáticas:

«Las propias convicciones de lo que es Matemática afectan a la propia convicción de cómo debería ser presentada. La propia manera de presentarlo es una indicación de lo que uno cree que es lo más esencial en ello.... La cuestión entonces no es ¿cuál es el mejor modo de enseñar?, sino ¿de qué tratan realmente las Matemáticas?»

En el capítulo 9, en el módulo 2 explicitamos algunas de las creencias más comunes acerca de la matemática.

Creencias acerca del aprendizaje de las matemáticas

Las creencias acerca del aprendizaje de las matemáticas son un factor importante en términos de motivación. Los estudiantes llegan al aula con una serie de expectativas sobre cómo ha de ser la forma en que el profesor debe enseñarles las matemáticas. Cuando la situación de aprendizaje no corresponde a estas creencias se produce una fuerte insastisfación e incide en la motivación del alumno. Ilustramos algunos de estos aspectos con datos de nuestro estudio; con el objeto de tratar de delimitar las barreras de aprendizaje escolar en matemáticas de estos jóvenes, les planteamos dos cuestiones en relación a este punto:

¿Qué es para ti aprender matemáticas?

¿Qué es para ti saber matemáticas?

¿Qué es para ti aprender matemáticas?

Las categorías de respuestas que aparecen se aglutinan en torno a concebir el aprendizaje de la matemática como:

- Adquisición de conocimiento de herramientas, procedimientos y conceptos matemáticos básicos:

  «Saber dividir, saber multiplicar saber hacer cosas con números..., ser profesor» (Fernando, EII).

  «Pues aprender a hacer las cosas que hay en matemáticas..., sí, para saber hacer las cosas» (Mohamed, EII).

En algunos casos aparece explícita una concepción de la matemática como herramienta para su trabajo futuro de ebanista:

«Aprender todo en general: las cuentas, los polígonos, las fracciones, el gramil...» (David, EII).

- Características, aptitudes y actitudes propias para el trabajo matemático:

  «Aburrida, paciente, que tienes que ser paciente, inteligente, inteligente porque si no te dan por culo, porque hay gente que por mucho que se esfuerce si no le entra en la mollera..., mucha gente dice que si una persona no es inteligente y no vale para los estudios, entrenando a lo mejor llega a aumentar algo, pero no...» (Adrián, EII).

- Competencia y desarrollo de habilidades para una cosa:

  «Pues aprender matemáticas, pues escribir matemáticas, pues que he aprendido matemáticas, yo que sé... (no sabe explicar más)» (José, EII).

  «Pues saber hacer problemas muy difíciles, saber sacar problemas» (Luis, EII).

- Recibir y tener información y datos:

  «Pues aprender matemáticas es todo números, digo yo, aprender todos los números, pues llegar aprender todos los números que hay en matemáticas» (Angel, EII).

- Reacción emocional que le produce:

  «Comerse la cabeza por parte tuya, por parte de ella, nada. Comerse el coco» (Isaac, EII).

- La valoración y consciencia de su bondad y utilidad:

  «Aprender matemáticas es bueno» (Pablo, EII).

- Medio para alcanzar una meta: la comunicación con otros y ser alguien frente a alguien. Negociación de su identidad:

  «Es que *me va servir para algo*, que cuando estés..., cuando tengas 23, 24, 25 años a lo mejor tienes amigos que están en la universidad, que se han metido a física, a química y tienen que hacer Pitágoras, tienen que hacer el volumen de tal, *si no sabes no te vas a meter, no puedes hablar con ellos, pero si sabes algo, aunque sea poco, alguien se fijará más, éste no va a la universidad, pero está trabajando desde los 17 y 18 pero sabe tal, cual..., yo prefiero saber, aunque no te sepas todo como alguien que se ha metido a matemáticas. Si no sabes, nada que hacer, allí callado,* pero si sabes algo, pues dices pues sí, yo también, aunque yo tal, sé esto, esto, no he podido llegar como vosotros, porque no tenía capacidad o porque no me daba la gana o tal. Es diferente que uno que dice a mí no me preguntes pues yo no sé nada» (Carlos, EII).

Analizando globalmente las respuestas aparece un secuencia bastante significativa de qué es para ellos aprender matemáticas y qué aspectos marcan como prioritarios. Lo describimos en la Tabla 4.1. con sus propias palabras. Es interesante destacar, también, la concepción de la matemática como medio para alcanzar una meta: la comunicación con otros y ser alguien frente alguien. En este caso se evidencia claramente que la estrategia de identificación que nos habla de la identidad de este sujeto influye en su concepción de aprendizaje de la matemática.

¿Qué es para ti saber matemáticas?

Con respecto a esta cuestión, la gama de respuestas es también variada, las podríamos reunir en los que entienden el saber matemáticas como:

- La competencia, el dominio (de herramientas, procedimientos básicos), en esta materia:

  «Saber dividir, multiplicar, saber cosas de números, medir y hacer cuentas» (Fernando, EII).

  «Saber como se sacan esos problemas, porque puedes ser muy listo, muy listo, pero no tener ni idea de cómo plantear los problemas, pero luego si sabes plantear esos problemas, pero no eres muy listo, aunque no seas muy listo, puedes plantearlo y puedes sacarlo» (Luis, EII).

Aprender a «saber entender»	«Saber entender las cosas que trabajamos» (Valentín, EII).
▼	▼
Aprender a «saber hacer»	«Pues saber hacer problemas muy difíciles, saber sacar problemas» (Luis, EII). « Saber multiplicar, saber hacer cosas con números» (Fernando, EII).
▼	▼
Aprender a «saber escribir»	«Pues aprender matemáticas, pues escribir matemáticas...» (José, EII).
▼	▼
Aprender «cosas nuevas»	«Pues aprender cosas nuevas, te vienen aquí con triangulitos y digo esto es una mierda, esto ya lo sé yo desde que tenía dos años...» (Mariano, EII).

Tabla 4.1. Secuencia de qué es aprender matemáticas para los jóvenes del estudio.

- La información de datos:

  «Saber matemáticas no es nada es saber multiplicar, dividir, saber las fracciones y todo eso, eso es matemático; saber todo lo que pueda, contra más mejor» (Valentín, EII).

- El tomar y recoger algo en la memoria:

  «Saber es que te digan, que te digan un ejercicio y que lo sepas, y luego que te acuerdes. Para mí es más importante saber las cosas y saberlas hacer, que coger la calculadora, pues a mí me gusta hacerlo todo de cabeza» (Javier, EII).

- La reacción emocional que le produce su aprendizaje:

  «Saber las matemáticas es dejar de comerse el coco» (Isaác, EII).

- La valoración y consciencia de su bondad y utilidad:

  «Es bueno» (Pablo, EII).

  «Saber, que es bueno, que te sirve para la vida, no sé decirte más» (David, EII).

- Medio para alcanzar una meta: la comunicación con otros. Como habilidad para desenvolverse en la vida.

  «Saber es que te digan, que te digan un ejercicio y que lo sepas, y luego que te acuerdes. Quiero aprender matemáticas, pues, por ejemplo, cuando yo tenga hijos, saber matemáticas y poder explicarle a mis hijos lo que ellos no sepan, y quiero saber porque el saber no ocupa lugar» (Angel, EII).

En esta última opinión aparece explícitamente su posicionamiento, expresa un deseo fuerte de superación y ser capaz de ofrecer a otros lo que él no experimenta en su vida familiar[3]. En este caso esta aportación nos ayuda a la interpretación de los datos recogidos en las observaciones en el aula de este joven. Consideramos que iluminan las «contradiciones», «las resistencias» que se producen a la hora de trabajar las matemáticas cuando adjudica status diferentes a las distintas prácticas en matemáticas. Por ejemplo, rechaza las actividades de ebanistería (matemática en la práctica del taller), y los juegos matemáticos porque no le recuerdan a octavo (matemática escolar), porque no termina de valorar y reconocer que eso contribuye a su formación necesaria para sus estudios de formación profesional. Desea, busca otro tipo de saber que le haga salir de la situación de joven excluido («el graduado») pero no necesariamente para ser ebanista, sino para que le permita una movilidad social mayor.

Conviene destacar que en la mayoría de los jóvenes las respuestas a qué es aprender matemáticas y sobre qué es saber matemáticas son consistentes. En relación a sus creencias acerca de la matemática y de su aprendizaje aparece que la asignatura tiene que tener una finalidad informativa, una finalidad práctica que permita su aplicación en otros ámbitos. Aparecen explícitamente sus diferentes posicionamientos, Tabla 4.2. Entre los jóvenes hay quienes conciben el aprendizaje de la misma como memorístico. Entender y asimilar los conocimientos que vienen del exterior. Otros que la conciben como métodos, como procedimientos necesarios para aprender a hacer, para saber aplicar, para realizar determinados algoritmos y rutinas. O definiciones de matemáticas que van asociadas a sus reacciones emocionales y a sus actitudes positivas o negativas hacia ella. O quienes la conciben como un medio para alcanzar una meta: la comunicación con otros y como estrategia de negociación de su identidad (la matemática como habilidad social).

Creencias acerca del papel del profesorado en el aprendizaje y metodología

Muchos de los estudios sobre creencias del profesor por ejemplo el de Thompson (1992), Fennema y Franke (1992) y Carrillo (1996) se han centrado en las creencias acerca del papel del profesor pero desde la perspectiva del profesor, no desde la perspectiva del estudiante. Aquí, nos centraremos en las creencias acerca del profesorado del alumno. Las más destacadas son *el profesor como trasmisor de conocimientos y el profesor como fuente de respuestas.*

Desde la tendencia didáctica tradicional el profesor es el trasmisor del conocimiento matemático, es el especialista en contenidos. El alumno se esfuerza por recoger todo aquello que el profesor le trasmite. La asignatura está orientada básicamente a la adquisición de conceptos, otorgándole una finalidad exclusivamente informativa. Está tendencia ha comenzado a modificarse con la incorporación de la perspectiva constructivista del aprendizaje, en la cual el profesor es dinamizador del aprendizaje. Para que se dé aprendizaje es necesario que el alumno otorgue significado a lo que aprende, siendo consciente de su propio proceso de aprendizaje, para ello la actividad se orga-

[3] Esta afirmación la realizamos porque tenemos otros datos recogidos en el centro: Datos de identificación de su situación familiar, que nos permite percibir al sujeto de forma más global. (Datos de Entrada en el Centro, Entrevista realizada por el Trabajador Social).

APRENDER MATEMATICAS	SABER MATEMATICAS
• Adquisición de conocimiento de herramientas, procedimientos y conceptos matemáticos básicos.	• La competencia, el dominio (de herramientas, procedimientos básicos), en esta materia.
• Características, aptitudes y actitudes propias para el trabajo matemático.	
• Competencia y desarrollo de habilidades para una cosa.	
• Recibir y tener información y datos.	• El tomar y recoger algo en la memoria. • La información de datos.
• Reacción emocional que le produce.	• La reacción emocional que le produce su aprendizaje.
• La valoración y consciencia de su bondad y utilidad.	• La valoración y consciencia de su bondad y utilidad.
• Medio para alcanzar una meta: la comunicación con otros y ser alguien frente alguien. Negociación de su identidad.	• Medio para alcanzar una meta: la comunicación con otros. Como habilidad para desenvolverse en la vida.

Tabla 4.2. Significado atribuido por los jóvenes de la muestra sobre qué es aprender y saber matemáticas.

niza (interna y externamente) hacia la búsqueda de respuestas a determinados interrogantes. Estos cambios en las tendencias didácticas produce en el aula un choque con la expectativas del alumno, cuyas creencias más fuertemente arraigada es la del profesor como transmisor de conocimientos.

Comentamos las creencias que en la investigación que realizamos con jóvenes de fracaso escolar relativas al papel del profesor y su metodología. Las cuestiones formuladas a los jóvenes para obtener información a este respecto fueron tres de la entrevista EIII (Anexo 1):

Item 1: Mis profesores de matemáticas del colegio...

Item 7: Un buen profesor de matemáticas debería...

Item10: Lo mejor que un profesor de matemáticas puede hacer por mí es...

La primera de ellas está relacionada más explícitamente con la experiencia escolar en su pasado. Las otras dos cuestiones buscan comprender qué papel atribuyen al profesor en su aprendizaje de la matemática, a dos niveles el general y el particular (su experiencia concreta como sujeto particular).

En el análisis del ítem 1: *Mis profesores de matemáticas del colegio....*, las «marcas» que aparecen del profesor en su experiencia escolar (que situamos como categorías de respuesta) son las características personales bien positivas o negativas, su metodología e intervención y cómo era su interacción en el aula. De los aspectos destacan del profesor su capacidad de relación personal, que es capaz de tener en cuenta la diversidad de estudiantes, y que «explican» (o «que no explican») en la clase. El Cuadro 4.2. refleja estos aspectos.

1. Características personales	Positivas	Geniales
		Capacidad de relación personal
		Normales
		Maja
		Molaba mucho
	Negativas	Chocantes
		Un coñazo
		Pesados
		Aspecto físico
		Plasta
		Plastas que sorben el cerebro
2. Metodología e intervención	Explicativas	Explicaban muy deprisa y no te enterabas
		Estaba hablando
	Tiene en cuenta la diversidad de estudiantes	
	Pesados, que insisten, insisten. Hasta que lo logran	
3. Interacción en el aula	Pasados de todo	
	Buenos y aprendes mucho	
	Pasaba de ellos	

Cuadro 4.2. Item 1: Mis profesores de matemáticas del colegio...

El significado que dan al término «explicaciones» se puede ilustrar a través de las respuestas a los ítem 7 y 10. En ellas se puede ver expresiones vinculadas al soporte cognitivo que debe facilitar el profesor para favorecer la comprensión del alumno. Aparecen explícitamente los procesos cognitivos de: capacidad de síntesis, expresión escrita, localización de aspectos significativos, ampliación de conocimientos. Se le demanda al profesor que sea capaz de establecer instrumentos y modos de asegurarse de que el alumno llega a una buena comprensión (Cuadros 4.3. y 4.4.).

Hay una respuesta que llama nuestra atención en relación a la dimensión afectiva. La «explicación» la identifica el sujeto como soporte afectivo del profesor que sería conveniente que facilitara al alumno, intervención del profesor que le ayude a *«evitar el miedo»*. Esta es una de las reacciones emocionales que experimenta este alumno al enfrentarse con las matemáticas.

> Adrián.– «Claro y explicarlas, porque por ejemplo la de lengua, cuando llega, nos coge las hojas y dice hacer todo esto, y luego a lo mejor explica; pero *yo quiero que explique primero las cosas y luego hagamos.*

1. Metodología e intervención	Explicar	Repetir explicaciones Ampliar conocimientos Realizar esquemas sintesis Facilitar la comprensión Ayudar a escribir lo esencial Para evitar el miedo	
	Preocuparse por las dificultades y		
	Se preocupa por lo mejor que le conviene		
	Prepararse las clases		
2. Interacción en el aula	Ser más divertido		
	Tener en cuenta las opiniones de los alumnos		
	Reconocimiento y aprecio del trabajo de los alumnos		

Cuadro 4.3. Item 7: Un buen profesor de matemáticas

1. Metodología e intervención	Explicar	Adaptarse a la situación del alumno Ampliar conocimientos
	Favorecer el aprendizaje autónomo del alumno	
	Poner ejercicios y menos explicaciones	
	Aprobar	
	Establezca instrumentos y modos de asegurarse de que	
2. Interacción en el aula	Que no se den preferencias por alumnos	
3. Características personales	Ser paciente	

Cuadro 4.4. Item 10: Lo mejor que un profesor de matemáticas puede hacer por mí es...

Profesora.– Pero explicar ¿qué significa para ti? Ponme un ejemplo.

Adrián.– Tú traes hojas cada día diferentes. *Explicar por lo menos de qué va ir la cosa para que no nos asustemos tanto.*

Profesora.– *¿Porque tú te asustas cada vez que vengo con las hojas nuevas?*

Adrián.– *Nos ha jodido, sí.*

Profesora.– *Sí..., pero si yo empiezo, ¿a ti se te pasa el miedo?*

Adrián.–*Mucho miedo no, pero empiezas a pasar hojas y no lo entiendes y cuando si más me da...*» (Adrián, EIII, 7).

En otras respuestas tenemos una nueva confirmación de la demanda de los jóvenes en relación a la dimensión afectiva. Se le demanda al profesor que en su intervención en relación a los alumnos sea *soporte afectivo*, se le pide que cuide al máximo sus modos de estar y sus interacciones en el aula: «ser más divertido», «reconocimiento y aprecio del trabajo de los alumnos», «tener en cuenta las opiniones de los alumnos», «favorecer el aprendizaje autónomo del alumno». Algunos ejemplos que lo ilustran son los siguientes:

Profesora.– «Intenta aclarar un poco más esto.

Mariano.– Pues la otra profesora llega con una ficha y te aburres como una ostra.

Profesora.–¿Qué le pondrías tú para ser más divertido?

Mariano.– Que en vez de hacer tantas fichas, hablara un rato, hombre tampoco es que sea muy aburrida, lo hace bien, los hay peores, que te aburres un poco, nada más que darte fichas, y más fichas y termina, y venga, pues terminas hasta las narices; había antes un tío, el tío era la leche, hablaba contigo, te contaba chistes, reíamos un montón y hacíamos más cosas que si te vienen aquí y te empiezan a dar hojas; pues te mueres de risa, te ríes y molaba un huevo, y encima hacías cosas, te daba tiempo, hacías cosas y te reías; pero si te vienen aquí dando hojas pues, ni te ríes, ni lo haces...» (Mariano, EIII, 7).

David.– Pues, que si lo he hecho bien me diga que estaba bien» (David, EIII, 7).

Profesora.– «¿Explícame como debería enseñar matemáticas?

Fernando.– Como su manera de ser, no le recomiendo ningún método pues no te haría ni puto caso.

Profesora.– Pero tú a mí me das sugerencias.

Fernando.– Pues es diferente..., pues tú eres una chica, pero se lo dices a un profesor, y te dice que no le da la gana.

Profesora.– A ver explícame eso, ¿porque yo soy una mujer soy diferente? ¿en matemáticas siempre has tenido hombres?

Fernando.– Solo he tenido una profesora en lenguaje, naturales.

Profesora.– ¿Entonces las mujeres somos diferentes?

Fernando.– Sí» (Fernando, EIII, 7).

Carlos.– «Lo mejor que un profesor de matemáticas puede hacer por mí es que me ponga ejercicios y que me olvide.

Profesora.– A ver, explícame esto.

Carlos.– No es que me olvide sino que me deje a mí, me deje hacer a mí. Me ponga ejercicios y que me olvides, me digas haz esto y luego te diga yo ya lo he hecho; y me digas está bien, está mal...» (Carlos, EIII, 10).

En resumen, en relación al papel del profesorado en el aprendizaje como mediación esencial se destacan sus características personales bien positivas o negativas, su metodología, su interacción en el aula. Subrayan su capacidad de relación personal, que sea capaz de tener en cuenta a la diversidad de estudiantes, demandándole soporte cognitivo y afectivo para el progreso del alumno en su aprendizaje

Creencias acerca de uno mismo como aprendiz de matemáticas

Para Pehkonen y Töner (1995) la *perspectiva matemática del individuo* está compuesta por un conjunto de creencias y concepciones divididas en 4 categorías: 1) creencias acerca de las matemáticas, 2) creencias acerca de si mismo en relación a la matemática, 3) creencias acerca de la enseñanza de la matemática, 4) creencias acerca del aprendizaje de la matemática.

La estructura de *autoconcepto como aprendiz de matemáticas* está relacionada con sus actitudes, su perspectiva del mundo matemático y con su identidad social. El autoconcepto en relación a las matemáticas está formado por conocimientos subjetivos (creencias, cogniciones), las emociones y las intenciones de acción acerca de uno mismo relativas a la matemática. Los elementos más importantes en este constructo son los conocimientos subjetivos y las emociones referidas a:

- el interés en matemáticas y los intereses (motivos, finalidades) respecto de las matemáticas,
- las razones asociadas a la motivación y el placer con las matemáticas,
- la eficiencia en matemáticas, la potencia o la debilidad ante los temas,
- la atribución causal del éxito o fracaso escolar,
- autoconcepto como miembro de un determinado grupo social.

El autoconcepto tiene una fuerte influencia en su visión de la matemática y en su reacción hacia ella (Cfr. Gómez-Chacón, 1997).

En los estudios sobre actitudes se ha incluido de forma sistemática la componente de confianza en sí mismo (Aiken, 1970; Hart y Walker (1993)). Kloosterman (1996) señala tres categorías de creencias que considera no afectan a los estudiantes que piensan que son «buenos» en matemáticas, pero sí a aquellos que piensan que «no sirven para matemáticas»:

- confianza en sí mismo para la resolución de problemas rutinarios
- confianza en sí mismo para la resolución de problemas no rutinarios
- confianza en sí mismo en el aprendizaje de las fracciones, proporciones, algebra, geometría y cálculo.

Con estas tres categorías se quiere poner de manifiesto elementos esenciales que influyen en las creencias acerca de sí mismo como aprendiz de matemáticas. Se señala la confianza para aprender el conocimiento del campo en que un problema se enmarca en relación a un proceso global de resolución de un problema. El dominio correcto de estrategias de pensamiento tiene que ser completado con el esfuerzo de adquirir información específica del campo en el que uno intenta hacerse experto en resolver problemas.

Creencias de los alumnos suscitadas por el contexto social y creencias sobre el contexto social al que pertenecen los alumnos

En este apartado nos ocuparemos de dos clases de creencias: las creencias de los alumnos suscitadas por el contexto social y las creencias sobre el contexto social al que pertenecen los alumnos (Cfr. Gómez-Chacón, 1998, 1998a). Prestaremos especial atención en las repercusiones que éstas tienen en su aprendizaje, poniendo de manifiesto cómo los valores y las creencias sobre y del contexto social influyen en la selección de los conocimientos, y en las circunstancias y en las condiciones para que se dé el aprendizaje.

Creencias de los sujetos suscitadas por el contexto social

En la investigación a la que venimos refiriendonos (Gómez-Chacón, 1997: 173-214) se realizó una descripción de los jóvenes actores de la investigación. Seguimos para ello una doble estrategia, acercarnos a los jóvenes teniendo en cuenta el mundo en el que viven; pero también aclarar cómo es ese mundo o contexto, teniendo en cuenta la forma de ser de los jóvenes.

No fue pretensión nuestra abarcar toda la variedad de aspectos que se podría desarrollar bajo este enmarque. Nos centramos en aquellos que consideramos más pertinentes para nuestra investigación: la búsqueda de una mayor comprensión de sus creencias-emociones, más específicamente, las creencias sobre y del contexto social, a través del significado de distintos aspectos:

- relacionados con su experiencia escolar en matemáticas
- relacionados con su experiencia en el ámbito de la práctica en el taller y en un contexto de desventaja social.

Para recabar información sobre la cultura de la matemática escolar desde la perspectiva de los jóvenes[4] situamos el centro de análisis en el sistema de creencias y valores asociado con el conocimiento matemático escolar, en términos de:

---

[4] Los datos relativos al contexto sociocultural fueron los que los jóvenes evocaban o traían en situaciones específicas de nuestro estudio. Somos conscientes de las limitaciones de esta elección, comparar las diferencias entre lo que los jóvenes evocan o hacen con las perspectiva de sus padres o con el centro de procedencia escolar etc... implicaría otro estudio. No obstante, pensamos que el centrarnos en lo que los chicos evocan en la investigación

- importancia que ellos asignan a la matemática escolar;
- creencias que manifiestan acerca del éxito y del fracaso en la matemática escolar;
- distintas definiciones de matemática que aparecen;
- importancia concedida a su aprendizaje.
- origen de las creencias de estos jóvenes, particularmente, si proceden de su contexto, a través de los enlaces que exponen de su propia cultura en sus explicaciones y experiencias.

Así mismo para indagar desde la perspectiva de los jóvenes la cultura del trabajo en un contexto de desventaja socio-económica situamos el centro de análisis en el sistema de creencias y valores asociado con el conocimiento matemático en la práctica y en un contexto de desventaja social, en los aspectos significativos que manifiestan los jóvenes sobre la cultura del trabajo y la organización sociocultural propia del contexto. En términos de:

- creencias acerca de la matemática en el ámbito de la práctica y en situación de desventaja
- conexiones con la matemática escolar
- estatus adjudicado a las diferentes prácticas y cómo se posicionan ante él.

Para la recogida de estos datos elaboramos dos entrevistas que se realizaban al inicio y al final de la intervención a cada uno de los sujetos, denominadas *entrevistas sobre situaciones para indagar las creencias de los estudiantes,* y dos entrevistas de seguimiento y una entrevista semiestructurada de debate grupal (Cfr. Anexo 2).

El análisis de la información obtenida nos permite describir las siguientes creencias que suscita en los jóvenes el contexto social y creencias sobre el contexto social de los alumnos:

Creencias que manifiestan acerca del éxito y del fracaso escolar

Las creencias que lo jóvenes manifiestan acerca del éxito y fracaso en matemáticas llevan involucrados valores del grupo social, de su dimensión afectiva y del posicionamiento que ellos asumen frente a la matemática. El gusto por la matemática aparece como un motivo interno incontrolable[5]. La asignación que realizan estos jó-

---

puede ofrecer intuiciones para entender y facilitar el aprovechamiento escolar de los estudiantes y los profesores estarán en mejores condiciones de elaborar estrategias educativas concretas, motivadoras y capaces de involucrar a los estudiantes como principal agente de su educación, con el fin de ir generando respuestas válidas para estos colectivos menos favorecidos escolar y socialmente.

[5] Las creencias sobre el éxito y fracaso escolar se analizaron en términos del marco de la teoría de la Atribución (Weiner, 1986), distinguiendo el lugar de la causa (interna o externa al sujeto) y si era controlable o no por el joven. Establecimos 4 categorías de respuesta: interna incontrolable (ii), interna controlable (ic), externa controlable (ec), externa incontrolable (ei).

venes parece evidenciar posturas en las que el control y la perspectiva de modificabilidad no son controlables por el sujeto. Las expresiones siguientes lo evidencian: «Como no te gusten no te van a entrar. Eso lo tienes que tener desde un principio. Como no te gusten no las coges» (Javier, EI); «me fue mal porque no me gustaba mucho» (Mariano, EI).

Los jóvenes son conscientes de las explicaciones compartidas por su grupo social del éxito y del fracaso, pero esta explicación entra en conflicto cuando ellos mismos son el objeto de análisis. Según revelan los datos, para estos jóvenes el conflicto y las barreras del aprendizaje escolar en matemáticas no son la falta de esfuerzo personal. Cuando se refieren al éxito y al fracaso como resultado de «motivos controlables» indican aspectos como: trabajar duro, poner atención, fijarse en las cosa, preguntar al profesor, organizarse el tiempo de estudio. Aunque también resultan significativas las justificaciones que dan, situando el origen de la causa interna incontrolable, «gente que ha nacido para eso, les viene de familia», «está hecho para estudiar». Entre los motivos externos incontrolables aparecen «situación familiar», «tener oportunidades», y «el profesorado».

A la vista de estos datos, tratamos de indagar si las barreras de aprendizaje podrían haber estado en la falta de desarrollo de actitudes de valoración y gusto por la disciplina o en la forma en que ellos experimentan la escuela. En consecuencia fue necesario preguntarnos de dónde vienen estas creencias y tratar de encontrar explicación, intentando buscar qué relaciones o significados aparecen en las explicaciones y experiencias que manifiestan de su propio contexto cultural. Como grupo parecen adoptar *estrategias de instrumentalización de su identidad asignada*; éstas se manifiestan en los motivos que los jóvenes expresan sobre el éxito y fracaso y que, de forma continuada, aparecen en la interacción en el aula: «estar fuera», «les viene de familia», el «gusto», las preferencias e importancia atribuida a la práctica manual.

En nuestra investigación se indagó las creencias de estos jóvenes sobre la relación entre éxito, fracaso y necesidad de escolarización y de estudio como elemento esencial en su formación para el empleo a través de las siguientes preguntas de la entrevista EI:

Tarea 2: De las 35 fotos

- Sitúa a un lado las fotos en las que piensas que la gente ha tenido éxito en matemáticas y, al otro, aquellas en las que te parezca que ha fracasado.
- Da razones de la forma de agruparlas.
- ¿Quién piensas que era el mejor alumno en matemáticas en la escuela?
- ¿Quien piensas que era el peor alumno en matemáticas en la escuela?
- ¿Hay alguno de ellos que pienses que no ha ido nunca a la escuela?

El grupo de personas que se encuentra en una situación de desventaja socio-económica fue escogido como el de los que han sido peores en la escuela y quienes pueden no estar escolarizados.

Creencias y valores asociado con el conocimiento matemático en la práctica y en un contexto de desventaja social

Los jóvenes adjudican un estatus a las diferentes prácticas. Reconocen que la matemática se puede usar en el ámbito del trabajo académico y en el práctico. Sin embargo, no reconocen el uso de la matemática en los grupos de personas que se encuentran en una situación de desventaja socio-económica.

Las justificaciones que ellos dan revelan que la negación del uso de las matemáticas en personas en una situación de desventaja socio-económica va más allá de la capacidad de los jóvenes en identificar contenidos matemáticos. Una interpretación podría ser que la mayoría de ellos no se «reconoce» como perteneciente a esta situación, no se identifica con chicos en exclusión social. Se da una infravaloración, y un rechazo a esa situación, emitiendo juicio sobre su aspecto exterior:

> «Sólo hay que ver las pintas..., qué matemáticas pueden haber sacado, con estas pintas no puede sacar unas matemáticas alucinantes. Lo único que pueden sacar es una borrachera galopante» (Jesús, EI).
>
> «Unos gamberros. Claro, para qué van a usar las matemáticas éstos» (Raúl, EI).
>
> «Son unos papanatas» (Valentín, EI).
>
> «Los que están mal, los que están ahí tiraos por la calle. Pues estos zopencos» (Miguel, EI).
>
> «Eso de la pobreza, los más «indiscriminados», marginados» (Daniel, EI).
>
> «Son grupos de calle que salen ahí de juerga, son grupos de amigos, no creo que la utilicen mucho, pero matemáticas sobre el dinero yo creo que sí usan, esas sí la usan» (Javier, EI).
>
> «Si que saben matemáticas, pero pasan de todo, no les hace falta pues se ve así un grupo raro... Así a primera vista parece que no les importa mucho, pero supongo que más adelante les importará más, porque se darán cuenta algún día que vivir así no creo que le sirva de mucho» (Noé, EI).

El reconocimiento del uso de la matemática en situaciones de desventaja está estrechamente entrelazado con su posición como miembros del grupo, es decir, su parte de autoconcepto que deriva de su conocimiento de ser miembro de un grupo junto con el valor y el significado emocional vinculado a ser miembro. En el estudio de casos se pusieron de manifiesto estos aspectos. Si comparamos a distintos estudiantes (Adrián, Carlos, Isaac), observamos como jóvenes que comparten unos conocimiento sobre el marcador social de la matemática, en un contexto de la práctica y de desventaja socio-económica, asumen diferentes posiciones hacia esa práctica y en función de su experiencia particular (En el capítulo 7 ampliaremos más sobre estos aspectos).

Creencias sobre qué es la matemática en el contexto escolar y en un contexto de práctica

La matemática escolar es identificada como una asignatura de conocimientos. La concepción de la matemática de los jóvenes cambia, cuando ésta está relacionada con el ámbito de la práctica. Las respuestas que involucra su dimensión afectiva y de la valoración social de la matemática no están disociadas de sus valores (Tabla 4.3. y Tabla 4.4.).

Qué es la matemática	Número de jóvenes
Una asignatura de conocimientos (sumas, ecuaciones, fracciones, teorema de Pitágoras, medidas, unidades, fórmulas, trigonometría, particiones, geometría...)	18
No sé	3
No responde	2

Tabla 4.3. Tipos de respuesta y frecuencias que los jóvenes de la muestra dan acerca de qué es la matemática escolar (N= 23)

Qué es la matemática	Ejemplos
Una asignatura de conocimientos	Sumas. Restas. Multiplicaciones. Divisiones. Contar. Presupuestos. Tarifas. Contabilidad. Matemáticas básicas. Proporciones. Medidas. Escalas. Paralelas. Volumen. Masa. Temperaturas. Grados. Presiones. Diámetro. Decilitros. Grados. Angulos. Altitud. Distancias. Trigonometría (tangentes, seno) Pitágoras. Número π. Giros. Simetrías. Algebra. Geometría. Estadística.
Una asignatura de estrategias y procedimientos	Hacer esquemas. Dibujar. Tácticas de memoria y cosas de esas... Estrategias de juego.
Definiciones de matemáticas que van asociadas con sus actitudes positivas o negativas hacia ella.	Matemáticas chungas de las que no entiendo. Matemáticas de estas raras, de hacer fórmulas y cosas de esas.
Matemáticas como una actividad colectiva orientada hacia una meta (Práctica y profesional)	Informática. Del ordenador. De los programas de Internet. De la música. De marketing. De electricidad. De Einstein. De grado superior. De la Universidad. Matemática avanzada. Sobre el dinero. De selectividad.

Tabla 4.4. Tipos de respuesta que los jóvenes de la muestran dan acerca de qué es la matemática en situaciones de uso y aplicación (N= 23)

Esta dimensión de la valoración social de la matemática fue constatada de forma más explícita y evidente a través del cuestionario «Eslogan» (Anexo 3) aplicado en el curso 95-96 a 13 jóvenes de la muestra antes de comenzar la intervención con un programa de actuación didáctica que integra la dimensión afectiva y de contexto en el aprendizaje de la matemática (Gomez-Chacón, 1998a). En este instrumento en la 6ª cuestión se les planteó que comunicaran sus expectativas en un cartel, sus deseos, sus sugerencias a través de un eslogan, a modo de anuncio, de tal modo que expresaran lo que ellos deseaban de la clase de matemáticas. En sus respuestas aparecen algunas representaciones sociales de la matemática: como conocimiento reconocido y valorado socialmente; apareciendo reflejado también fuertemente el valor atribuido a las operaciones básicas. En las Figuras 4.1. y 4.2 pueden verse algunos ejemplos de los carteles realizados por los jóvenes, que ilustran esta dimensión.

Creencias de los jóvenes acerca del aprendizaje matemático y relevancia para su vida

La importancia del aprendizaje de matemáticas está mayoritariamente relacionada con su futuro, en términos de conseguir un trabajo. Aunque destacan que su aplicabilidad al taller es escasa, indicando que sólo se necesitan elementos básicos de matemáticas, fáciles de aprender. La mayoría (19 de 23 jóvenes) cree que los ebanistas pueden realizar perfectamente los cálculos necesarios para el taller sin necesidad de una escolarización matemática, además lo pueden demostrar por su propia experiencia. Los jóvenes muestran procedimientos para aprenderlas sin ir a la escuela, poniendo ejemplos de sus familias, destacando sobre todo el aprendizaje por observación, el pre-

Figura 4.1. Eslogan de Jorge

Figura 4.2. Eslogan de Alberto

dominio de un «razonamiento contextualizado» y donde el conocimiento «compartido» adquiere mayor importancia:

«Te lo diré yo. Yo no sabía hacer nada en la escuela y en el taller sé hacer todos los cálculos» (Raúl, EI).

«Porque para hacer lo del taller no hace falta ir al colegio» (Jorge, EI).

«Sí. Mi madre no ha ido nunca a la escuela y ha aprendido de todas formas» (José, EI).

«Sí, porque hay gente que tiene..., hay gente, como mi abuela, que no ha ido al colegio y saca las cuentas y lo hace montar muy rápido. Ha aprendido con la vida y con las cuentas de dinero se va aprendiendo sin ir a la escuela ni nada» (Mariano, EI).

«No sé. Yo a mi sobrino por lo menos a veces está estudiando y le digo «mira, esto se hace así y así», porque me han ido enseñando o a lo mejor bajo con 100 pts en el bolsillo y sabes que son 100 pts aunque no hayas estudiado, y dices cien y cien hacen 200 y así has ido aprendiendo y viendo a la gente... Viendo a mi madre, o a mi vecina o a un amigo que sabe» (José, EI).

En el estudio de casos estuvimos atentos a las diferentes reacciones emocionales que manifestaban los sujetos en el aula en el transcurso de la actividad matemática, tratamos de ver los orígenes en relación a sus posicionamientos y creencias. Pudimos comparar y constatar como sus diferentes posicionamientos en relación a qué es la matemática y sus creencias acerca del aprendizaje y lugares de aprendizaje matemático influían en sus reacciones en el aula. Los estudiantes Adrián y Carlos, más específicamente en éste último, al considerar que las matemáticas se pueden aprender principalmente en el ámbito escolar, tienen una conducta en el aula de no expresar rechazo por las actividades y por las clases. Sin embargo, Isaac muestra menor valoración y mayor resistencia al aprendizaje matemático en el aula; este comportamiento parece estar vinculado a sus creencias sobre el lugar de aprendizaje de las matemáticas que el necesita para el taller, y sobre las matemáticas como una asignatura de conocimientos.

En cuanto al aprendizaje en el taller, los estudiantes son capaces de captar el sentido de la actividad global, y en la interrelación de procesos cognitivos y afectivos no se producen discontinuidades. El sentimiento de fracaso no se da como tal. Podemos observar las respuestas a la cuestiones de la entrevista EI planteadas para obtener datos en relación a los sentimientos asociados al éxito y el fracaso en el la escuela y en el taller, que ratifican nuestras afirmaciones (Cfr. Tabla 4.5. y Tabla 4.6.).

Si analizamos estas respuestas podemos observar una gran diferencia con las reacciones emocionales que se derivaban de la experiencia escolar (Tabla 4.5. y Tabla 4.6.). Existe una marcada diferencia en cómo ellos experimentan las situaciones de aprendizaje escolar y de aprendizaje en el taller. Lo más importante para la mayoría de ellos es encontrar un trabajo y ganar dinero. Aprender un oficio y obtener un título que les abra las puertas de un posible trabajo. Otras metas de formación cultural o de aprendizaje de la matemática están muy en segundo plano, y apenas aparece el valor de los estudios como medio para obtener un trabajo.

Otro aspecto importante que señala este grupo de jóvenes en relación a su aprendizaje son las creencias del profesor. Los estudiantes expresan algunos de los estereotipos (creencias) sobre este perfil de jóvenes que se manifiestan habitualmente en la in-

Sentimientos de éxito	Sentimientos de fracaso
• Cuando me sacaban a la pizarra y eso, me veía contento, porque así veía la gente que no era tan burro como parecía y la profesora que lo pensaba. • Pues me sentía como uno de esos que manda mucho... así no pasan de mí. • Bien, pues me gustaba hacer eso. • Pues bien en clase, estaba a gusto. Me enteraba de las cosas, me encontraba muy bien, de abuty. • Bien, cuando te sale algo bien, pues bien..., pues de abuty. Estaba bien. Y si estaba bien pues me alegraba, pues sabía que lo había hecho bien y que podía hacerlo, ¿o no? • Me daba igual, era algo normal, si yo sé el tema y entendía rápido las cosas, sumaba rápido pues es algo normal. • Nada, que cuando las sacaba bien era algo... Bien, listo. Siempre te sientes bien al sacar algo. Un jugador de fútbol, ha ganado su equipo, pues se siente bien porque ha ganado su equipo, porque ha jugado bien, pues igual en las matemáticas. Pues que al jugar bien pues ganas y al jugar mal pues pierdes. Tranquilidad. • Bien pues veía que avanzaba más que otros. Me gusta. • De alegría, orgullo, que soy un matemático de estos de toda la vida. • Pues que sé algo más. Ser bueno... • Bien, bien no me preocupaba el no saber hacerlo. • Felicidad. • Me sentía bien, por lo menos me daba confianza en mi y me sentía bien. • Bien, lo había hecho bien y sabía hacerlo.	• Pues mal porque la cabrona de la profesora me sacaba muchas veces aposta porque sabía que no la sabía para que hiciera el ridículo. A lo mejor alguna vez lo hacía pero siempre quedaba mal, siempre lo hacía a propósito. Pues..., de rabia y eso. De rabia y que no sabía qué hacer. • Como un gilipollas, pero un gilipollas total. Todo el mundo se reía de mí... Mal, estaba como frustrao, como se diga eso. Como si estuviera solo, que no te hacen ni puto caso. Pues ya está, eso. • Fatal, mal... me traía tebeos para leer. • Me pateaba..., me daban ganas de darle una hostia..., pues cuando no tienes una profesora buena te da ganas de patalearle la cabeza. • ¡Asqueao! Me sentía mal con mí mismo.¡Porque no sabía hacerlo! ¡ja! • Pues salía con un cabreo que ya no quería hablar a nadie. Con los pelos de punta. • Me daba igual, no hacía nada estaba siempre dibujando. • Los sentimientos es que me daba igual, me obligaban a ir a clase, ¿cómo quieres que me sienta? Pues mal, me daba igual. • Estaba normal, no lo sabía, pues no lo sabía. No pasaba, lo intentaba hacer pero como no me salía se lo decía al profesor y me lo explicaba. • Ninguno, no asistía a las mayoría de las clases, sentía pereza. • Yo soy un inútil, no sirvo y entonces pues no..., te entra envidia que todo el mundo sepa y tú no sabes nada, que a todo el mundo le sale bien y a ti no. • Mal, porque estudiaba y luego no entendía, me comía la olla, después de estar pensando esto va aquí esto va aquí luego te sale mal y suspendes, no he entendido bien, no me entraba en la cabeza. Mal porque yo veía que estudiaba y no lo entendía bien, lo preguntaba y no me entraba en la cabeza. • Pues cómo me iba a sentir. Pasaba de todo, me sentaba y decía vale, pues que sea como Dios quiera. • Agobiao, agobiadísimo, porque no me enteraba, me tenía que poner a leerlo, a escribir y me agobiaba un montón.

Tabla 4.5. Ejemplos de los sentimientos asociados al éxito y al fracaso escolar (N=23).

Sentimientos de éxito	Sentimientos de fracaso
• Pues orgulloso. • Bien. Mi madre veía que no era como antes... antes llevaba un mes y pico con un ensamble. Y decía na más he hecho esto, y ella se mosqueaba. Decía un mes para hacer una mierda de estas. Y cuando veía el joyero decía mira mi hijo va mejorando, al ver la estantería. • Bien. Había hecho una cosa que molaba, pues ya esta. Ser el mejor, ser el mejor! (ríe). No sé, cualquier cosa, me sentía alegre, de abuty, útil, había hecho eso bien, y que era bonito y que lo había hecho yo y que no lo había hecho nadie igual que yo, yo el único. • Me sentía bien, a gusto conmigo. • ¡Ah! Pues muy bien, muy alegre... • Pues a gusto, muy bien, porque tenía ganas de hacerlo y me salio muy bien. • Bien, porque me gusta. • Bien, después de estar currándotelo un mazo, luego terminas bien, saliendo, me sentía bien, perfecto. • Bien, alegre, porque había aprendido una cosa nueva. • Pues bien. Felicidad, por fin me sale algo bien, porque a lo mejor no eres muy bueno en una cosa, en ebanistería no eres bueno cortando pero sabes que eres muy bueno marcando. Sabes que eres bueno en algo. • Contento conmigo mismo. • Bien, na..., que lo he estado haciendo bien y me ha salido bien, sé que valgo para ello. • Si es una cosa que estoy deseando hacerla, y si encima me sale bastante bien pues me siento mucho mejor. Tengo más animos, puedo confiar más en mí.	• Me sentía jodido. • Pues, me sentía cabezón y hasta que me salga bien, no paro, hasta que me salga bien, no paro. Yo soy así siempre. • (No me siento mal) Estoy aprendiendo, para eso he venido... • Pues con mucha rabia, por no hacerlo bien. Te entra gana de tirarlo todo, a tomar por culo. Pero lo controlo. • ¡Mal! Al final me sentí bien porque lo hice bien, pero al principio, las cuatro primeras veces... mal, mal, mal. Me mordía las uñas. La emoción que pasaba por dentro. ¡Coño! que si eres más tonto, que esto no lo puedo hacer yo y que he hecho esto o he hecho lo otro y esto es una tontería que son tres taladros y tres espigas a alta medida, ... medía, lo he hecho mal, ¿por qué? • Pues los tenía que volver a repetir y decía: pues la próxima vez lo voy hacer mejor. Un poco mal, sí, porque entras aquí y tienes que hacerlo lo mejor posible para que te vean y digan joder este chico va prosperando y digan: pues mira, pues a trabajar en una empresa. • No me sentía mal, lo repetía y ya está. • Te sientes frustrao, cuando la tienes que hacer ya no es lo mismo. Cuando veo que una cosa no me sale intento sacarla. • Me mosqueo, lo repito más veces hasta que me sale. • Me daba rabia, porque después de... porque yo soy una persona que me gusta hacer las cosas limpias, perfectas y cuando ya me salía una cosa mal pues ya la hacía sin ganas. Me aburria de vez en cuando, pero no me importaba. • Pues que me desilusiona un poco. No me deja paralizado, si hoy me sale mal esto y mañana empiezo otra cosa, lo que empiezo me esfuerzo con todas mis fuerzas, con todas las ganas del mundo. • Me sentía con ganas de saberlo mejor, de repetirlo más veces.

Tabla 4.6. Ejemplos de reacciones emocionales asociadas al éxito y al fracaso en matemáticas en el taller (situación de práctica).

teracción con el profesor y que ellos han vivenciado en su experiencia escolar. Destacan que estas creencias por parte del profesorado tienen como consecuencia poca adaptabilidad al momento experimentando por el alumno y la escasa oportunidad de concederles capacidad de cambio:

«Pues a partir de 7º pasaba pues eran un coñazo, *porque explicaban muy deprisa y no te enterabas, y se lo decías y te decían atiende* y en 8º me dormía» (Fernando, EIII, 1).

«Que nos explicaban y al que no le entendía le daban por culo, decía que estuviera atento, y yo estaba atento pero no me enteraba» (Adrián, EIII, 1).

Javier.– «Porque tenía que estudiar muchas matemáticas, y luego llegué a un colegio a 6º, lo repetí y a partir de 7º; *entró la gorda esa y me cogió manía y a lo mejor yo tenía ganas de atender y eso y me decía, tú cállate que vas a saber, no sé qué.. y así muchas cosas.*

Profesora.– Pero tú te habías portado bien antes.

Javier.– *No es que fuese un cachito de pan, pero cuando me gustaba atender atendía, lo que pasa que por mucho que atendiese también faltaba mucho y luego ella no explicaba bien, me iba a dar igual.*

Profesora.– Y por qué faltabas tanto.

Javier.– No sé (no contesta, sus padres son drogadictos, etc...)» (Javier, EIII, 1).

«Pues porque a partir de séptimo, ya..., aparte que me tenía rabia la profesora, pues yo pasaba de ir a sus clases y protestaba, *y a lo mejor me interesaba un tema y ya no me hacía caso, decía ¡eh!*» (Javier, EIII, 12).

Demandan que fuéramos capaces de romper estereotipos sobre ellos, y que todos los educadores examináramos nuestras propias creencias y acciones hacia ellos. Un extracto de la entrevista semiestructurada de debate grupal expresa cómo señalaron estereotipos sobre la consideración de su fracaso y cómo son medidos en relación a este aspecto:

Luis.– Las clases de matemáticas (Cuando se hable de las clases de matemáticas tendríamos que comentar), en esta tenéis que poner «no somos subnormales».

Profesora.– ¿Por qué ponéis eso? Si nosotras no os tratamos así.

Luis.– Para que lo demostréis.

Alberto.– Pues hay gente que lo pensará. En un periódico de San Sebastián de los Reyes, han dicho, ponía que es un centro para fracasados, para fracasados de la escuela, del graduado escolar –y yo tengo graduado–, tenemos más inteligencia.

Varios.– Antes de juzgar ven a comprobar (15-2-1996).

Con estos datos hemos querido poner de manifiesto que los estudiantes reciben continuos mensajes del entorno sobre qué significa conocer matemáticas y cuál es el significado social de su aprendizaje. Permiten tomar conciencia y comprender cómo las valoraciones sobre las diferentes formas de conocimiento repercuten en el aprendizaje.

5. Reacciones emocionales de los estudiantes en el aula. Interacción cognición-afecto

En capítulo anterior afirmamos que las creencias de los estudiantes establecen el contexto personal dentro del cual funcionan los recursos, las estrategias heurísticas y el control, al trabajar la matemática. Veamos una situación de aula donde el alumno actualiza las creencias y las repercusiones que tienen éstas en el aprendizaje. En la «situación» de aula, en la que la profesora ofrece la tarea, se puede ver cómo el alumno construye el «contexto» personal (aspecto afectivo y cognitivo). Entre ambos se va a producir una interacción en el sujeto, y es desde ahí, desde donde el alumno va a dar un significado a la tarea y va a comprender el proceso de resolución de problemas (Gómez-Chacón, 1998).

Con la ejemplificación que haremos en los apartados siguientes, buscamos una mejor comprensión de la manera que tienen los alumnos de conocer, de reaccionar afectivamente en el aprendizaje de la matemática (una clase de estructura) y de la forma de construir el conocimiento (como proceso), en el que se entreteje la interacción cognición afecto.

El educador necesita ser consciente de la tensión que se produce en el estudiante, a la hora de la construcción del contexto personal, entre el contexto en el que se desarrolla la actividad: «el contexto interactivo» (en el que se evoca las percepciones individuales de los requerimientos de la tarea –por ejemplo contexto escolar, contexto de la vida cotidiana, etc.) y el contexto representado en la tarea: contexto «figurativo» o situación descrita en la tarea, que está estrechamente relacionado con su experiencia personal (por ejemplo, el empleo de distintos métodos de solución puede estar relacionado con sus experiencias en la vida diaria).

Todas las tareas están socialmente situadas, pero el contexto de la tarea es consecuencia de la construcción y de la respuesta del individuo. El contexto personal de la tarea como resultado de la interrelación entre el contexto «interactivo» y el «figurativo», toma la forma de una representación cognitiva, a través de la cual el individuo adscribe significado personal a la tarea y en la que se comprende el proceso de resolución de problemas.

Desde la consideración de este contexto holístico, tratamos de hacer visible la influencia de la «*construcción del contexto*» para facilitar, o no, la comprensión y la transferencia en los alumnos, y ver cómo repercute el mismo, de diferente manera, en los sujetos.

CARACTERÍSTICAS DEL MODELO DE ANÁLISIS

El significado de las interrupciones o bloqueos en el aprendizaje se puede analizar secuencialmente siguiendo este esquema: propósito e intención, sistema de creencias y valores, objeto de evaluación, evaluación que realiza el sujeto y resultados cognitivos y emocionales que observamos (Figura 5.1).

Las reacciones emocionales son el resultado de discrepancias entre lo que el sujeto espera y lo que en el momento en que se produce la reacción experimenta. En el capítulo 3 indicábamos que es posible rastrear (y localizar) las reacciones afectivas desde las creencias y expectativas que las originan. La comprensión de las expectativas, de las creencias, que los estudiantes traen a la clase de matemáticas podrían ser un primer paso en el aprendizaje para tratar de forma efectiva el afecto en el transcurso de la instrucción en resolución de problemas. La emoción es la concatenación de un proceso

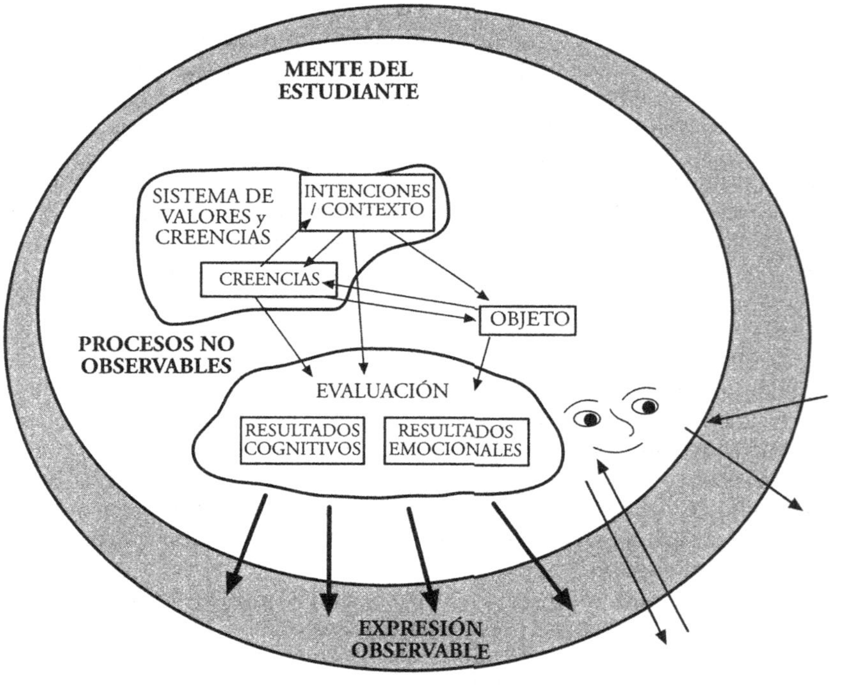

Figura 5.1. Características del modelo en la construcción del contexto personal. Los recuadros son aspectos destacados que influyen en lo que serían expresiones observables.

evaluativo. Detenerse en los cambios que se producen en la evaluación del sujeto permite detectar las bases de estas estructuras evaluativas.

Para describir estos cambios se necesitan datos procedentes de distintas fuentes: interacción de aula, entrevistas, instrumentos de diagnóstico de las reacciones emocionales (gráfica emocional), etc.

EL CASO DE ADRIÁN: MIEDO A LOS SÍMBOLOS Y ORIGEN DE LA EMOCIÓN EN LA EXPERIENCIA ESCOLAR

Adrián es un chico y tiene 17 años (al final del estudio 18). Estuvo en la escuela hasta 8º de EGB. Ha repetido 1º y 5º de EGB, el último curso aprobado fue 6º de EGB. Tiene Certificado de escolaridad, pero no el Graduado Escolar. Este último lo obtiene en el centro donde se recogen estos datos. Comenzó 1º de FP, pero sólo asistió un trimestre. Las razones que alega de abandono del sistema escolar, es que iba muy mal en los estudios, veía muy difícil poder sacar el curso. Las razones de por qué ha decidido nuevamente volver a estudiar son que estuvo buscando trabajo y en todos los sitios le pedían el graduado. Al conocer, por la trabajadora social, que en el centro podía aprender un oficio y obtener el graduado decidió venir a este centro.

Adrián –según datos del informe de la institución educativa –proviene de fracaso escolar, con un nivel de 6º curso, consecuencia de la falta de motivación hacia los estudios y dificultades de aprendizaje ocasionadas por problemas familiares.

El seguimiento de este estudiante se realizó durante los cursos 94-95 y 95-96. Los datos que aquí recogemos son los correspondientes al curso 94-95. En nuestra intención estaba detectar y comprender a qué se debían las dificultades de aprendizaje que manifestaba, dónde estaba la raíz de su rechazo hacía las matemáticas y dónde situar los obstáculos que impedían su progreso.

Para la descripción del caso haremos uso de los datos aportados por el sujeto en el instrumento *la gráfica emocional*, (Cuadro 5.1), junto con un extracto de la transcripción de la grabación de la sesión de aula y las notas tomadas por la profesora al observar al estudiante durante la clase.

Para realizar el diagnóstico interacción cognición-afecto podemos utilizar distintas técnicas: entrevistas, parrillas de observación, cuestionarios, instrumentos de autoevaluación, etc. Como indicábamos en este caso se utilizó el Instrumento de diagnóstico de las reacciones emocionales*: Gráfica emocional*. Consta de 6 cuestiones, 3 referidas a sentimientos y reacciones emocionales y 3 relacionadas con aspectos de transferencia y de aprendizaje en el taller y en la vida cotidiana (Cfr. Cuadro 5.1). Después de cada problema o actividad matemática se les pasaba a los estudiantes. La utilización del instrumento tiene como objetivo recoger información a través de la gráfica de las reacciones afectivas de los estudiantes (magnitud, dirección, consciencia y control de las emociones) y origen de las mismas (dinámica de interacción entre los factores afectivos y cognitivos). Las dimensiones de magnitud, dirección y consciencia quedan explicitadas a través de los trazos que efectua el alumno al dibujar la gráfica de su *emoción* y através de las anotación que realiza sobre las exigencias cognitivas necesarias para resolver la tarea propuesta.

Nombre: **Fecha:**

1. ¿Cómo te sientes después de acabar el problema?

   Muy satisfecho Satisfecho Insatisfecho Muy insatisfecho

2. Cuenta brevemente por qué te sientes así.

3. Representa mediante una gráfica tus sentimientos, tus reacciones en el proceso de resolución de este problema.

4. ¿Te recuerda alguna de las situaciones que trabajas en el taller? Comenta brevemente tu respuesta.

5. Lo que has aprendido en este problema ¿te sirve para tu vida diaria?

6. ¿Puedes aportar sugerencias para completar esta actividad?

Cuadro 5.1. Instrumento: *Gráfica emocional.*

Además, mediante una entrevista con el estudiante, se trató de confirmar los aspectos que habíamos detectado, sobre todo las reacciones emocionales que aparecen más explícitas e iterativas en la vivencia del sujeto. La profesora buscaba una mayor explicitación, por parte del sujeto, de su origen; y una toma de conciencia, por parte de éste, para su posterior regulación y control de la emoción.

En este apartado presentamos la situación de aprendizaje y los datos recogidos en el aula, en la gráfica emocional y en la entrevista. En el apartado 5.3 pasaremos a analizar las reacciones del estudiante según el modelo explicitado en la sección anterior (Figura 5.1.).

Sesión de clase

Hacemos visibles algunas de las reacciones emocionales producidas en el sujeto durante la actividad «*Geometría de los envasados*»: Miedo a los símbolos y origen de la emoción en la experiencia escolar. La actividad que se le planteó fue la siguiente:

Geometría de los envasados

1. Después de elaborar el cartel, los jóvenes han decidido celebrarlo con una fiesta. En la fiesta se han consumido diversos productos.

Fíjate en los envases de los diferentes alimentos y bebidas. En la figura tienes distintos tipos de envasados usados en la fiesta (vidrio, plástico, metal, cartón....).

a. Enumera tres características geométricas de cada envase.
b. Compara los envases y anota las diferencias geométricas que has observado.
c. ¿Cuántas piezas crees que usan para formar cada envase?
d. Elige una figura y haz un dibujo del desarrollo del modelo de envase.
e. Calcula el volumen de los envases de los productos anteriores.
f. Contesta al cuestionario «Gráfica emocional».

Uno de los modelos de envase que los estudiantes tenían que hacer era el desarrollo y cálculo del volumen del cilindro. A Adrián se le planteó la necesidad de conocer la formula del área del círculo. Tomamos el siguiente extracto de la grabación de la sesión de aula correspondiente al día 12-1-95:

Profesora.– ..... Ahora incorpórate a hacer el cilindro. ¿Eso está bien, Adrián? A ver, ¿cómo has hecho con el cilindro?

Adrián.– Se abre el cilindro.

Profesora.– Se abre el cilindro, entonces ...

Adrián.– Se mide.. entonces 20 por 15. 20 por 15 cómo...

Mohamed.– Y la tapa de abajo, lo mismo, claro.

Profesora.– A ver una cosa.... ¿vale? Te está saliendo este área lateral. Si tú haces eso, tú haces esto, mides 20 por esto, cuando yo doblo, ¿sabes lo que estoy midiendo? Es esto. Este lado. No estoy midiendo lo de dentro. Entonces, para medir lo de dentro ¿cómo se puede hacer?
[Hay mucho ruido. Mientras explica la profesora a Adrián los demás se están distrayendo hablando de otras cosas. La profesora les llama la atención].

Profesora.– ¡Ya! Por favor. ¿Vale? Si no no va a haber descanso para los 5 minutos... ¿vale? Entonces Adrián, la altura 5...

Carlos.– Pues vaya bote, como no sea un bote de pimienta...

Profesora.– 10, venga... A ver. Venga ¿cómo se hace?

Carlos.– Mira, el volumen es igual a multiplicar el ancho.

Javier.– ¿Qué ancho? Si no hay ancho.

Profesora.– A ver, hay una cosa que necesitamos saber, que por eso dice Mohamed que no le gusta. A ver, ¿qué cosa hay que preguntarse primero? para saber ¿Cómo se hallaría el área de esto? [señalando a las bases del cilindro] ¿Cómo se halla el área de este círculo?... ¿Cómo se halla el área? Aquí es donde estáis atrancaos. ¿Cómo se halla el área del círculo?

Adrián.– Qué lista, tú como lo sabes [protesta con agresividad].

Carlos.– La circunferencia dirás.

Profesora.– La circunferencia es la línea de fuera y lo que cubre de superficie se llama círculo.

Carlos.– ¿Que cómo se halla?

Profesora.– ¿Cómo se halla?

Carlos.– Ehh, π por...

Javier.– 3'1416. Yo eso nunca lo he entendido.

Profesora.– π por r,...

Carlos.– Partido por... No, no al cuadrado.

Profesora.– Vale, π por r al cuadrado.

Javier.– Joer, lo que nos haces hacer. Dice que es fácil, colega.

Carlos.– 3'14 por el radio que son 3...

Fernando.– Yo el π no sé hacerlo.

Profesora.– A ver Adrián ¿te acuerdas?

Adrián.– Esto me suena al colegio, yo pasaba... [reacciona enfadado]

Profesora.– Bueno, pues lo explicamos. Pues venga.... ¿Qué pasa del colegio?

Adrián.– Que cuando llegaba el π yo no iba.

Profesora.– ¿No ibas cuando llegaba el π? ¿Por qué?

Adrián y Fernando.– Porque es mu' difícil y no me entra en la cabeza.

Profesora.– ¿No te entra en la cabeza? ....
[......] (El resto del grupo continua avanzando. Adrián está paralizado. La profesora hace en la pizarra un ejemplo de cómo se calcula el área del circulo. Hay distintas interrupciones de dos estudiantes, Mohamed y Juan, por no comprender el número π. Además Mohamed comienza a distraerse hablando de una excursión. La profesora intenta resituar la clase y focalizar su atención)

Profesora.– A ver Mohamed, ¿a qué viene esto?

Mohamed.– Yo no curro por una cosa, porque no sé hacerlo.

Profesora.– Pero si te estoy yo mostrando la forma de hacerlo, enseñando. A ver, si yo sé que no sabes hacerlo. No importa, pero te estoy enseñando a hacerlo. Carlos ¿cuál es el problema?

Carlos.– El... ¡ah!.. La que no es la tapa que es lo que es la chapa, tiene que tener el mismo diámetro que... la chapa.

Profesora.– Sí, aunque en el dibujo no se aprecie.

Carlos.– Pues ya está.
[Realizan los cálculos del volumen, colaboran especialmente Carlos y Javier con la profesora. Se percibe que Juan y Adrián están paralizados. La profesora pregunta qué les pasa y Adrián responde].

Adrián.– Mucho... lo de los círculos, lo de allá de los círculos, lo del π, no lo aprendía en el colegio ni aquí. [Con tono de tristeza].

Profesora.– Pues tú lo vas a aprender aquí y vas a ver, vamos, va a salir... [La profesora le explica a Mohamed y a Adrián de forma particular]. A ver, Mohamed , lo voy a escribir en esta hoja. Yo quiero hacer esta lata. Quiero calcular el volumen de esta lata, ¿vale? Entonces, para calcular el volumen de esta lata, ¿Adrián, lo ves bien? Adrián... el volumen ¿cómo se calcula? Tengo que hallar el área de aquí abajo....

Adrián.– ¿Pero cómo vas a hallar el área de un...?

Profesora.– El área de la base y lo multiplico por la altura.

Adrián.– Eso no lo entiendo, lo del área por área y...

Profesora.– Vale, pero, un momentito. Yo tengo una idea. Cuánto ocupa la superficie aquí abajo, y si lo multiplico aquí arriba, ya tengo el volumen ¿de acuerdo? Entonces ¿cómo voy a calcular este área? Este área...

Adrián.– No te metas con lo de π. [muestra resistencia]

Profesora.–...Resulta que es un círculo. Pero tú no te preocupes porque tengas que hacer π. A ver.

Adrián.– Eso no hay quien lo entienda. [con tono de fuerte protesta y de desaliento]

Profesora.– No quiero que te cierres, Adrián. Ahora mismo tú dices, no lo entiendo. ¡Vale! yo te comprendo pero...

Adrián.– ¿Quién lo ha puesto? [enfadado]

Profesora.–Adrián, por favor. El área del círculo ¿cómo se calcula? Hay una fórmula que estudiamos ¿vale? Y la fórmula ¿qué es? Si tú sabes el radio de este círculo, ¿de acuerdo?, si tú sabes el radio, tú sabes... tú tienes un círculo.

Adrián.– Es que no lo sé.

Profesora.– Pero lo hemos dicho, hemos puesto un ejemplo, estamos haciendo un ejemplo y aprendiéndolo. Si tú tienes el radio del círculo, que es desde este puntito del centro hasta aquí, o sea esto vale 2, la fórmula, o sea la fórmula ¿cómo es? Es π por r al cuadrado ($A=\pi r^2$)

Adrián.– ¿Y qué es r?

Profesora.– r es el radio.

Adrián.– ¿Y π qué es?

Profesora.– π es un número irracional, y es un número que vale 3'14, ¿vale? Vale más, pero vamos a coger sólo dos cifras para que sea más cómodo, ¿de acuerdo?
[La profesora realiza la estimación de π con un cuerda]

Adrián.– ¡Eso lo odio!

Profesora.– Entonces... ¿por qué lo odias?

Adrián.– Porque no lo entiendo.

Profesora.– ¿Pero qué no entiendes? A ver...

Adrián.– Pues lo del π ese, cómo se calcula luego....

Profesora.– Nada, pero si no... El π es igual a 3'14; en vez de poner π puedes poner 3'14 y te quedas tranquilo. Entonces, el área ¿cómo haría? 3'14 ¿y por qué lo multiplico? El radio ¿cuánto vale?

Adrián.– 2 por 4 [se tranquiliza, y continua avanzando más sereno.]
[Una vez acabado le invito a Adrián a que le relate todo el proceso seguido a Mohamed, realizando otro ejemplo]

Mohamed.– Yo no lo voy a saber hacer, profe.

Profesora.– A ver ¿qué es lo que no has entendido?

Mohamed.– Pues todo eso.

Profesora.– Pero, ¿qué es todo eso? A ver, Adrián ¿por qué no se lo explicas a él y así lo repasas? Sí, porque lo sabes hacer ya.

Adrián.– ¿Que lo sé hacer?

Profesora.– Me he dado cuenta que sí lo sabes hacer.

Adrián.– Eso es lo que te he dicho antes a ti.

Profesora.– Venga. A ver, que yo voy a estar ahí, y tú se lo explicas, y si... Venga. Explícalo

Mohamed.– Vamos supeeer [Mohamed anima a Adrián para que se lo explique].

Gráfica emocional

Adrián registra lo siguiente al efectuar su gráfica emocional:

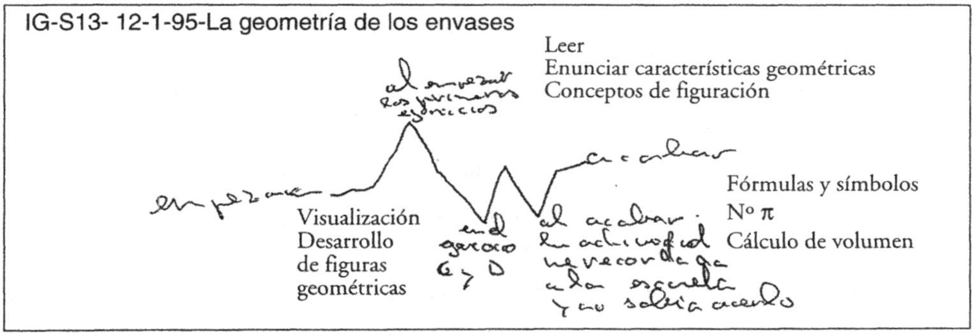

Cuadro 5.2. Instrumento *Gráfica emocional* de Adrián correspondiente a la actividad geometría de los envasados.

La entrevista

Recogemos lo que dijo en la entrevista, realizada después de la sesión de aula, sobre sus reacciones emocionales y creencias ante los símbolos:

Entrevistadora.– ¿Qué te ha pasado en la sesión de trabajo? ¿En la gráfica señalas una dirección negativa en la emoción cuando trabajas con símbolos?

Adrián.– Sí, me asustan los símbolos.

Entrevistadora.– ¿Por qué?

Adrián.– Pues yo que sé..., no lo entiendes y...

Entrevistadora.– ¿Y qué te pasa?

Adrián.– Pues digo: ¡ay madre mía! esto.. es..., para sacarlo me tiro tres años.

Entrevistadora.– ¿Si?

Adrián.– Sí...

[Silencio]

Entrevistadora.– ¿Qué ha ocurrido hoy cuando hacías la actividad? ¿Por qué te has puesto así y decías que era igual que en el colegio?

Adrián.– π, no lo entendía, cuando estaba en el colegio no me lo explicaban, no lo entendía ... y pasé de la profesora.

Entrevistadora.– Ahora cuando trabajábamos esta actividad ¿tú me has identificado con tu profesora del colegio?

Adrián.– Tú me lo explicabas. Ella lo explicaba para todos, para todos..., y no me lo volvía a explicar. Decía que no atendía y lo que pasaba es que yo no lo comprendía.... Muchas veces en clase estaba de broma, y por una vez que me puse a atender... Ella no quiso .... yo no voy a ir detrás de ella, que le den por culo, yo soy muy orgulloso.

Entrevistadora.– ¿Y ahora por qué has reaccionado así?

Adrián.– Pensé que esto tú no lo explicarías, como todas las profesoras..., lo ibas a explicar a todos pero no a mí.

EntrevistadorA.– ¿Qué ha ocurrido cuando te lo he explicado? ¿Cómo te has sentido?

Adrián.– He pensado: pues muy bien ya sé algo.

Entrevistadora.– ¿Y cuando estabas explicándoselo a Mohamed?

Adrián.– Yo sabía hacerlo, lo que sabía era el valor de π.

Entrevistadora.– ¿Qué te provoca π?

Adrián.– Yo no sabía qué era, para qué era esa figura [se refiere al significado del número]...

Entrevistadora.– ¿Te interesa que profundicemos más en π y hagamos varias actividades para que lo conozcas mejor?

Adrián.– Sí pero otro día.

[Adrián puso bastante interés en superar su sentimiento con relación al número π y realizó varias actividades al respecto].

(Entrevista Adrián, 12-1-95)

CONSTRUCCIÓN INDIVIDUAL DEL CONTEXTO. ¿QUÉ OBSERVAMOS Y QUÉ ES OBSERVABLE?

Siguiendo las características que se explicitan en el modelo que presentamos en el apartado primero, pasamos a analizar el caso de Adrián. El objetivo es cómo detectar y determinar dónde están el origen de las dificultades de aprendizaje, ver cuáles son las que habitualmente, observamos y cuáles las que podríamos observar si indagamos en las expresión facial, oral y escrita del estudiante, en los datos procedentes de distintas fuentes, como las descritas en la sección anterior.

Para el análisis tomamos el extracto de la transcripción de lo acontecido en la situacion de aula. Hemos distinguido y separado en seis momentos, según cambia el objeto de evaluación para el estudiante. Estos son, de forma secuenciada: calcular el área del cilindro, la profesora hace en la pizarra un ejemplo, la profesora hace el problema con el estudiante, la profesora calcula π de forma manipulativa con una cuerda, el alumno y la profesora resuelven el problema juntos, y el alumno resuelve el problema para otro estudiante. En cada uno de estos momentos se ha explicitado, con los datos recogidos en la sesión de aula o en la gráfica emocional, las expresiones del sujeto que hacen referencia a la intención y propósito, a las creencias, al contexto que se va configurando en su mente y a las evaluaciones que se efectúan, que se manifiestan en resultados cognitivos y afectivos.

La profesora, ante este acontecimiento de aula, se podría quedar sólo con el hecho de que Adrián tiene dificultades en calcular áreas y volúmenes, o en que tiene dificultades en captar el significado de π (contenidos concretos recogidos en los cuadros siguientes en los rectángulos con trama). O puede tratar de indagar sobre lo no observable a primera vista, pero que sí se puede rastrear y observar. Por ejemplo, cuando el estudiante manifiesta agresividad, cuando expresa «es muy difícil y no me entra en la cabeza» o «lo de π no lo aprendía ni aquí ni en el colegio». Cabe preguntarse si estos resultados cognitivos y afectivos que podemos observar son indicadores y reveladores de dónde está el origen de las dificultades en el aprendizaje al realizar esta actividad sobre áreas y volúmenes, en el caso de este estudiante.

En esta situación, la reacción y actualización que se produce en Adrián cuando la actividad le evoca la experiencia escolar vivida, permite apuntar algunos elementos que son obstáculo para su aprendizaje:

- enfrentarse de nuevo a determinados contenidos matemáticos con los que tuvo problemas,
- la figura del profesor le evoca situaciones anteriores negativas.

La profesora, al detectar que algunos estudiantes no saben calcular el volumen del cilindro y el área del círculo, trata de presentar en la pizarra el proceso de resolución «paso a paso» a todos los estudiantes. Muestra en cada momento de dónde provienen las ideas y así cree que al ver el alumno las condiciones en las que la profesora usa las estrategias y fórmulas, puede pensar en la posibilidad de utilizarlas él mismo en otros casos. En este caso este tipo de modelaje no es el que Adrián necesita. Reacciona actualizando una experiencia negativa escolar: «Tú me lo explicabas, ella lo *explicaba para todos... yo no lo comprendía... Pensé que tú no lo explicarías*». La profesora resuelve el problema con Adrián, utilizando sus ideas. En este caso la función de la profesora es la dirigir las ideas que le van surgiendo al estudiante para resolver el problema y ayudarle a utilizar los recursos que dispone, favoreciendo que el alumno se involucre en la actividad, recupe la confianza perdida y tome conciencia de su aprendizaje.

Queremos hacer notar algunas de las creencias limitativas que están configurando el contexto personal de Adrián: «las matemáticas es algo que nunca he entendido», «la matemática es muy difícil, no me entra en la cabeza», y las reacciones emocionales que expresa «agresividad», «tristeza», «eso lo odio», etc. En el instrumento de la gráfica emocional (Cuadro 5.1.) escribe que se siente insatisfecho después de acabar la actividad «porque no entendía nada, sobre todo lo del π y hallar el volumen de los círculos (sic)». En el dibujo de la gráfica junto al trazo de dirección negativa indica «la actividad me recordaba a la escuela, y no sabía hacerlo».

Situación de aula - contexto personal

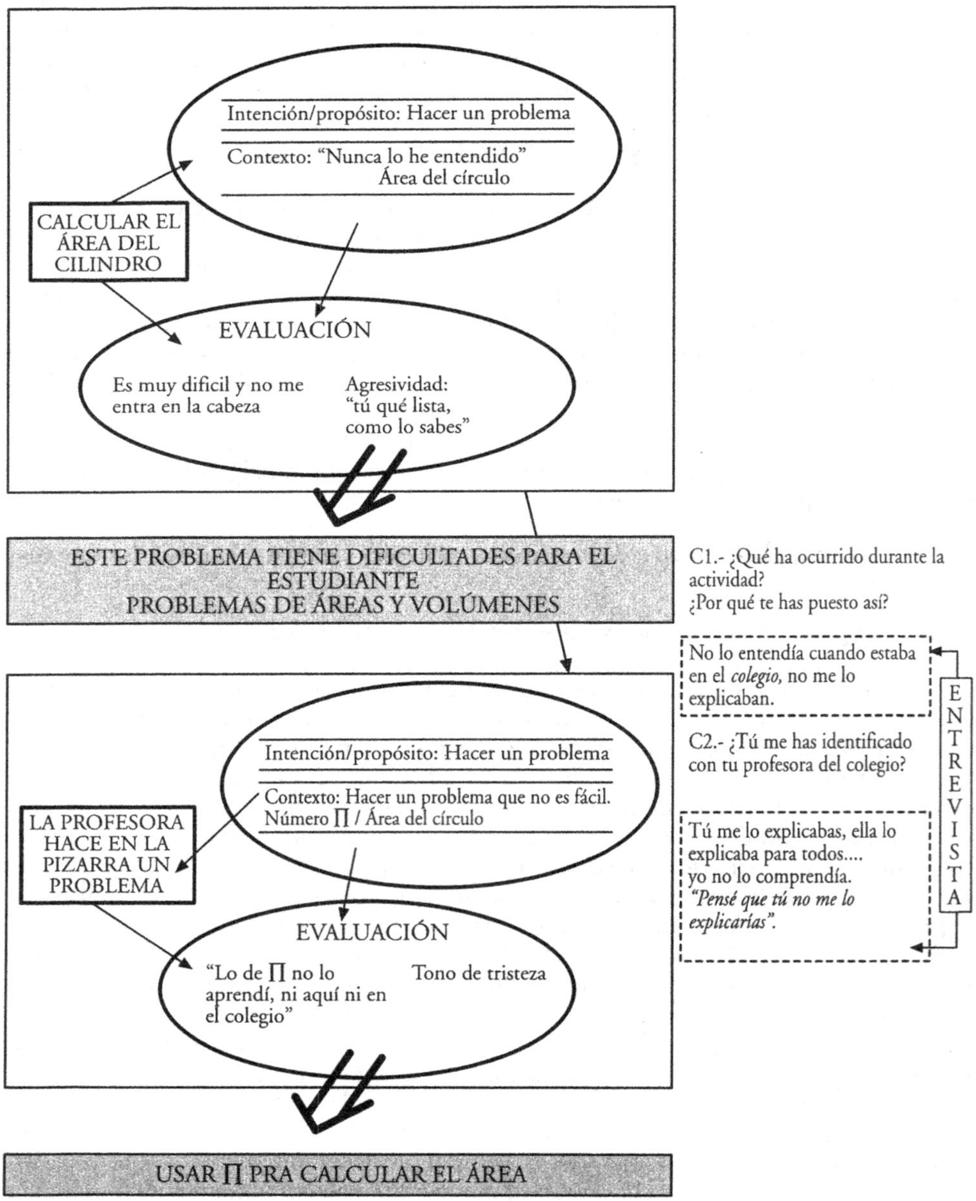

SITUACIÓN DE AULA - CONTEXTO PERSONAL *(Continuación)*

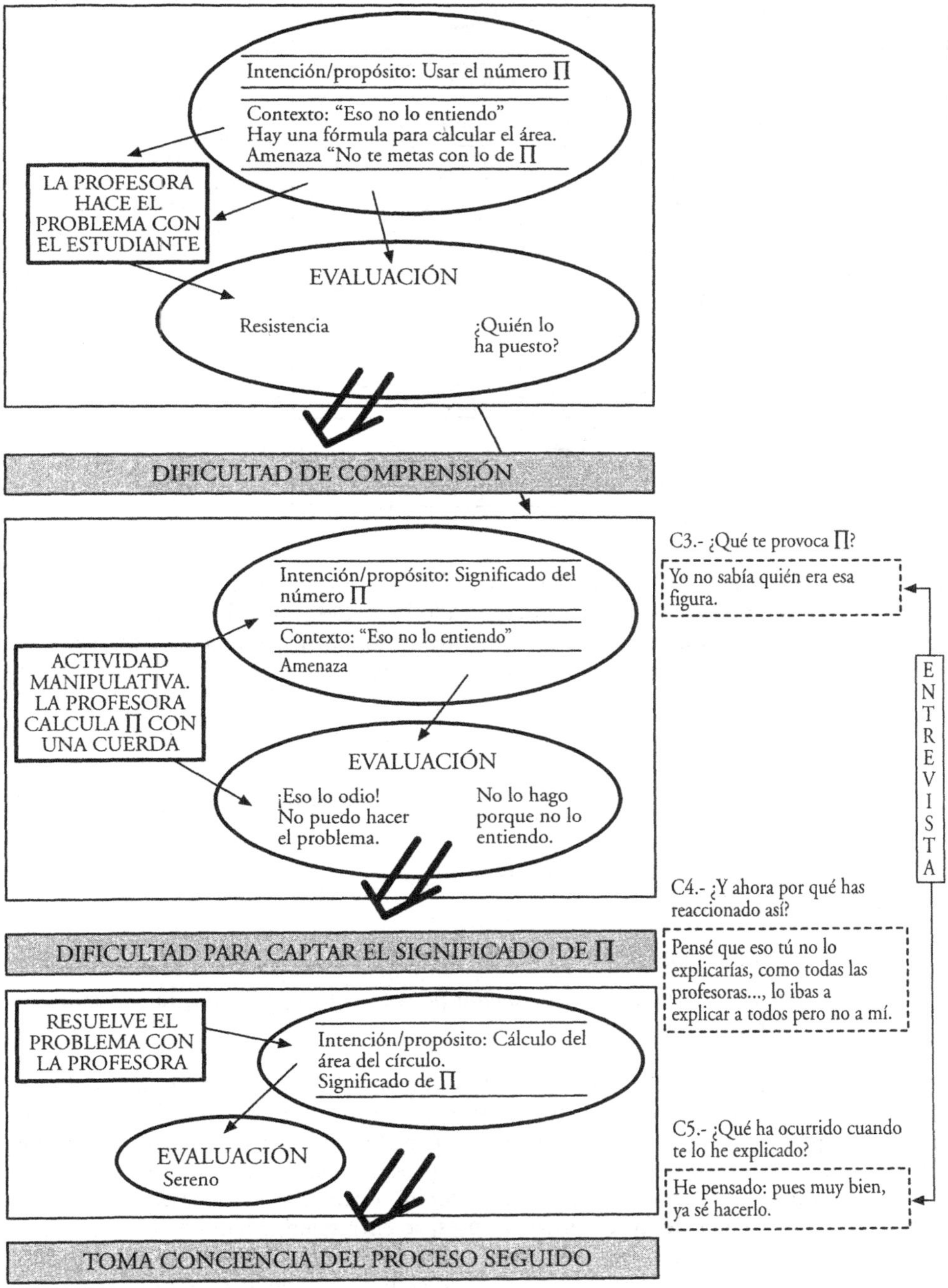

SITUACIÓN DE AULA - CONTEXTO PERSONAL *(Continuación)*

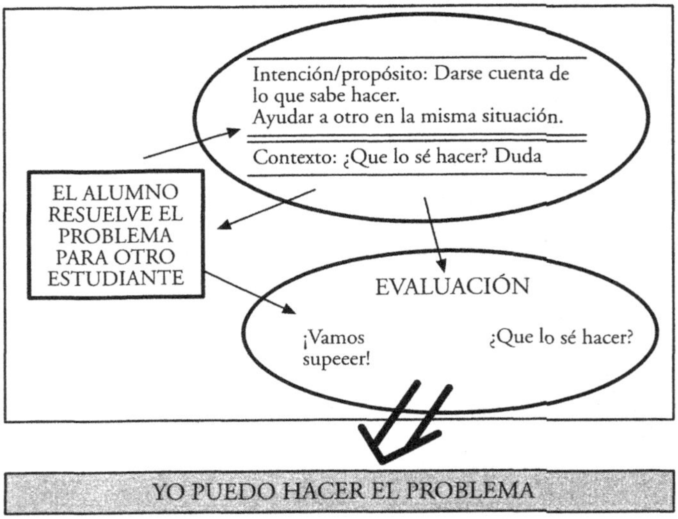

C6.- ¿Y cuando se los explicabas a Mohamed?

Yo sabía hacerlo, lo que sabía era el valor de Π.

Adrián, cuando evoca la experiencia escolar, manifiesta conductas de agresividad, trata de evitar el miedo a no ser reconocido. A lo largo del seguimiento que hemos realizado, se constatan momentos clave en su experiencia escolar que le han marcado negativamente, similares a las del caso expuesto. Las repercusiones que tiene en las situaciones de aprendizaje son:

- Oposición a la autoridad del profesor.
- Interacciones negativas con entre el profesor–alumno o entre el grupo de alumnos.
- Actitud de sospecha hacia el profesor.
- Falta de confianza.
- Resistencia a aprender conceptos matemáticos.
- Resistencias ante tareas que le exigen pensar, como por ejemplo la resolución de problemas.

De esta situación de aprendizaje, también, queremos destacar las interacciones que se producen entre profesor-estudiante, y alumno-alumno, es decir, el modelo de interacción social que se produce y que está incidiendo en el proceso de enseñanza/aprendizaje. Existe una gran proporción de cambios que se producen en la dirección emocional del estudiante que dependen de la interacción social, donde las expectativas, creencias, reacciones emocionales de los distintos actores, se entretejen (Figura 5.2.). En un primer momento las interacciones con Javier y con Fernando suponen un soporte afectivo negativo para Adrián, afirmándole en las creencias que tiene acerca de la matemática. En la parte final hay dos aspectos que favorecen la dirección positiva de la emoción: el soporte afectivo de Mohamed, que le anima a seguir avanzando, y que se manifiesta en palabras de aliento: «vamos supeeer», y en que Adrián es soporte cognitivo para este estudiante. Las interacciones de Adrián con la profesora también han sido clave tanto durante el proceso como después en la entrevista. Durante la sesión de aula la profesora no focalizó el problema, su propia actuación hizo que se activara más la reacción emocional negativa del estudiante. Sin embargo, posteriormente, la reconversión que hace en el modelaje de enseñanza favorece que el estudiante supere su bloqueo.

SITUACIÓN DE AULA

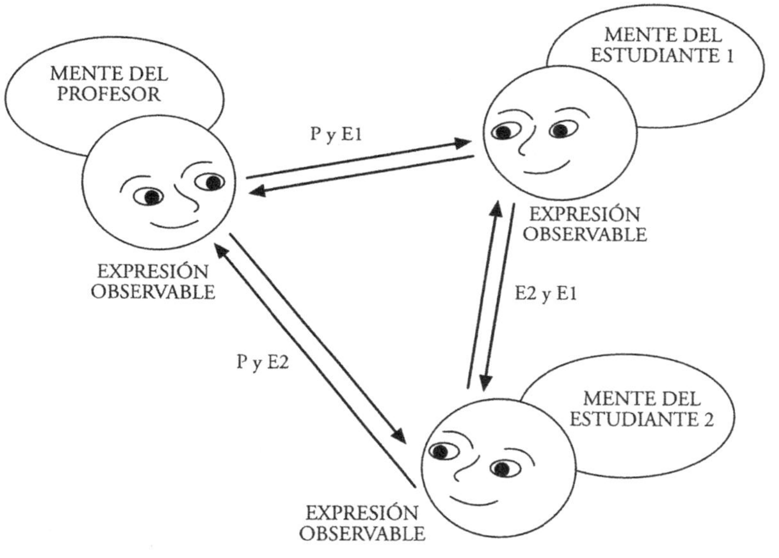

Figura 5.2. Modelo de interacción social en el aula.

En los próximos capítulos explicitaremos otros elementos relativos a la interacción cognición y afecto tanto en sus dimensiones de afecto local como global.

6. Diagnosticar el afecto local

En este capítulo se propone un modelo de análisis para el estudio de la interacción entre cognición y afecto. Se presenta con bastante detalle su uso en el análisis de protocolos de grabaciones de sesiones de aula y de instrumentos para el diagnóstico de las reacciones emocionales. La meta que pretendemos en este estudio es buscar una formulación que permita:

- establecer y describir las relaciones significativas entre cognición y afectividad (afecto local y global, dos constructos que se definieron en el capítulo 3 y que se retoman en este capítulo y en el siguiente); e
- indagar el origen de estas reacciones afectivas y constatar la evolución de los sujetos (modificaciones, cambios, etc.).

Con el tipo de análisis que se presenta, queremos poner de relieve que con este modelo no sólo se describen cuáles son las reacciones emocionales, sino que también se pueden constatar los cambios y evolución en el sujeto.

A través del estudio de casos ejemplificaremos algunas de las relaciones significativas entre afectividad y cognición. Finalmente las compararemos con otras propuestas.

AFECTO LOCAL

Recordamos que se entiende por *afecto local* los estados de cambio de sentimientos o reacciones emocionales durante la resolución de una actividad matemática, a lo largo de toda la sesión de clase. Esta dimensión se ha indagado a través de escenarios simples (fases de resolución, errores, etc.), y nos ha permitido establecer la *estructura local afecto-cognición,* formada por las relaciones conjeturadas entre las reacciones emocionales y los procesos cognitivos correspondientes a las distintas fases en la resolución de la tarea matemática. La estructura local expresa tipos de interacción cuando el código emocional interactúa con el sistema cognitivo: interrupciones, desviaciones, atajos cognitivos, que se pueden expresar a través de distintas rutas.

INSTRUMENTOS PARA DIAGNOSTICAR LA INTERACCIÓN ENTRE COGNICIÓN Y AFECTO

Como indicamos en el capítulo 3 en el diseño de la investigación (Gómez-Chacón, 1997, 1998c, 1999) se combinaron las técnicas propias de la *etnografía* con las de *estudios de casos*, así como la reflexión sobre *la propia acción*. Las fuentes y procedimientos de recogida de datos fueron variados: cuestionarios, entrevistas a los estudiantes, entrevistas semiestructuradas de debate grupal, entrevistas al maestro de taller, observaciones en el aula, notas de campo, grabaciones en audio, producciones del trabajo matemático de los alumnos, etc.

En el aula de matemática las observaciones estaban dirigidas a los aspectos señalados en los apartados tercero y cuarto del capítulo 3 (dimensiones del estado emocional del resolutor y procesos cognitivos y metacognitivos). Principalmente a las huellas de emociones que se manifiesta en los sujetos (que permiten describir y corroborar la emoción del estudiante), instantáneas emocionales en el proceso de resolución de problemas, exigencias cognitivas que son necesarias en el proceso de ejecución y aprendizaje de la actividad, procesos metacognitivos y metaafectivos e interacciones en el aula. Como instrumento de recogida de datos durante la fase de observación se han empleado las grabaciones en audio y/o las notas de campo.

En el estudio de casos nos centramos, en primer lugar, en el afecto local y en escenarios simples. Para determinar el origen de las reacciones emocionales del sujeto utilizamos la observación en clase y posterior confirmación en la entrevista y la propia autoevaluación del sujeto.

A continuación se presenta uno de los dos instrumentos utilizados[1], *el Mapa de Humor de los Problemas,* para el diagnóstico de las reacciones emocionales y la autoevaluación del sujeto.

Mapa de Humor de los Problemas

El Mapa de Humor, es un instrumento icónico que, a imitación de los mapas del tiempo, establece un código para expresar diferentes reacciones emocionales experimentadas por el estudiante en el transcurso de la actividad matemática. Viene siendo utilizado desde el curso 1994, en las clases de matemáticas para jóvenes que participan de una propuesta de formación profesional en la modalidad Talleres Profesionales, y en Educación Secundaria. Las emociones que aparecen registradas son consenso de las reacciones emocionales más relevantes que los estudiantes manifestaban en el aula, y tal

[1] Además de este instrumento se utilizaron también gráficas emocionales. Han sido presentadas en el capítulo 5.

como eran expresadas por este grupo de jóvenes (Cuadro 6.1.). Fue elaborado por la investigadora después de examinar las reacciones emocionales y las expresiones más usuales de los jóvenes de la investigación, que verbalizaban las mismas. Fueron recopiladas durante un periodo largo de tiempo en las notas de campo, en las grabaciones de las sesiones, en los protocolos de los estudiantes, en el otro instrumento utilizado para diagnosticar las reacciones emocionales (gráfica emocional), y en alguna sesión dedicada a trabajar de forma explícita la dimensión afectiva, como es «aprender a pensar positivamente»[2].

Se aplicó al grupo de jóvenes al terminar cada actividad matemática, quedando registrado en el protocolo de resolución mediante las anotaciones que realiza el individuo (Cfr. Cuadro 6.2., Anexo 4).

En la investigación realizada se puso de manifiesto que este instrumento era válido para:

1. Favorecer en el alumno el conocimiento propio de sus reacciones emocionales.
2. Favorecer en el alumno el control y regulación del aprendizaje, pasando por el proceso metaafectivo de advertir, identificar, controlar y dar respuesta a la emoción.
3. Permitir, al profesor, recoger información sobre las reacciones afectivas de los estudiantes (magnitud, dirección, consciencia y control de las emociones) y origen de las mismas (dinámica de interacción entre los factores afectivos y cognitivos).
4. Permitir, al profesor, recoger información de las fases en las que se encuentran en la resolución de la tarea y los procesos cognitivos en que se trabajan.

MÉTODO DE ANÁLISIS

En este punto se describe cómo se ha realizado el análisis del estudio de los datos empíricos recogidos en las grabaciones de aula, diario de campo e instrumentos de autoevaluación de los estudiantes. Se incorporan las dimensiones emocionales, anteriormente mencionadas, y se focalizan procesos destacados como significativos en las relaciones afecto-cognición.

El proceso seguido fue:

1. Escucha y transcripción de las grabaciones de las sesiones de aula.
2. Se completan las transcripciones con las notas de campo escritas por la investigadora, bien en la sesión de aula o después de las mismas (las denominaremos *protocolos de la sesión*).
3. Elaboración de volcados en algunos casos para el análisis de los datos (Cuadro 6.3.):
   – definición de unidades de análisis significativas,
   – categorías,
   – comprender los datos en el contexto en que fueron recogidos.

---

[2] La descripción y diseño de esta actividad está recogida en el capítulo 9, módulo 6.

MAPA DE HUMOR DE LOS PROBLEMAS

¿Te has fijado alguna vez en los Mapas del tiempo? Seguro que sí

El tiempo

Menos fresco

Predominarán los cielos despejados en la capital y su periferia y los cielos nubosos en la sierra occidental. Los vientos soplarán flojos del suroeste, pero moderados en la sierra. Habrá heladas de madrugada, con formación de hielo en altitudes superiores a los 1.300 metros. Se formarán nieblas y neblinas durante la mañana, preferentemente en los valles de la sierra y en las cuencas del Jarama y Manzanares

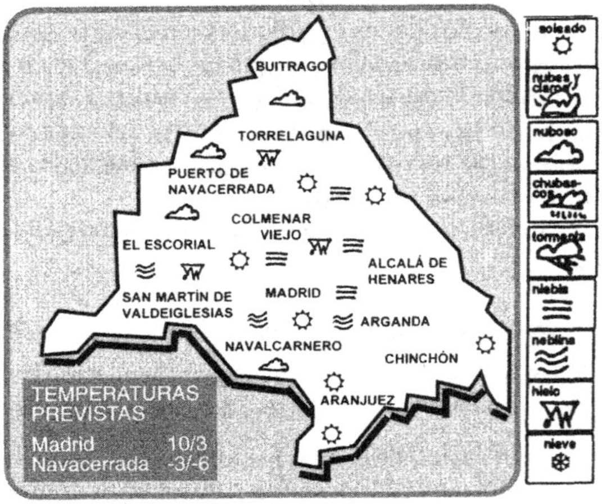

Aquí tienes un mapa de la provincia de Madrid en el que se pronostica el tiempo que hará a lo largo del día. Gracias a los símbolos que aparecen podemos saber que en Madrid capital hace sol, en El Escorial el cielo está cubierto, que en el Puerto de Navacerrada hay heladas; que en ningún sitio de la provincia de Madrid nevará, etc.

Pues algo parecido vamos a hacer para cada una de las actividades que se te han propuesto: tienes que hacer **TU MAPA DE HUMOR DE LOS PROBLEMAS.** Observa que en la parte superior de la hoja de cada actividad te encontrarás un cuadro con unos símbolos. Señala los que expresen cómo te has sentido tú al realizar el problema, indicando en qué momento del problema te encontrabas.

- Curiosidad
- Animado
- Deseperación
- Tranquilidad
- Prisa
- Aburrimiento
- De abuty
- Desconcierto
- Come la cabeza
- Gusto
- Indiferencia =
- Diversión
- Confianza
- Bloqueo

Cuadro 6.1. *Instrumento Mapa de Humor de los Problemas* para el diagnóstico y la autorregulación de las reacciones emocionales.

Cuadro 6.2. Ejemplo de un protocolo de resolución de Adrián

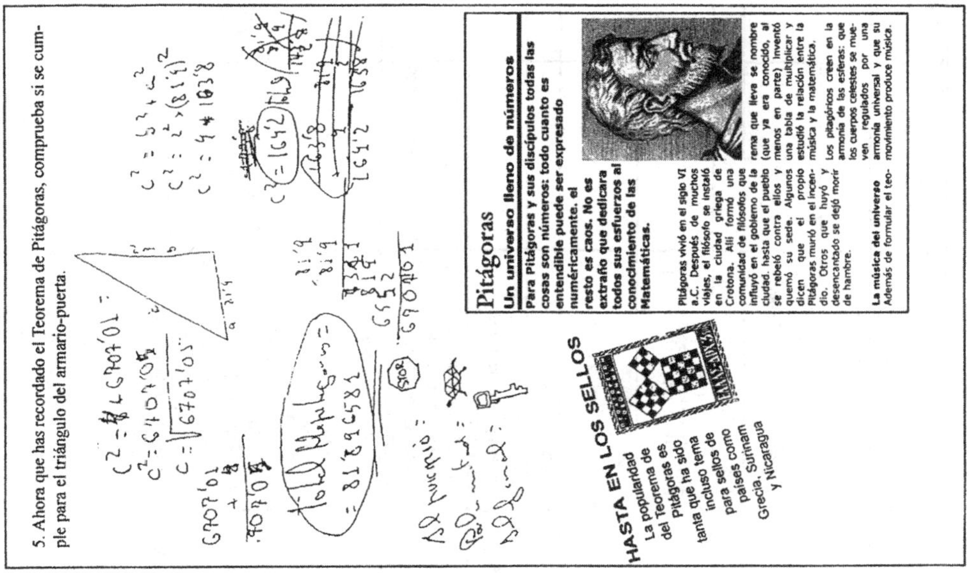

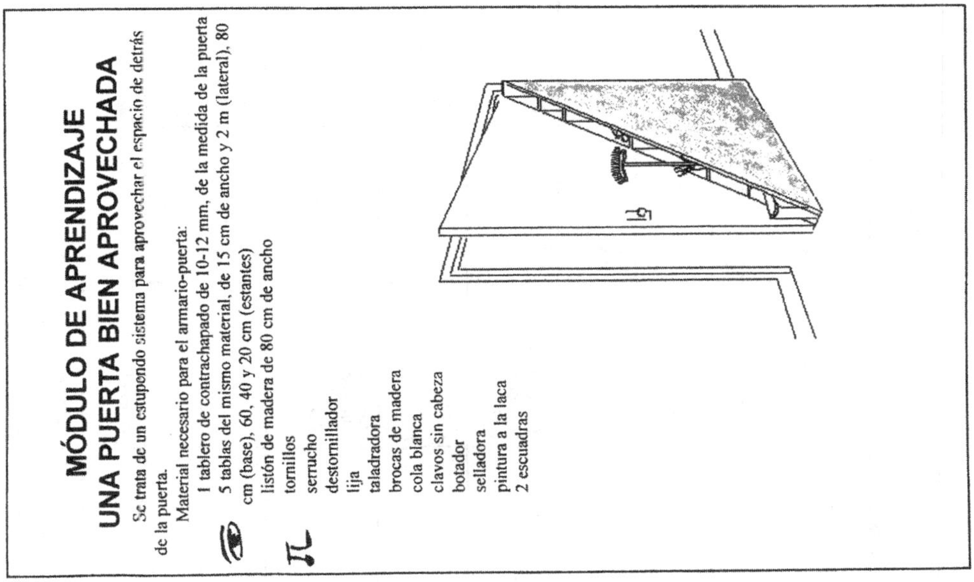

ANOTACIONES DEL ALUMNO EMOCIONES POSITIVAS	HUELLAS EMOCIONES POSITIVAS	INSTANTANEA EMOCIONAL	INTERACCIONES	META COGNICIÓN	META AFECTO	PROCESO COGNITIVO	HUELLAS EMOCIONES NEGATIVAS	ANOTACIONES DEL ALUMNO EMOCIONES NEGATIVAS
27	Tranquilo Ayuda a otro	IE4	≋*C A^+			Aplicaciones al taller Organización de datos		
28	Receptivo	IE4	↔			Introducción de concepto del IVA Concepto de % Estrategia informal de cálculo		
29	Entusiasmo	IE6	✤* ≋*C ✤OC			Comparar datos y solución		
30	Silencio Concentrado	IE4	↔			Concepto del IVA Algoritmo de la regla de tres Intento de trabajar de forma		
31		IE4 IE5	✤*	pencil / compass		Indaga conceptos Intuición Reconstruye el proceso y		
32	Júbilo Satisfacción	IE6	✤*			Llega a la solución		
33 ♫ s	Sereno Animado	IE7	↔		♣ ● a,i,c,i	Invitación a reflexionar sobre el proceso y las reacciones emocionales		
34	Confianza		≋*C	compass		IG y FL Reconstruyen el proceso seguido en las actividades anteriores y se lo explican a MH	Pequeñas distracciones	
35	Confianza Interés Animado Coopera	IE1 IE2	↔			Introducción del Teorema de Memoria Razonamiento con símbolos Concepto de área Presentación del puzzle		
36		IE2 IE3 IE4			♣ ● a,i,c,i	Ejecución del puzzle Estrategia de ensayo y error Visión de la Matemática	Come la cabeza ↘ Alteración Impaciencia Pesimismo	
37		IE4	↔ ◆		♣ ● a,i	Escucha explicación Intentos de comprensión Memoria-recordar concepto	Impaciencia Desesperación Protesta	
38	Silencio ↗	IE4 IE3	✤* ≋*C			Manipulación Búsqueda de relaciones Apoya a MH		
39	Silencio	IE4	✤*			Manipulación Búsqueda de relaciones		

Cuadro 6.3. Plantilla de análisis de datos de Adrián de la sesión S27

4. Selección de extractos de los protocolos, para señalar ejemplos, y para ilustrar el estudio de casos de los sujetos.

Los *protocolos de la sesión* se analizaron según las *categorías* que a continuación se señalarán. Para considerar las reacciones emocionales la *unidad de análisis* que utilizamos fueron los *episodios emocionales*. Las denominé *Unidades de Reacciones Emocionales*, URE. Los *episodios emocionales* o *Unidades de Reacciones Emocionale (URE)* están definidas por los cambios en la dirección y magnitud de la emoción del sujeto que se producen en el transcurso del proceso de resolución de la actividad matemática surgidos en la sesión de aula. Para ello se dividió los *protocolos de la sesión* en episodios. Aparecen en el análisis de los datos separados por líneas horizontales, con numeración correlativa, arriba en el ángulo izquierdo del recuadro, por ejemplo URE1, URE2 etc...

Paso, a continuación, a describir las *categorías utilizadas* en el volcado (Crf. Cuadro 6.3.)

– *Anotaciones del alumno de emociones positivas y negativas*: son las marcas que deja el alumno registradas sobre sus reacciones emocionales positivas o negativas en el proceso de resolución de la actividad matemática. Extraídas, en este caso que presentamos, del mapa de humor.

– *Huellas de emociones positivas y negativas*: son las señales que ha recogido la profesora durante la sesión de aula, o las que en el análisis de la sesión, recogidas en la grabación y las notas de campo, se evidencian; y que permiten describir y corroborar la emoción del estudiante.

– *Instantáneas emocionales*: son «fotografías» de los estados característicos, y elementos relevantes que tienen lugar mientras discurre el razonamiento del estudiante; son momentos clave en los que se articula afecto y cognición. Están establecidas desde la concepción de las fases y proceso de resolución de problemas y pretenden describir «estados psicológicos» del estudiante (Mason, Burton y Stacey, 1982). En esta categoría la investigadora recoge lo que se percibe, lo que identifica y expresa en el documento que recoge la sesión de aula. A partir de los datos se pueden distinguir las siguientes *instantáneas emocionales*: *Primeros contactos* (IE1), *entrando en materia* (IE2*), seguir avanzando* (IE4), *fermentando* (IE3), *mostrarse escéptico* (IE5) y *estado contemplativo* (IE6).

– *Interacciones*: en esta categoría se recogen las interrelaciones sociales (alumno-profesora, alumno-alumno, alumno-grupo, profesora-grupo) en la que se desarrolla el proceso de enseñanza y aprendizaje. En ella se recogen los beneficios y obstáculos, tanto cognitivos como motivacionales, aportados por la profesora, los compañeros, que influyen en la construcción del conocimiento. En esta categoría la investigadora recoge lo que se percibe, identifica y expresa en el documento de la sesión de aula.

– *Metacognición:* toma de conciencia de la actividad mental. En esta categoría se incluye lo que en la literatura pertinente se viene considerando como gestión de la actividad mental –planificación, control y regulación–. Aquí la investigadora recoge lo que se percibe, identifica y expresa en el documento de la sesión de aula y en las producciones de los sujetos.

– *Metaafecto:* toma de conciencia de la actividad emocional –valoración, expresión; regulación y utilización de la emoción–, dado que ha sido uno de los aspectos esenciales sobre los que se trataba de incidir en el programa de intervención. En esta categoría la investigadora recoge lo que se percibe, identifica y expresa en el documento de la sesión de aula y en las producciones de los sujetos.

– *Proceso cognitivo*: exigencias cognitivas que son necesarias en el proceso de ejecución y aprendizaje de la actividad matemática en ese momento. Son explicitadas por la investigadora.

Signos utilizados en el análisis

Se utilizaron distintos signos para: identificación de los sujetos, identificación de la sesión de clase, título de la actividad correspondiente a un módulo de aprendizaje, identificación de los episodios emocionales y codificación de categorías.

Codificación de las categorías

En la codificación de los distintos elementos pertenecientes a las categorías de análisis, se utilizaron una variedad de signos convencionales, a fin de simplificar su notación. Son los recogidos en el cuadro 6.4.

Comento un ejemplo de los volcados y de la utilización de estas categorías en el análisis. Tomaré el correspondiente a un sujeto, Adrián, señalando la explicación de distintos episodios emocionales (Unidades de Reacción Emocional URE (Cuadro 6.5. y 6.6.)).

Paso a ejemplificar con la URE36 y URE37 cómo se realizó el análisis y cómo queda explicitado en el volcado el estado emocional del sujeto, Adrián, en uno de los momentos correspondientes a la sesión de aula S27: *«Una puerta bien aprovechada»* (Cuadro 6.5).

Ayudándonos de estos análisis previos de las distintas sesiones de aula (48 sesiones como media por individuo), y teniendo como propósito describir las rutas significativas que parecen seguir la interacción del afecto y la cognición en cada sujeto, para cada individuo del *estudio de casos* trataremos de dar respuesta a estas cuestiones:

* Ante la tarea, ¿cuál es la actitud afectiva inicial?
* ¿A qué se deben las interrupciones (los cortes o saltos) en la interacción afecto-cognición? ¿Cómo se articulan con el proceso de resolución de problemas?
* ¿Cuáles son las reacciones emocionales más frecuentes?
* ¿Cómo se pueden catalogar sus tendencias cognitivas y afectivas?

Anotaciones del alumno: emociones positivas	Anotaciones del alumno: emociones negativas	Instantáneas emocionales	Interacciones	Meta-cognición	Meta-afecto
Curiosidad Animado Gusto Tranquilidad Diversión Confianza De abuty	Desconcierto Come la cabeza Desesperación Indiferencia Prisa Aburrimiento Bloqueado	Primeros contactos: IE1 Entrando en materia: IE2 Fermentando: IE3 Seguir avanzando: IE4 Intuición: IE5 Mostrarse escéptico: IE6 Estado contemplativo: IE7	Avanza con apoyo de la profesora Abandona la tarea y pide ayuda. Rechaza la ayuda que ha pedido. ↔ * Intervención de la profesora. Soporte afectivo. ↔ Intervención de la profesora. Soporte cognitivo. * Seguir avanzando por sí mismo. oc Seguir avanzando por apoyo cognitivo de los compañeros. oa Seguir avanzando por apoyo afectivo de los compañeros. +c Interacción positiva hacia los otros, soporte cognitivo para los otros. -c Interacción negativa hacia los otros, soporte cognitivo para los otros. +a Interacción positiva hacia los otros, soporte afectivo para los otros. -a Interacción negativa hacia los otros, soporte afectivo para los otros. A- Clima de aprendizaje negativo A+ Clima de aprendizaje positivo	Planificación Control y Regulación	Valoración y expresión de la emoción Regulación de la emoción: advertir identificar controlar respuesta Utilización de la emoción

Cuadro 6.4. Codificación de las categorías de análisis.

Extracto de la grabación de una sesión de aula	**Elementos recogidos por la investigadora para el análisis**
URE36-IG Javier.–: ¿Qué es eso? Adrián.– Una cosa que te come la cabeza. (Está tratando de hacerse con el problema) Fernando.– Son piezas de un puzzle. Profesora.– Mohamed, ¿has visto como va? Mohamed.– No, no sé yo... esto como va, esto es más raro... *(No abandonan, protestan un poco)* Profesora.– A ver, Mohamed , ¿cuántas piezas necesitas tú, para hacer este armario?, ¿cuántas piezas grandes? Mohamed.– Dos. Profesora.– ¿Cuantas baldas tienes? Mohamed.– 5 Profesora.– Pues mira, a ver qué medidas tienen... Adrián.– Esto no sale, me estoy comiendo la cabeza, ¡esto es un come cabezas! *(Su tono de voz se va alterando, comienza a impacientarse, a verlo con pesimismo). (Intenta con nuevas ideas, trata de encontrar otras formas; no abandona)* Fernando.– A mí no me has dado esa hoja. *(Se refiere a la del Mapa de Humor, la pide con insistencia)* ... ¿El triángulo no se puede poner? Profesora.– A ver, ¿cómo que el triángulo no se puede poner? ¿qué te dice el teorema? Fernando.– Que $a^2 + b^2 = c^2$ Mohamed.– (interrumpe) Esto, ¿qué es? cola ... Fernando.– Es cola o barniz, tú tienes que poner el proceso.	URE 36 Este episodio emocional es señalado por el sujeto con el código del Mapa de Humor mediante Bloqueado. Las huellas de emoción recogidas por la investigadora son de alteración, impaciencia, pesimismo, come la cabeza (expresión del sujeto). En relación al metaafecto (en lo referente a la gestión de la actividad emocional del sujeto) es consciente, regula la emoción, advierte, identifica, controla a través de la expresión mediante el mapa de humor, dibujándolo y expresándolo a la profesora. Da respuesta mediante la reflexión sobre su reacción emocional para utilizarla en un futuro (No abandona protesta). Durante este episodio emocional los procesos cognitivos, es decir, las exigencias cognitivas, son las requeridas para la tarea de realización de un puzzle, para trabajar el teorema de Pitágoras, trabajando sobre la estrategia de ensayo y error. El sujeto expresa su creencia de que la matemática es algo que le come la cabeza. El sujeto trata de hacerse con el problema, con la atención concentrada en el problema (Instantánea IE2, entrando en materia); aunque le cuesta seguir avanzando y le entran ganas de aparcar el problema (IE4, continuar avanzando). Intenta una búsqueda de nuevas ideas, de encontrar otras formas de colocar las piezas, de un planteamiento alternativo (IE3, fermentando).

Cuadro 6.5. Extracto de la sesión de aula y elementos recogidos por la investigadora para el análisis.

URE37-IG	URE37
Adrián.– *(Intenta pero no le sale)* ¡Me caguen la puta! *(Comienza a desesperarse, a impacientarse cada vez más, pero continua intentándolo)* Profesora.– Fernando, Pitágoras ¿qué nos decía, si yo tengo un triángulo rectángulo... $a^2 + b^2 = c^2$ y ¿qué significaba esto? *(se lo explico de nuevo en la pizarra para todos, me sorprende pero están de lo más atentos, todos en silencio).* Comprueba. Javier.–: A ver, Señorita, explícamelo a mí. *(Quiere que se lo repita a él en su papel, disposición receptiva, intentos de comprender).* Adrián.– Vaya comedura de cabeza. *(Continua protestando, está inquieto, con un poco de desánimo pues no le sale, pero parece estar atento a la explicación de la pizarra).*	Sigue avanzando (IE4), permanece constante, pero parece tener la sensación de una complicación injustificada. Se impacienta, protesta, desespera (son huellas tomadas por la investigadora). Recibe el soporte cognitivo de la profesora sobre el T. de Pitágoras que la profesora explica en la pizarra. Avanza por apoyo de la profesora (esto se refleja en las interacciones con los signos, ↔ ♦). En relación a la gestión de la actividad emocional, es consciente, advierte lo que le pasa, identifica, pero no controla.

ANOTACIONES DEL ALUMNO EMOCIONES POSITIVAS	HUELLAS EMOCIONES POSITIVAS	INSTANTANEA EMOCIONAL	INTERACCIONES	META-COGNICIÓN	META-AFECTO	PROCESOS COGNITIVOS	HUELLAS EMOCIONES NEGATIVAS	ANOTACIONES DEL ALUMNO EMOCIONES NEGATIVAS
URE 36		IE2 IE3 IE4			☘ 🍎 a.i.c.r.	Ejecución de un puzle Estrategia de ensayo y error <u>Visión de la matemática</u>	Come la cabeza Impaciencia ↘ Alteración Pesimismo	STOP
URE 37		IE4	↔ ♦		☘ 🍎 a.i.	Escucha la explicación Intentos de comprender Memoria-recordar conceptos	⇣ Impaciencia Desesperación Protesta	

Cuadro 6.6. Plantilla de análisis de datos de Adrián de la sesión S27 (URE63 y URE37)

QUÉ DESVELAN LOS DATOS SOBRE EL ESTUDIANTE EN LA SESIÓN DE AULA

Siguiendo los análisis de la sesión de aula S27 explicaremos a continuación cómo fueron las respuestas a las cuestiones anteriores en caso de Adrián (Cfr. Anexo 5):

Ante la tarea, ¿cuál es la actitud inicial?

Las anotaciones que recoge la investigadora, respecto a la actitud inicial de Adrián, son de *tranquilidad* y *animado* (Cfr. (IG[3]-S27)). Se hace notar, que existe so-

[3] IG es la identificación del estudiante Adrián.

porte por parte de la profesora en lo referente a representación y diagramación del problema; el paso previo, de lectura y comprensión del enunciado y del problema, lo inicia por sí mismo en esta última (Cfr. IG-S27-URE5, URE13, y URE14). La anotación que pone el alumno, en este caso, es la que indica tranquilidad (Cfr. IG-S27-URE14).

¿A qué se deben las interrupciones o los cambios en la interacción afecto-cognición?

Se observan cambios bruscos en el proceso de interacción cognición-afecto de Adrián, que oscila de positiva a negativa o de negativa a positiva.

De positiva a negativa

Las anotaciones indican *dispersión, distracciones*: al escuchar la explicación de la profesora, al reformular el problema, cuando tiene que recuperar de la memoria, al reconstruir el proceso y verbalizar sus conocimientos (Cfr. URE3, URE6, URE10, URE11, URE12).

Bloqueado, impaciencia, come la cabeza, alteración, desesperación y protesta: cuando manifiesta una determinada visión de la matemática («las matemáticas son conocimientos difíciles», «las matemáticas me comen la cabeza», al reconstruir el proceso y verbalizar sus conocimientos, al desarrollar una estrategia de resolución de problemas (ensayo y error); ante la búsqueda de relaciones y conexiones de los elementos matemáticos del problema (Cfr. URE36, URE37). La anotación del alumno indica *bloqueo* (Cfr. URE36).

Cuestionamiento del sentido de la actividad: en la búsqueda y la selección de una estrategia, ante el esfuerzo de consolidación y aplicación del teorema (Cfr. URE45).

Disgusto, contrariado, irritado, malhumor: en la comprobación y verificación de la solución, en la aclaración de conceptos, al efectuar cálculos y operaciones (Cfr. URE45, URE46, URE48).

De negativa a positiva

Se señala *tranquilidad, curiosidad, receptividad*: cuando recibe soporte cognitivo y afectivo de la profesora (Cfr. URE4, URE5, URE10, URE21, URE26). La anotación del alumno indica *tranquilidad* (Cfr. URE 21).

Satisfecho, interés: cuando se da una intuición de la solución por parte del alumno; cuando el estudiante es soporte cognitivo para los otros o cuando él avanza por sí mismo en la resolución del problema (Cfr. URE6, URE8, URE13, URE14, URE30, URE42, URE49, URE50). La anotación del alumno indica *de abuty* (Cfr. URE 49).

Consciencia y control de la emoción (Cfr. URE24, URE47). El alumno indica con el signo de *confianza* (Cfr. URE 24).

En la interacción con los otros, *avanza en la actividad matemática* con apoyo de los compañeros (Cfr.URE2, URE7, URE22).

¿Cuáles son las reacciones emocionales más frecuentes?

Se dispone en el análisis de tres categorías, que me permite dar respuesta a esta cuestión: las instantáneas emocionales, las huellas de emoción positiva y negativas, y el mapa de humor.

Parece que el estudiante vivencia todas las instantáneas emocionales, aunque muchas de ellas acompañadas del soporte cognitivo y afectivo de la profesora (Cfr. URE3, URE14, URE16, URE21, URE26). Por lo tanto, a partir de esta categoría no se pueden establecer tendencias predominantes. Hago notar que la instantánea IE5 parece experimentarla de forma más autónoma (URE31, URE42).

Las reacciones emocionales que destaca Adrián según los signos del *Mapa de humor* son

Tranquilidad

En la sesión del S27 explícita la emoción de *tranquilidad* en dos momentos: al comienzo de la actividad, su actitud inicial es positiva (Cfr. IG-S27-URE1, URE2, URE3). Aparece justo en el momento de hacerse una idea del problema y de leer el enunciado relacionando con el taller (Cfr. IG-S27-URE14). También la manifiesta hacia la mitad del desarrollo de la actividad (Cfr. IG-S27-URE21), y después de haber tenido una intuición que le hace avanzar en la resolución del problema (Cfr. IG-S27-URE42, URE43 y URE44). También el alumno da muestras de los *procesos cognitivos* por los que fuera pasando. Son: revisar lo aprendido, explorar si la comprensión es acertada, organizar la información, búsqueda de estrategias para llegar a la solución. En este momento la profesora había facilitado soporte afectivo al estudiante (Cfr. IG-S27-URE43).

Confianza

En esta sesión, la sitúa cuando ha sido capaz de reformular el problema, capturando la estructura del mismo (Cfr. IG-S27-URE22, URE23, y URE24), mostrando deseo de continuar, de avanzar por sí mismo. En el aspecto cognitivo, representa, aprende conceptos nuevos, es capaz de seguir una secuencia lógica y realizar la transferencia con lo aprendido en el taller (Cfr. IG-S27-URE25).

Animado

En la sesión que analizamos, lo sitúa cuando ejecuta el algoritmo de la regla de tres, indaga nuevos conceptos y encuentra la solución (Cfr. IG-S27-URE32, URE33). Se da un momento de satisfacción por el logro, está sereno reflexionando sobre sus reacciones emocionales y ayuda a los otros: es receptivo y muestra esmero por hacerlo bien (Cfr. IG-S27-URE33 y URE34).

De abuty

La expresa hacia el final de la actividad, en el momento de valoración, de reconstrucción del proceso y de dar cuenta del mismo a otra persona (Cfr. IG-S27-URE49). Previamente, las huellas emocionales que se destacan son: consciencia y control de su emoción negativa, aceptando el error, produciéndole satisfacción, ayudando a uno de sus compañeros (Cfr. IG-S27-URE47 y URE48). Esta reacción emocional era descrita por el estudiante en una de las entrevistas como: *«pongo «de abuty» cuando tengo una idea, y la hago y sale bien el problema con esa idea, no me veas»* (IG, EIV, Parte II).

Bloqueado

En la sesión S27, aparece cuando está desarrollando la estrategia de ensayo y error, evocándole una determinada visión de la matemática; provocándole alteración, impaciencia, pesimismo (Cfr. IG-S27-URE36). Al describir esta reacción indica: *«cuando no entiendes nada, no sabes de que va el problema, ni como empezar a hacerlo, no sabes si es una ecuación, es de esto o de esto; bloqueado: yo pienso que no sé qué hacer»* (IG, EIV, Parte II).

ALGUNAS RELACIONES SIGNIFICATIVAS ENTRE COGNICIÓN Y AFECTO EN EL CASO DE ADRIÁN

Dada la importancia para el tema de la interacción cognición y afecto de la cuarta cuestión planteada (¿cómo se pueden catalogar las tendencias cognitivas y afectivas del sujeto?), hemos preferido concederle para su respuesta un apartado específico.

Como indicamos al comienzo del capítulo el objetivo último de este estudio era el poder conjeturar las características del afecto (estructura local y global) de Adrián, como resultado de las rutas seguidas en la interrelación afecto local-cognición. Nos ayudamos para hacer esta síntesis tanto de los análisis realizados del afecto local como de las entrevistas. Este joven ha participado en 39 de un total de 47 sesiones de aula. Estas sesiones tenían una duración de 1 hora y media, lo que supone 58 horas 30 minutos de seguimiento de aula, en el período comprendido de Octubre a Junio del curso 1994-95. La contestación a esta cuarta cuestión la planteamos, naturalmente, a partir de todo este trabajo de seguimiento, no sólo del análisis de la sesión S27.

¿Cómo se pueden catalogar sus tendencias?

Al igual que venimos haciendo, expondremos aspectos del dominio afectivo y aspectos del dominio cognitivo.

Aspectos afectivos

Presentamos a continuación una lista orientativa que nos sirvió para hacer síntesis de los aspectos correspondiente a la dimensión afectiva. Los items corresponden a los siguientes aspectos: emociones, actitudes, atribuciones, confianza en sí mismo, interacciones (en clave de actitud):

1. Ante la tarea de resolución de problemas la actitud inicial es ...
2. Qué busca en la tarea de resolución de problemas ...
3. Qué le obstaculiza la puesta en marcha en la actividad matemática ...
4. Qué tipología de esfuerzos realiza, cuál es su estado de ánimo respecto al trabajo ...
5. Estados de aburrimiento, altibajos, fases cíclicas de entusiasmo y altibajos ....
6. Qué miedos, ansiedades, repugnancias, experimenta en el transcurso del proceso de aprendizaje ...
7. Qué es lo que le produce más placer en el trabajo y qué satisfacciones, placeres, alegrías, experimenta en el transcurso del proceso de aprendizaje ...
8. Deseos y habilidad de controlar y regular su emoción. Aspectos metaafectivos ...
9. Tolerancia del feedback con la profesora acerca de sus emociones ...
10. Interacción con los iguales ...

Los resultados de esta síntesis, siguiendo la lista anterior, son los siguientes:

1. *Ante la tarea matemática la actitud inicial es ...*

Se podría inferir del análisis de las sesiones que aunque el estudiante explicita y registra su actitud inicial como normal y tranquila, subyacen miedos y ganas de abandonarla (ver un enunciado del problema, leerlo y no saber qué hacer), pero se va superando progresivamente, lo que se resuelve en una actitud positiva, favorable para la paulatina concentración en el problema, aunque para ello ha necesitado el soporte cognitivo y afectivo de la profesora. Se detecta también que esta actitud está estrechamente ligada a su visión de la matemática relacionada con la actividad que se le propone. Entre las creencias limitativas detectadas en este sujeto se destacan:

Las matemáticas son un misterio accesible a pocos: «Comen la cabeza».

Las matemáticas están llenas de Xs y de Ys y fórmulas incomprensibles.

Las matemáticas son una ofensa al sentido común en algunas de las cosas que aseguran.

Los problemas se resuelven por un único camino.

2. *Qué busca en la tarea matemática ...*

En la tarea matemática busca una preparación más eficaz para su trabajo, es decir, está condicionado por encontrar un trabajo, por obtener un título que le permita conseguir un empleo. Él indica que no le gustan las matemáticas, y que siguen sin gustarle; pero, de todo, lo que más le interesa son las actividades relacionadas con ebanistería.

3. *Qué le obstaculiza la puesta en marcha en la actividad matemática ...*

Le cuesta ponerse en marcha cuando hay un enunciado muy largo, lo que el denomina *«mucha teoría»;* es decir, ante tareas de lectura y comprensión del enunciado. También le cuestan las tareas de comprobación y verificación de la solución, y las situaciones de verbalizar y expresar por escrito la solución.

4. *Qué tipología de esfuerzos realiza, cuál es su estado de ánimo respecto al trabajo ...*

Se detecta una evolución en sus esfuerzos, que parecen más prolongados a lo largo de la intervención, intentando ser más constante y pertinaz. Aunque su estado de ánimo o disposición frente al trabajo matemático es influenciable por cómo venga de casa o por otros factores de su experiencia externa; lo que él denomina *«es lunes»*.

5. *Estados de aburrimiento, altibajos, fases cíclicas de entusiasmo y altibajos ...*

Acontecen estados de aburrimiento cuando está haciendo una cosa que tiene que hacer, pero no ve el sentido de hacerla. Suele aparecer cuando realiza la lectura, comprensión del enunciado y del problema, selección de datos.

En relación al punto de los altibajos, la población con la que trabajamos podría ser calificada de muy inestable. Si se toma como referencia otros tipos de población denominada *normalizada* los procesos de aprendizaje de este grupo estarían llenos de altibajos. Concretamente Adrián experimenta altibajos en el proceso de aprendizaje cuando desconoce los modos y medios para trabajar hechos específicos de matemática; y cuando tiene que perseverar en la búsqueda de una estrategia. Altibajos condicionados al clima de del grupo clase y dependiente de si viene a clase con estado de ánimo bajo.

6. *Qué miedos, ansiedades, inseguridades, repugnancias experimenta en el transcurso del proceso de aprendizaje ...*

Adrián muestra miedos a vivenciar nuevamente experiencias marcadas negativamente en la escuela; a una matemática considerada como un conocimiento difícil.

Expresa repugnancias ante el razonamiento con símbolos y objetos matemáticos, a los juegos, crucigramas, etc.

Se muestra ansioso cuando no es capaz y, según él, tarda mucho tiempo en captar la estructura del problema, en obtener la información matemática, ante la visión de la matemática como un conocimiento difícil.

Se le percibe con inseguridades ante experiencias en las que ha fracasado. A veces se le ve con poca confianza en sus posibilidades de resolver el problema, estimando, desde el principio, que sería extraño que lo resolviera. Otras veces tiene una confianza moderada en sus posibilidades, lo que puede hacer que su sensación de seguridad sufra alteraciones a lo largo de la ejecución de la tarea matemática.

7. *Qué es lo que le produce más placer en el trabajo y qué satisfacciones, placeres, alegrías, experimenta en el transcurso del proceso de aprendizaje ...*

Lo que le produce más placer, nos dice Adrián, es hacer una operación, pues pone el acento en que esta experiencia tiene su origen en que se sabe competente en este aspecto de la matemática. También detectamos que cuando está involucrado en la resolución de un problema, disfruta suponiendo nuevas ideas y estrategias, indagando conceptos. Siente satisfacción cuando obtiene una solución, es capaz de avanzar por sí mismo de forma autónoma, se vive con confianza en sus posibilidades, y cuando es soporte cognitivo para sus compañeros.

8. *Deseos y habilidad de controlar y regular su emoción. Aspectos metaafectivos ...*

Es una persona que habitualmente usa el Mapa de Humor sin manifestar ninguna resistencia, aunque le resulta bastante sorprendente que en la metodología de aula se tenga en cuenta la dimensión afectiva a la hora de trabajar las matemáticas.

Por parte de Adrián hay una expresión de la emoción bastante explícita, es comunicativo en sus reacciones emocionales. En relación a la regulación de su emoción es capaz de advertir e identificar su emoción. Ha habido una evolución en el control de sus emociones, se ha sometido a la disciplina de decírselo a sí mismo (dibujando la gráfica o el Mapa de Humor) y de expresarlo a otra persona como es la profesora. Después de haber realizado la actividad matemática, el Mapa de Humor le ha servido para descargar sus reacciones emocionales, y eso le produce liberación y alivio. Sin embargo, el dar respuesta a la emoción y utilizarla en sus futuras intervenciones ha estado vinculado al soporte cognitivo y afectivo de la profesora, y a la interacción con sus iguales. A él, por sí mismo, le cuesta descubrir su utilidad. Aunque queríamos destacar que Adrián, en relación al grupo clase, tiene bastante facilidad para la introspección.

Se ha constatado en Adrián una evolución en el conocimiento propio de sus reacciones emocionales, ha llegado a valorar, expresar y regular sus emociones. Es decir, ha ido en aumento no sólo la percepción de sus sentimientos y emociones, sino el dar respuestas adecuadas, y el deseo de reflexión sobre sus reacciones emocionales por sí mismo. En relación a aprovechar sus emociones en orden a trabajar la matemática (utilización de la emoción), ha habido sesiones en las que ha sido capaz de redireccionar su atención, bien reconociendo y aceptando los errores, o bien utilizando su emoción positiva para planificar mejor y superar obstáculos. Como indicaba anteriormente, todo esto ha ido acompañado del soporte cognitivo y afectivo de la profesora.

9. *Tolerancia del feedback con la profesora acerca de sus emociones ...*

Tolera bien la crítica, y muestra interés por avanzar en lo que se le devuelve; aunque luego no persevere. Algunas veces no era consciente del tipo de reacciones que se le devolvía. En las correcciones hechas por la profesora en clase, algunas veces se situaba a la defensiva.

10. *Interacción con los iguales ...*

Adrián se muestra muy favorable, se adapta bien; le gusta más trabajar por su cuenta; y colabora muchas veces con el grupo siendo soporte cognitivo para los otros. También suele estar atento a los elementos que los compañeros le pueden aportar para avanzar en su tarea. Cuando a él no le va bien la actividad provoca algunas peleas en el grupo.

Aspectos cognitivos

En este apartado deseamos recoger aspectos de la dimensión cognitiva: habilidades matemáticas, procesos cognitivos y metacognitivos necesarios para trabajar la matemática, heurística de resolución de problemas, actitudes matemáticas. Presento la lista que nos sirvió de pauta o guía para el análisis de los mismos:

1. Qué tipos de materiales, trabajos, formas de pensar, le resultan más connaturales..
2. En relación a la fase de documentación y obtención de información matemática..
3. En relación al procesamiento de información matemática ...
4. En relación a la memoria matemática ...
5. Qué tipo de razonamiento o de mente presenta el sujeto. Empleo de la intuición.
6. En relación a la heurística de resolución de problema ...
7. Cómo organiza el conocimiento. Capacitación matemática para la resolución de problemas
8. En relación a su actitud inductiva, visual, etc ...
9. Aspectos metacognitivos ...
10. Sentido estético ante la obra intelectual ...

1. *Qué tipos de materiales, trabajos, formas de pensar, le resultan más connaturales ...*

Adrián muestra preferencias por utilizar en sus representaciones auxiliares de imágenes concretas de la vida del taller, y los que él considera que son de utilidad para su vida futura. El más favorable, la geometría. En el seguimiento de este sujeto en el taller he constatado que en este ámbito resuelve variedad de problemas, desarrollando y utilizando sus propias estrategias (estrategias informales) de resolución.

2. *En relación a la fase de documentación, y obtención de información matemática ...*

Es una persona que experimenta miedos y ansiedades ante la captura de la estructura de un problema, muchas veces lee el enunciado demasiado rápido, en detrimento de una buena comprensión. Después de protestar, pide soporte cognitivo a la profesora acerca de las palabras o frases que no le son claras, para que le sean traducidas o interpretadas. En las sesiones se ha constatado que utiliza representaciones auxiliares de imágenes concretas de la vida del taller, que le facilitan la captura de la estructura del problema; aunque después le puede resultar costosa la formalización. Tiene que recibir soporte para sistematizar los datos matemáticos dados en los problemas.

3. *En relación al procesamiento de información matemática ...*

En relación al razonamiento con símbolos matemáticos la habilidad de Adrián es media. Pero, dada su experiencia escolar negativa, en relación a este tema, ante el que siente repugnancia, muchas veces se podría catalogar de carencia de toda habilidad para el razonamiento con símbolos. Con respecto a su razonamiento con relaciones espaciales tenemos insuficiente información, pues varía según el nivel de dificultad.

No es fácil poder catalogar su habilidad para la generalización de objetos matemáticos, de relaciones y operaciones. En estas situaciones habitualmente necesita el soporte cognitivo de la profesora.

En relación a la habilidad matemática de flexibilidad de su proceso mental su razonamiento apunta rasgos de flexibilidad, lo que alterna con el miedo a salirse de lo establecido o habitual, en lo que se siente más seguro.

Suele estar atento a los elementos que le puede aportar la clase, bien desde la profesora o desde sus iguales.

4. *En relación a la memoria matemática ...*

En relación a la retención de información matemática relativa a generalizaciones, estructuras formalizadas y esquemas lógicos, la capacidad de este sujeto parece ser pequeña; pero esto puede ser debido a que «almacenar» significa atender, codificar, memorizar y cosas de esta índole. «Aprender» sería una buena palabra y «recuperar» significa reconocer, recordar, reconstruir del «recuerdo» de lo que se ha almacenado anteriormente. Como por su trayectoria escolar carece de conocimiento elemental, esto no se puede dar. En el seguimiento que hemos realizado constatamos variabilidad, debida a que muchas veces tiene una memoria inmediata, pero menos trabajada la de largo plazo, ya que su proceso de aprendizaje no pasa por todo lo que esta memoria a largo plazo demandaría. En algunos casos la ausencia de memoria ha provocado inseguridad y falta de motivación, reaccionando y autodefendiéndose con su expresión *«me come la cabeza»*.

5. *Qué tipo de razonamiento o de mente presenta el sujeto. Empleo de la intuición ...*

Adrián es una persona bastante intuitiva. Su pensamiento tiene una tendencia más fuerte a lo visual e intuitivo.

6. *En relación a la heurística de resolución de problema ...*

A lo largo de la investigación hemos constatado la escasa dedicación de este sujeto a tareas de resolución de problemas. Prefiere los ejercicios. Le cuesta enfrentarse a problemas. Su actitud usual ante situaciones problemáticas es de resistencia, miedo y ganas de abandonarlas; sobre todo si el problema corresponde a una parte de la matemática que no le da confianza, experimentando fuertes dosis de inseguridad que le llevan a pedir ayuda o a negarse a hacerlo. Sin embargo, se ha ido superando e incluso algunas veces, superadas estas paralizaciones, ha mostrado interés y curiosidad, tanto en el resultado como en el abordaje, siendo capaz de verbalizar e identificar sus dificultades.

En relación al conocimiento de estrategias y fases de resolución de problemas, parece no tener constancia de las mismas. Su empleo, tanto como la utilización de la planificación y de la revisión, es escaso, y normalmente está provocado por la intervención de la profesora. Una vez que revisa cálculos y procesos, tiende a profundizar y a ampliar. Según sea su humor o que el contenido del que trate la actividad sea de una parte de la matemática de su agrado o no, se conforma con la primera solución que obtiene o, tras obtener una solución, trata de llegar al resultado de otra manera.

Con frecuencia sus procesos tienden a ser bastante coherentes, buscando organización y control del mismo.

7. *Cómo organiza el conocimiento.*
Capacitación matemática para la resolución de problemas ...

Alterna conocimiento organizado con desorganizado, por lo que la aplicabilidad del conocimiento de Adrián es variable. En otros casos, su carencia de conocimiento elemental es grande (falta de conocimientos específicos, de conocimientos de modos y medios para trabajar con hechos específicos, de abstracciones), por lo que la construcción del mismo no resulta fácil. Las tareas le resultan grandes para asimilar en poco tiempo.

8. *En relación a sus actitudes matemáticas inductiva, visual, etc ...*

Insuficientes datos para rellenar este aspecto.

9. *En relación a aspectos metacognitivos ...*

La importancia otorgada por este sujeto a la planificación es escasa, pensando que se trata de una fase en la que no es preciso invertir mucho tiempo.

Le cuesta darse espacio y tiempo suficiente para una representación significativa. Se impacienta si le supone mucho tiempo y se introduce en otra fase.

Es capaz de verbalizar y explicitar su proceso de ejecución, aunque muestra muchísima resistencia a ponerlo por escrito. No tiene conciencia de la importancia del control del proceso, pues le resulta totalmente ajeno a sus tareas. Sin embargo, a lo largo de la intervención aparecen muchas evidencias de su control.

Aparecen pruebas de su evolución durante la intervención en algunas actividades, mostrando que sabe anticipar qué conocimientos necesita, cómo planificar operaciones que debe realizar y que sabe identificar los obstáculos con los que se encuentra; signos que evidencian esto son preguntas como: «¿Por qué he de hacer este trabajo?» «¿Después de hacer tal cosa, he de hacer esta otra?» « No sé cómo continuar, ¿me puedes explicar?»

10. *Sentido estético ante la obra intelectual ...*

Adrián es una persona que sí demuestra su sentido estético por la obra intelectual, aunque éste está ligado a cuando ha realizado algo bien, que le ha hecho experimentar disfrute por la actividad. Él lo expresa diciendo: «A que es bonito», «queda bonito, ¿no?».

Toda esta información, síntesis de las anotaciones del alumno y de las observaciones de la investigadora, nos permitió llegar a elaborar el perfil de cada sujeto, el *Mapa Afecto-Cognición*. En este mapa queda reflejada la estructura local del afecto expresada a través de las emociones consensuadas en el mapa de humor, y las rutas de interacción con los procesos cognitivos (exigencias cognitivas). El Cuadro 6.7 muestra el Mapa Afecto-Cognición del sujeto Adrián.

PARA CONCLUIR

Los datos confirman la aportación del modelo de McLeod (1988), que explícita cómo las creencias de los estudiantes, y sus interacciones en situaciones de resolución de problemas, conducen a respuestas «afectivas-emocionales». Sin embargo, con el modelo presentado para el análisis y estudio de la interacción cognición y afecto se han aportado más elementos sobre:

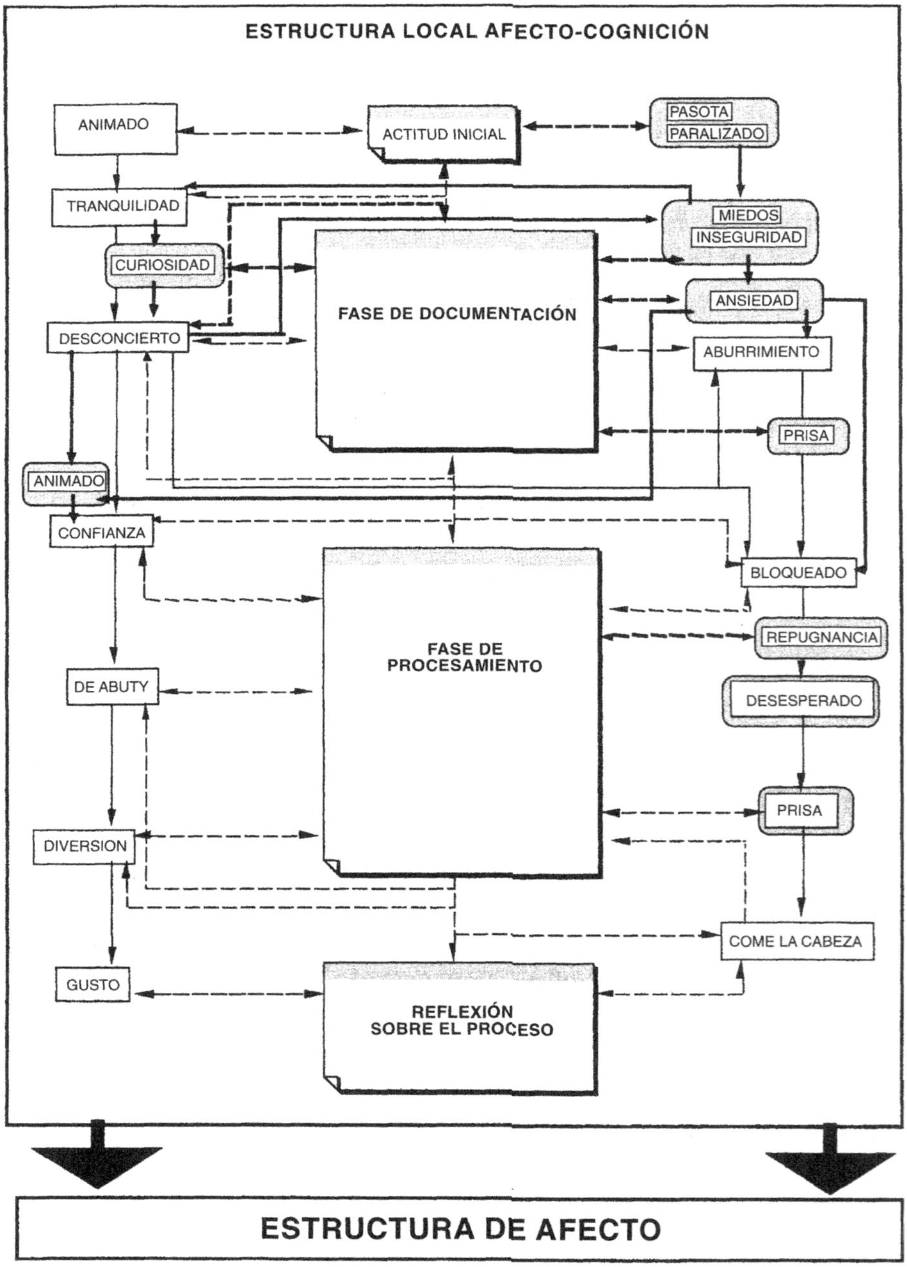

Cuadro 6.7. Rutas significativas que parecen seguir la interacción del afecto y la cognición de Adrián. Sintesis de la anotación del alumno y las observaciones de la investigadora de la estructura afecto-cognición.

- cómo establecer y describir las relaciones significativas entre cognición y afectividad (afecto local y global);
- cómo indagar el origen de estas reacciones afectivas y constatar la evolución de los sujetos (modificaciones, cambios, etc.) a este respecto.

Las características afectivas y cognitivas de las distintas reacciones emocionales, recogidas en el Mapa de Humor, son consistentes con los estudios realizados por Goldin (1988a y b) sobre la interacción del sistema de representación afectivo y cognitivo en resolución de problemas.

Sin embargo en el estudio de casos que realizamos (Gómez-Chacón, 1997), se puso de manifiesto que, para comprender las relaciones afectivas de los estudiantes con la matemática, no basta con observar y conocer los estados de cambio de sentimientos o reacciones emocionales durante la resolución de problemas (*afecto local*), y detectar procesos cognitivos asociados con emociones positivas o negativas. Junto a detectar estas relaciones significativas que se pueden establecer entre cognición y afecto, y sus posibles utilizaciones en la enseñanza y aprendizaje de la matemática, consideramos necesario –y así lo ratifican nuestros datos– comprender la dimensión afectiva del estudiante en relación a las matemáticas en escenarios más complejos (*afecto global*), que nos permiten contextualizar las reacciones emocionales en la realidad social que las produce. Es necesario no centrarse únicamente en los procesos de razonamiento cognitivo sino en los procesos de valoración. Es importante conocer y comprender el sistema de valores, ideas y prácticas del contexto (de la cultura), puesto que éstos cumplen la función de establecer un orden que permite al individuo orientarse y le proporciona un código de comunicación. Por tanto, parece conveniente que en las investigaciones sobre dimensión afectiva y matemáticas se aborden las dos estructuras de afecto en el sujeto, *la local y la global*. Ésta última implica contemplar a la *persona en situación*, conociendo los sistemas de creencias del individuo (creencias como aprendiz de matemáticas, creencias sobre las matemáticas, creencias sobre el contexto escolar), las representaciones sociales y el proceso de construcción de la identidad social del sujeto. Éste aspecto será desarrollado en el capítulo 7.

7. Afecto global

En el capítulo 3 señalamos algunos elementos que consideramos necesarios en una propuesta que integre afecto y cognición y que tenga en cuenta la dimensión socio-contextual del estudiante: afecto global, escenarios complejos y autoconcepto como aprendiz de matemáticas. De cara a la evaluación de la dimensión emocional de los sujetos apuntamos dos caminos diferentes a tener en cuenta en los procesos cognitivos y afectivos en el aprendizaje de la matemática: uno es a través de la representación de la información que trata sobre las reacciones emocionales que afectan momento a momento al procesamiento consciente. Y otro, que tiene que ver con las influencias socioculturales en el individuo y los modos en cómo se internaliza esta información y configura su estructura de creencia. En el presente capítulo argumentaremos sobre la necesidad de considerar la perspectiva de la identidad social en los procesos de aprendizaje; particularmente en orden a avanzar en la comprensión de las influencias afectivas en el conocimiento de las matemáticas.

CONTRIBUCION DEL APRENDIZAJE MATEMÁTICO A LA IDENTIDAD SOCIAL DEL ESTUDIANTE

Al finalizar este siglo constatamos que desde caminos diversos se construyen puentes para superar el divorcio denunciado en 1936 por el matemático y filósofo E. Husserl, sobre la separación entre las ciencias y los mundos vitales, y, como indica Cañón (1998: 5), la matemática no está ajena a esos esfuerzos. La epistemología, en diálogo con las ciencias cognitivas y la sociología del conocimiento y de la ciencia, ha desarrollado nuevas dimensiones como la socio-contextual y la emocional. La didáctica de la matemática trata de conjugar estos elementos en sus reflexiones sobre los procesos de aprendizaje de los estudiantes.

EL PORQUÉ DE LA PREGUNTA SOBRE LA IDENTIDAD SOCIAL DE ESTOS JÓVENES

Consideramos que la inclusión de la perspectiva de la identidad social nos permite incorporar la experiencia vital y considerar la influencia de las relaciones simbólicas sociales en el estudiante. Esta perspectiva ofrece una nueva alternativa para la comprensión del aprendizaje matemático de niños y jóvenes en contextos socioculturales teniendo en cuenta tanto la influencia de factores afectivos y cognitivos como sus interacciones (Abreu, 1993; Gómez-Chacón, 1997). En orden a ejemplificar esta aproximación, nos centraremos en cómo experimentan su relación con la matemática jóvenes de fracaso escolar en situación de exclusión social (matemática escolar, matemática en situación de práctica y en un contexto de desventaja socio-económica) (Gómez-Chacón, 1997 y 1999). En la concepción de estos estudiantes, el proceso de aprendizaje de la matemática es algo más que adquirir determinados fragmentos de un conocimiento cultural, significa la pertenencia a un grupo social específico. El aprendizaje matemático forma parte del proceso de construcción de su identidad social. Ésta se puede conceptualizar atendiendo a qué tipo de *miembros* son y cómo se posicionan en relación a ser miembros del grupo (posición afectiva –valores, creencias y actitudes– que asumen) y cómo negocian su *identidad* social.

Con relación a ser *miembros*: se comprueba que los jóvenes considerados en esta investigación pertenecen a un grupo social marcado por una «identidad social negativa». Algunos de los factores que justifican esa identidad negativa son, por una parte, su falta de escolarización (que origina analfabetismo) o el abandono escolar, y por otra, situaciones de desventaja socioeconómica, con dificultades importantes en relación al entorno familiar y social (familias desestructuradas que carecen de recursos para atender sus necesidades de formación, salud, vivienda, y obtención de empleo). Parece detectarse que hay una relación entre los distintos tipos de participación de los jóvenes en su contexto (en su grupo social) y su ejecución-reacción en el aprendizaje de la matemática.

En relación a la *posición*: la posición asumida por los individuos hacia una práctica depende de la relación dialéctica entre su información disponible y sus experiencias, según sostiene la teoría de la identidad social; en función de su experiencia particular, los jóvenes que comparten unos conocimientos sobre el marcador social de la matemática en un contexto de la práctica y en desventaja, pueden asumir diferentes posiciones hacia esa práctica. Éste es el segundo aspecto que se examinó en el estudio de casos. Lo hicimos a través de las *creencias* –que revelan el conocimiento acerca de la posición en la estructura social y la posición que los estudiantes asumen hacia ella– y a través de las *conductas* que estos chicos adoptan como grupo social en la interacción en clase, donde procuran hacer valer lo que para ellos significa ser o no ser lo que son.

NOCIÓN DE IDENTIDAD SOCIAL

Esta noción de identidad social, relacionada con la pertenencia a un grupo, está basada en la teoría intergrupos de Tajfel (1978, 1981). En ella, el concepto de identidad social se circunscribe a «la parte del autoconcepto del individuo que deriva de su conocimiento como miembro de un grupo social (o grupos) junto con el valor y significado emocional atribuido a ser miembros» (Tajfel, 1978: 63). Para nuestro estudio nos hemos basado, también, en la concepción aportada por la corriente interaccionista, que pone el acento en los procesos de construcción de la identidad y concibe las identidades como estrategias de identidad («stratégies identitaires»[1]) (Camilleri y otros, 1990, y Aparicio, 1994). Ésta aproximación enfatiza la importancia del sistema de comunicación simbólica en las relaciones sociales.

Partir de la identidad social, entendida como un conjunto estructurado de elementos que permite al individuo definirse en una situación de interacción y actuar como actor social, nos posibilitaría precisar –en relación al afecto global– elementos de identificación o marcadores de identidad reveladores de dos categorías: los atributos que definen la identidad personal del individuo (lo que es único de cada ser humano y que vendría a coincidir con el perfil del sujeto); y lo que define su identidad social (el estatus que comparte con otros miembros de un grupo social). También nos permitiría percibir la estructura de identidad como polo organizador que moviliza el conjunto de las reacciones afectivas de cada sujeto en relación con los otros, la situación de interacción donde se entrelazan las estrategias de identificación y las consecuencias sobre las que se producen las posiciones de los sujetos hacia la matemática y su aprendizaje. En la interacción del grupo se refuerzan los procesos de identificación y los sujetos son figuras de identificación para otros; el grupo es el lugar donde se negocia la identidad[2].

Consideramos, que en ésta relación dialéctica entre identidad social e indentidad personal, la estructura de autoconcepto como aprendiz de matemáticas está relacionada con sus actitudes, con la perspectiva en que sitúan el mundo matemático y con su identidad social. La atención a este aspecto nos proporciona datos para construir una interpretación global del afecto en cada sujeto.

ESCENARIOS COMPLEJOS

En los «escenarios complejos» destacamos las situaciones que desencadenan las conductas de resistencias y rechazo hacia el aprendizaje y tratamos de determinar las influencias socioculturales en el individuo y los modos en que se internaliza esta información y configura la estructura de creencia en el sujeto (afecto global).

En el capítulo 5 vimos algunos de los factores que se desencadenaban en una situación de interacción de aula, como era la resolución de la actividad «Geometría de los envasados». En ella Adrián hizo una actualización de su experiencia pasada en el ámbito escolar, que le produjo una reacción emocional negativa con clara repercusión

---

[1] Los autores citados han acuñado la siguiente definición operativa de las estrategias de identidad («stratégies identitaires»): «*procesos* o *procedimientos* puestos en obra (de manera consciente o inconsciente) *por un actor* (individuo o colectivo) *para alcanzar una o más finalidades* (definidas explícitamente o situadas a nivel inconsciente); *procedimientos elaborados en función de la situación de interacción*, es decir en función de las diferentes determinaciones (socio-históricas, culturales, psicológicas) de esta situación.» (Camilleri, y otros, 1990: 24)

[2] Se suele llamar negociación de identidad a las formas de proceder mediante las cuales intentamos hacernos valer ante los demás.

en su aprendizaje; esta situación puede ser considerada una ejemplificación de un «escenario complejo», en concreto el que denominamos de ajuste escolar.

En el estudio al que venimos aludiendo, examinando las distintas conductas que el sentir común considera características de estos jóvenes de fracaso escolar y en situación de desventaja social y los factores que las desencadenan en situaciones de interacción durante el aprendizaje de la matemática, y viendo también las alternativas que se ofrecen para aquellas conductas, encontramos que lo que está en juego puede reducirse a cuatro propósitos en nuestro grupo de estudio: *ajuste escolar, autolegitimación, demanda de interdependencia, y demanda de respuesta a mensajes o diferenciación (resistencial)* (Cuadro 7.1.).

Los datos ponían de manifiesto que la reacción ante la matemática en el aula de aquellos estudiantes que la actualizan básicamente en *escenarios de ajuste escolar* se mostrará «a ráfagas» cuando la actividad les evoca la situación vivida, cuando se enfrentan a determinados contenidos matemáticos con los que tuvieron problemas, cuando la figura del profesor les evoca situaciones anteriores negativas o cuando la concepción de la matemática no coincide con la concepción «mecanicista» que han internalizado.

El escenario de autolegitimación funciona de modo distinto según la interioridad o exterioridad con que se entienda. Quien entiende la necesidad de autolegitimación como algo interno, continuamente se verá situado en este escenario, probando o justificando la calidad de las personas, la calidad de los modos de proceder según las leyes del contexto y del grupo de pertenencia. Quien entiende en cambio su actuación como necesidad de justificarse ante otros, se exhibirá verbal y gestualmente, tratando de convertir en legítimos todos sus comportamientos. Por ejemplo, la oposición a aprender se expresa principalmente como un estilo que se vive de infinitas formas, específicas de la institución escolar, que los profesores reconocen instantáneamente y que constituye un aspecto casi ritual de la estructura vital cotidiana de estos jóvenes: hacen ruido continuo arrastrando sillas, abuchean a la menor sugerencia, no paran de moverse, cambiándose de sitio y cuando se explica, no miran directamente a la pizarra, ni a los ojos del profesor. Algunos muestran abiertamente su desprecio al estudio haciendo como que se duermen con la cabeza apoyada en el pupitre, otros se ponen de espaldas mirando por la ventana o simplemente a las musarañas. Emerge una «idea» de profesor y de la forma de comunicación entre profesor-alumno/s.

El escenario de demanda de inter(dependencia) incluye elementos de ajuste escolar y de autolegitimación, porque los estudiantes que tienen este estilo de reacción lo mantienen como tradición venida de su grupo de pertenencia, en el interior de la cual viven sin plantearse el romper con ella –o sin encontrar motivos suficientes para esa ruptura–. Los factores principales que lo desencadenan son las sensaciones de insignificancia y de aislamiento. Los alumnos continúan reaccionando negativamente «porque siempre ha sido así» –se hacen notar aunque sea por lo negativo–, les da miedo hacer lo que en su ambiente nunca se ha hecho. Durante la clase hay un diálogo imaginario que hace de contrapunto a la instrucción formal: «no te entiendo», «qué pasa contigo, imbécil», «no jodas, ¿puedo irme a casa?» El significado del éxito académico y su posible resultado de cara a un empleo refleja el modelo cultural de estos jóvenes, emerge la valoración de la independencia mental («los trabajos que exigen una cualificación en matemáticas parecen ofrecer poco y exigir demasiado»), se cree que es

ESCENARIOS	CONDUCTAS	REPERCUSION EN EL APRENDIZAJE
Ajuste escolar	El sujeto evoca la experiencia escolar: Manifiesta agresividad, trata de evitar el miedo a no ser reconocido. Se constatan momentos claves en su experiencia escolar que le han marcado negativamente. Manifiesta una forma de hacer las matemáticas (algorítmica) una forma de hacer matemáticas más mecánica que no necesita aprender tantas estrategias, con muchas incógnitas.	– Oposición a la autoridad del profesor. Interacciones profesor-alumno o grupo de alumnos. – Actitud de sospecha hacia el profesor. – Falta de confianza. – Resistencia a aprender conceptos matemáticos. – Resistencias ante tareas que le exigen pensar, como por ejemplo la resolución de problemas.
Autolegitimación	Exhibe sus opiniones, sus valores, destrezas, habilidades, preferencias y reacciones emocionales, legitimadoras del grupo de pertenencia.	– Utilización de estrategias informales de resolución de problemas. – Valoración de la matemática oral. – Valoración del aprendizaje compartido. – Resistencia a ampliar conocimientos, procedimientos, etc., sobre matemáticas. – Comprensión de la tarea por efectua el profesor. – Mecanismos de defensa: cachondeo, aburrimiento.
Demanda de (inter)dependencia	Se apoya en la fuerza del grupo en el que aduce: «siempre ha sido así»; le da miedo hacer lo que en su ambiente nunca se ha hecho Da razones del planteamiento y características del grupo.	– Comunicación entre profesor y alumno. – Comunicación entre alumno-alumno y alumno-grupo. – Normas de aula. – Gestión de aula – Resistencia a aprender conceptos matemáticos. – Concepción del currículo.
Respuesta a mensaje (diferenciación)	Con imagen externa (vestimenta, peinado, etc.) muestra su diferenciación. Diferencial: ad intra del grupo clase. Relacionados con las valoraciones y creencias sobre el aprendizaje de las matemáticas en un contexto práctico: «esto no tiene que ver nada con matemáticas».	– Comunicación entre profesor y alumno. – Gestos en la interacción en el aula. – Clima de aprendizaje con muchas interferencias. – Aislamiento, resistencia a un trabajo cooperativo. – Gusto y preferencias por un tipo de actividad.

Cuadro 7.1. Tipos de escenarios a los que los estudiantes responden y repercusión en el aprendizaje.

una falacia que las oportunidades se puedan *alcanzar* por medio de la educación. Se afirman a sí mismos a través del trabajo manual.

Con respecto a *los escenarios* que hemos denominado de *respuesta a mensajes (o diferenciación)* se podría decir que el grupo de jóvenes de nuestro estudio conoce que su grupo tiene un marcador de identidad social negativa. En estas circunstancias, el individuo luchará por adquirir una identidad positiva y para ello identificará diversas alternativas para resolver estos conflictos de identidad. Estas alternativas, en sus polos, son trasladarse a un grupo con identidad positiva o reinterpretar la identidad negativa desde nuevos valores. En nuestro estudio esta alternativa polar aparece en los jóvenes que tratan de resolver sus conflictos de identidad tratando de abandonar el grupo (esto requerirá tener éxito y estar escolarizado) y en los que escogen reinterpretar los valores del grupo de pertenencia, atribuyendo valores positivos a las prácticas del grupo. Normalmente estas posiciones son extremas; la mayoría de las personas adoptarán posiciones intermedias.

Queremos señalar varias cosas. Una primera observación se refiere a un punto que dejamos en el aire al hablar de los distintos escenarios en que se originan las conductas de estos jóvenes más reconocidas por el profesorado y por la gente. Éste pertenece al uso sociológico del concepto de *escenario.* El *escenario* al que un estudiante responde no se actualiza de una manera mecánica, por efecto de características puramente «objetivas» de alguna situación. Por el contrario: para que uno reaccione *escénicamente* a una situación, es menester que espontáneamente haya interpretado –por lo menos parcialmente– esa situación como un contexto en el que se juega precisamente aquello por lo que la situación se constituye en *tal* escenario (en nuestro caso, por ejemplo, interpretar una situación de aprendizaje en la que hay que resolver un problema con determinadas estrategias o procedimientos matemáticos como escenario en que se pone en juego la necesidad de interdependencia; o interpretar una situación de interacción en el aula en la que se producen peleas, bromas, etc. como escenario de autolegitimación, o en el caso del ejemplo del capítulo 5 actualizar una experiencia pasada de interacción con la profesora y el aprendizaje de símbolos matemáticos). Así mismo, las conductas de un sujeto se pueden situar en varios escenarios a la vez.

El segundo detalle que queríamos observar se refiere a que el concepto de interrupción o bloqueo en el aprendizaje, desde la perspectiva de *escenarios complejos,* adquiere tonalidades más amplias que reclaman respuesta, por parte del profesorado, una mayor reflexión y a los elementos que se dan en el contexto aula y condicionan (son condición para) el proceso de enseñanza-aprendizaje. Por ejemplo: la comunicación entre profesores y alumno/s, la comprensión de la tarea por parte del profesor, el modo de entender la interacción de cada alumno con el grupo clase y sus implicaciones en la construcción del conocimiento matemático y en la construcción de su identidad social.

La cultura de aula, desde la perspectiva de los escenarios, suministra un conjunto de criterios, actualmente «no oficiales» en propuestas educativas dirigidas a estos jóvenes, con los que juzgar *qué clase* de situación de aprendizaje va a ser más relevante para el individuo, qué *reglas de juego* combinan dichos elementos y *crean condiciones favorables* para el aprendizaje.

Comentamos brevemente algunos ejemplos que visibilicen lo expuesto.

Ejemplo 1

En el capítulo 5 la situación que analizamos del caso de Adrián era un claro ejemplo de un *escenario de ajuste escolar.* En él vimos como Adrián adoptaba conductas de afirmación de sí mismo y mecanismos de defensa, sus estrategias tienden a ser de diferenciación, singularidad, no conformismo, de ataque y oposición sistemática a lo que le evoca a la escuela y de tendencia al negativismo.

Ejemplo 2

Describimos otra situación que ejemplifica los *escenarios de respuesta a mensaje de diferenciación y resistencial.* Es una situación de aula en la que se está trabajando la actividad «Algo más que una silla» (Cuadro 7.2. y Anexo 6). El centro de interés que tiene es su práctica profesional y los contenidos que vehiculan el conocimiento son de ebanistería. Se plantea una situación didáctica donde los estudiantes vivencian su aprendizaje y práctica en las clases de matemáticas de forma similar al aprendizaje en el taller, con conexiones entre matemática dentro y fuera del ámbito escolar. En una de las sesiones de trabajo se desencadena por parte de varios estudiantes la siguiente reacción:

> «Profesora.– ¡Carlos!, a ver. Dime a mí, qué estabas diciendo de las matemáticas, que no me estoy enterando...
>
> Javier.– ¿Qué si está uno en matemáticas? Yo opino que matemáticas son sumas, cosas de esas, no chorradas de esas del taller, ¿no? Porque si yo hago,... acabo el Graduado, el graduado no me sirve para esto.
>
> Profesora.– ¿Por qué dices que no te sirve para el Graduado? Eso te sirve para el Graduado.
>
> Javier.– ¡Ah sí! ¿Esto del taller?
>
> Profesora.– Javier...
>
> Javier.– ¿Qué me estás contando?
>
> Profesora.– Javier, ¿por qué piensas que no te sirve para el Graduado?
>
> Javier.– Me cago en la hostia, no muevas la mesa. (Comienza a ponerse nervioso, agresivo. Ataca a un compañero que le ha movido la mesa).
>
> Profesora.– Tú lo (....)
>
> Javier.– Esto tendría que ser, ¿cómo se llama esto? (...)
>
> Fernando.– Se llama el Graduado.
>
> Carlos.– Tecnología.
>
> Fernando.– Tecnología.

Javier.– Eso tendría que ser tecnología.

Profesora.–...¿Tecnología?

Javier.– Todas estas cosas que hacemos en el taller que se hiciesen en tecnología, y en cambio matemáticas tendría que ser sumas, y cosas así...

Profesora.– ¿Y aquí no estás sumando y multiplicando y dividiendo?

Javier.– Bueno que...

Carlos.– Cuéntame un cuento y verás... ¿Cuándo van a venir las matemáticas duras?

Javier.– Pero, esto ya me lo sé, si esto ya, to los días es lo mismo. (Muestra resistencia, no quiere hacer la actividad).

Profesora.– ¿Todos los días es lo mismo? No.

Carlos.– Esto no tiene que ver nada con matemáticas. Quiero problemas matemáticos de matemáticas, con incógnitas, problemas con xs... tú me entiendes...

Javier.– Es que hemos hecho todo de carpintería.

Profesora.– ¿Y eso a ti no te vale?

Javier.– Hombre te vale para sacarte el título de carpintero, para que te ayude a ti hacer las puertas y todo eso, pero eso te interesa los viernes por la tarde cuando damos tecnología.

Profesora.– ¿Tú qué tipo de matemáticas quieres aprender?

Javier.– Por ejemplo lo del orden de operaciones y el solitario, para cuando veas un problema digas esto se hace tal y tal, tal..., pero no que digas me acuerdo pero no sé hacerlo.

Fernando.– Jo profesora.

Profesora.– No, tú todavía no has trabajado. A ver, toma, empieza a hacer éste.

Fernando.– ¡Ah!, esta es la silla que estamos haciendo nosotros.

Profesora.– Sí, esa es la silla que estáis haciendo vosotros.

Fernando.– Pero las medidas están mal, ¿no?

Profesora.– Las medidas no están mal, están a escala. A si que léetelo bien...

Profesora.– El respaldo, tienes que decir cual es el respaldo, el respaldo es todo.

Javier.– Eres un, eres un hijo puta. ¡Ah! bueno.

Fernando.– Gilipollas, cállate.

Profesora.–¿Qué ocurre? (Cada vez muestra más resistencia, se desencadena una fuerte agresividad, y se dan peleas entre ellos, Javier no quiere hacer la actividad).

(Extracto de la sesión de clase de la actividad «Algo más que una silla», 28-3-95)

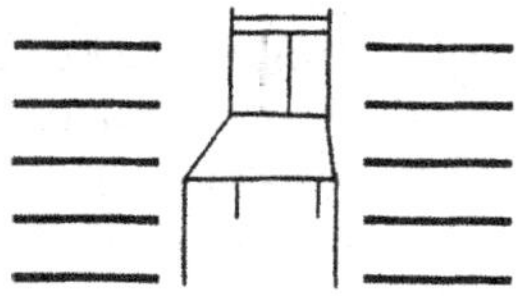

Nombre:

Fecha:

Aquí tienes el modelo en el que te basas para construir la silla en el taller:

1. Sabiendo que la escala es de 1cm: 4 cm. ¿Cuáles son las medidas reales de la silla?

Respaldo ....

Largueros ....

Frente ....

Travesaños ....

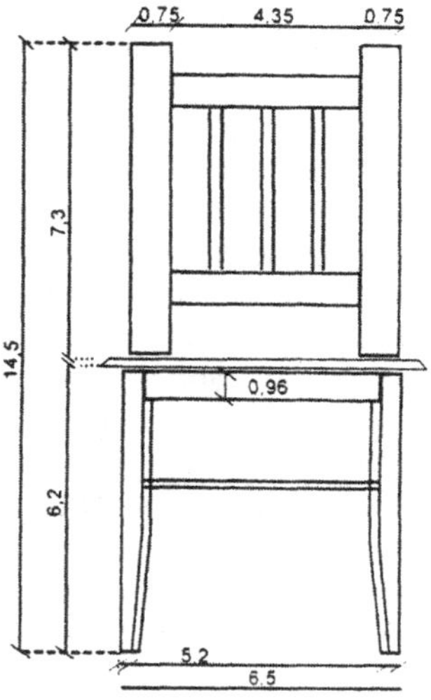

EL ASIENTO

4. Aquí tienes el dibujo de la planta de la silla

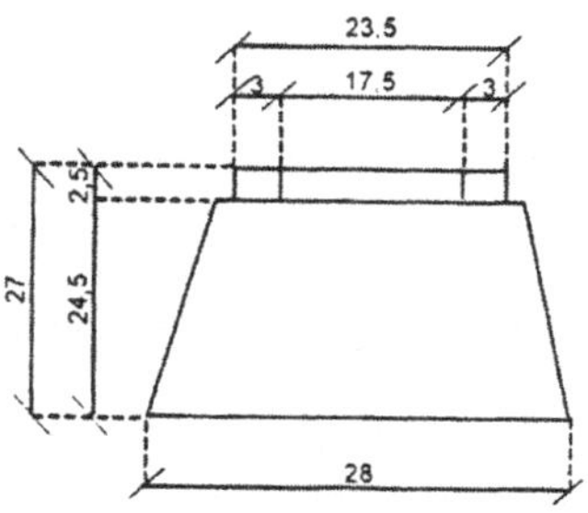

Tomando los datos correspondientes a las medidas del asiento de la silla. Calcula:

a) el área exterior del asiento

b)el área interior del asiento

Recuerda

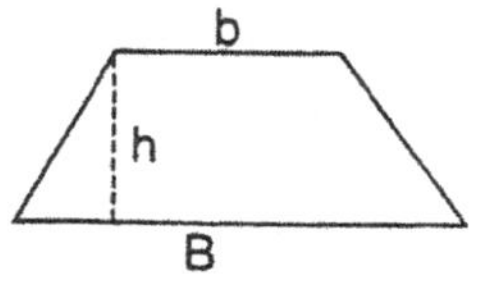

Área del trapecio $A = \frac{(B+b)h}{2}$

Cuadro 7.2. Módulo de aprendizaje: «Algo más que una silla»

Este extracto de sesión ha puesto de manifiesto *qué clase* de situación de aprendizaje va a ser más relevante para el individuo y qué *reglas de juego* combinan dichos elementos. El *escenario* al que los estudiantes Javier y Carlos responden no se actualiza de una manera mecánica, por efecto de características puramente «objetivas» de alguna situación. En nuestro caso se plantea una actividad que trata de integran contenidos procedimentales y declarativos útiles para su prepación profesional y con un centro de interés que supuestamente es el de su propia elección de trabajo y con un diseño didáctico adecuado a su situación. Surge la cuestión: ¿por qué no es relevante esta situación de aprendizaje para el estudiante? ¿Por qué se resiste a trabajarla? Javier y Carlos reaccionan *escénicamente* a esta situación, porque espontáneamente han interpretado esa situación como un contexto en el que se juega su propia *diferenciación*. Las conductas que se desencadenan están relacionadas con las valoraciones y creencias sobre el aprendendizaje de las matemáticas en un contexto práctico: «esto no tiene que ver nada con matemáticas». Se da una mayor valoración del conocimiento matemático escolar que del conocimiento matemático en una situación práctica como es la ebanistería. Las creencias que manifiestan estos estudiantes sobre que son las matemáticas son limitativas para su aprendizaje. Tienen repercusiones en la estructuración de la realidad social del aula: comunicación entre profesor y alumno; gestos en la interacción en el aula; clima de aprendizaje con muchas interferencias, resistencia a desempeñar un trabajo, y en gustos y preferencias por un tipo de actividad.

CREENCIAS Y ESTRATEGIAS DE IDENTIFICACIÓN

En los datos de la investigación aparecen, en ciertos momentos, las creencias de los jóvenes (acerca de la naturaleza de la matemática, de su aprendizaje, de sí mismos...) como reveladoras del conocimiento sobre la posición del grupo en la estructura social y, en otras ocasiones, de la posición que el individuo asume hacia esa práctica. En la interacción social que surge en el aula o en el taller, cuando se trabaja la matemática, se visibilizan marcadores de identidad, que involucran creencias acerca de la matemática, acerca de uno mismo y desembocan en reacciones emocionales hacia la matemática. Por tanto, nos preguntamos qué relación había entre el aprendizaje de la matemática y la construcción de la identidad social; nos interesó comprobar si ésta es una referencia clave para entender el significado de sus conductas y de sus reacciones emocionales.

Para analizar si las reacciones emocionales de los jóvenes se podían interpretar desde esta perspectiva, se trató de documentar las cuestiones siguientes:

- ¿Se podrían interpretar las reacciones emocionales de los jóvenes desde la perspectiva de la identidad social?
- ¿Se podrían considerar las creencias (acerca de la matemática, acerca de uno mismo) como estrategias de identificación que ellos utilizan?
- ¿Qué relación se establece entre sus emociones al trabajar la matemática con las reacciones emocionales en esas estrategias de identificación?

- ¿Qué relación hay entre el aprendizaje de la matemática y la construcción de su identidad social?
- ¿Es su identidad social una referencia para entender el significado de sus conductas, de sus reacciones emocionales?

En nuestros datos, aparecen indicios que nos permiten afirmar que, en el grupo de estos veintitrés jóvenes, las creencias acerca de qué es la matemática se pueden situar entre *las estrategias de visibilidad social.* El trabajo y la titulación se consideran elementos de selección y movilidad social. La concepción de la matemática se evidencia como medio para alcanzar una meta, como una habilidad social (comunicación, ser alguien frente alguien...). Esto justifica el rechazo de algunos a trabajar las actividades matemáticas cuyo centro de interés es la ebanistería (práctica con un marcador social).

Las creencias que manifiestan acerca del aprendizaje en matemáticas se podrían interpretar como *estrategias* utilizadas *para dar relevancia a su identidad* (oposición entre aprender matemáticas y aprender lo esencial; falta de gusto por el estudio como elemento identificador; el tiempo libre como evasión del tiempo institucional, la imagen que tienen formada sobre el centro-taller: «un centro para aprender algo», opuesto a estudiar).

Como grupo adoptan *estrategias de instrumentalización de su identidad asignada*; éstas se manifiestan en los motivos que los jóvenes expresan sobre el éxito y fracaso y que, de forma continuada, aparecen en la interacción en el aula: «estar fuera», «les viene de familia», el «gusto», las preferencias e importancia atribuida a la práctica manual.

Entre las estrategias de *afirmación de sí y mecanismo de defensa* destacaremos el reconocimiento que los jóvenes hacen del uso de las matemáticas en el ámbito académico y práctico, pero no en grupos en desventaja socio-económica. La falta de interés en la escuela se debe a que en ella perciben las dificultades como insuperables; por ello, el aburrimiento se manifiesta como mecanismo de defensa y el «cachondeo» como fuerza de penetración.

Se constatan, también, *estrategias de diferenciación*, de reivindicación de su lugar específico, cuando resaltan su aspecto exterior y subrayan «no quiero cambiar por fuera, sino por dentro» como referente articulado de diferenciación; cuando indican que su motivación depende de su «estado de ánimo», y cuando demandan que los profesores modifiquen sus creencias acerca de chicos como ellos.

Los conocimientos subjetivos de los estudiantes acerca de la matemática y su aprendizaje y acerca de sí mismos como aprendices se usan como procedimientos y forman parte de un proceso (consciente o inconsciente) para alcanzar una finalidad. Este conjunto estructurado de elementos permite al joven definirse en una situación de interacción y vivirse como actor social. Según estos datos consideramos que se puede establecer relación entre las reacciones emocionales de estos jóvenes hacia la matemática y las reacciones que muestran en esas estrategias de identificación. Con el aprendizaje de la matemática los actores buscan modificar la identidad que se les atribuye.

Las creencias de los jóvenes acerca de la matemática y de su aprendizaje, y de sí mismos, son reveladoras de la posición del grupo en la estructura social y de sus respectivas posiciones individuales en el grupo. Este factor nos ha permitido detectar las variaciones entre los individuos, los rasgos de identidad que más fuertemente se negocian en el trato cotidiano y la formalización y sistematización de las conductas que despliegan para evitar el conflicto o moderar la situación de disparidad cultural.

NEGOCIANDO LA IDENTIDAD SOCIAL, EL CASO DE TRES ESTUDIANTES: ADRIÁN, CARLOS E ISAAC

En nuestra intención estaba el detectar y comprender a qué se debían las dificultades de aprendizaje de estos estudiantes, dónde estaba la raíz de su rechazo hacia las matemáticas y dónde situar los obstáculos que impedían su progreso. En el estudio de casos se puso de manifiesto que los comportamientos de los estudiantes evidencian distintos modos de estrategias de identificación y de negociación de su identidad social.

Si comparamos a los estudiantes Adrián, Carlos e Isaac, observamos cómo jóvenes que comparten unos conocimientos sobre el marcador social de la matemática, en un contexto de la práctica y de desventaja socio-económica, asumen diferentes posiciones hacia esa práctica y en función de su experiencia particular (Cuadro 7.3 y Cuadro 7.4).

Como podemos observar en el Cuadro 7.4., sus informaciones y experiencias son variadas. Entendemos por *experiencia,* la experiencia particular en cada ámbito de la práctica matemática: experiencia escolar, experiencia en el taller, experiencia del sujeto en las clases de matemáticas en el centro. Y por *información,* la que tiene el joven acerca del contenido matemático y acerca de los marcadores sociales (código semiótico) de los diferentes tipos de matemáticas que coexisten en los grupos sociales de pertenencia: conocimiento acerca de la matemática del taller, acerca de la matemática en un contexto de desventaja socio económica, conocimiento acerca del marcador social.

Adrián parece no aplicar el marcador (marcador social negativo); utiliza una estrategia de conformación y es «alguien» dentro del grupo (Cuadro 7.3.). En sus comportamientos y reacciones en el aula pudimos observar que hace circular sus estrategias de identificación en el grupo-clase, y éstas sirven para la propia autoidentificación del grupo. Ayuda a la identificación del grupo a través de sus soportes cognitivos y afectivos (estrategias informales, etc...). Desde su posicionamiento favorece oportunidades para que la profesora ayude a la autorregulación del aprendizaje. Utiliza su propia autoconciencia de las emociones en función del aprendizaje: está satisfecho de ser ebanista y esto le sirve como móvil activo; disfruta de sus hallazgos en el aprendizaje, y tiene una percepción puntual del éxito. Se constata un logro en su vivencia del progreso de aprendizaje: se percibe a sí mismo avanzando en relación a la dificultad intrínseca que experimentó en la escuela, va consiguiendo una mayor autonomía y autorregulación de su aprendizaje. Para Adrián, el centro de formación para el empleo es lugar de reconstrucción; sin embargo se evidencian en los datos dos resistencias: por una parte, la urgencia de «ganar dinero» para cubrir necesidades básicas; y por otra la noción de «pérdida de tiempo», en relación a lo procesual. En su experiencia de aprendizaje en el centro de formación para el empleo, descubre que puede hacer algo en relación a las matemáticas, es capaz, hay una superación del sentimiento de fracaso en la escuela, pero sin embargo continúa funcionando con los «viejos esquemas», por lo que

POSICION ADOPTADA POR LOS SUJETOS EN El GRUPO SOCIAL		
Adrián	**Carlos**	**Isaac**
• Parece no aplicar el marcador en su caso (marcador social negativo); desarrolla una estrategia de conformación.	• Parece no aplicar el marcador en su caso, aunque adjudica un claro estatus superior a la matemática escolar «matemática de matemáticos». Tiene manifestaciones contradictorias, con estrategias de conformación por una parte y de diferenciación por otra.	• Sus manifestaciones en relación a su posicionamiento son contradictorias: está desubicado, niega su identificación: por una parte quiere asimilarse, y por otra sus estrategias son de diferenciación, reflejado en los patrones de identificación negativa («pijos», «marcadores negativos»).
• Tiene una motivación clara hacia la práctica, y el valor y papel de la matemática en su vida están relacionados con el futuro y con obtener un título.	• Motivación grande hacia la práctica; relaciona el valor y el papel de la matemática en su vida con «encontrar trabajo» y adquirir la formación básica que le permita la comunicación y el reconocimiento de los otros.	• No tiene una motivación grande hacia la práctica.
• Es «alguien» dentro del grupo.	• Es «alguien» dentro del grupo.	• No es «alguien» dentro del grupo.
• Presenta una doble localización: como aprendiz de ebanistería y como miembro de un grupo en desventaja (grupo informal)	• Se localiza como aprendiz de carpintería. Entre sus primeras metas está trabajar, pero no parece ligada a una urgencia por lograr dinero o para cubrir necesidades básicas.	• Manifiesta explícitamente los temores y amenazas a los que están sometidos los jóvenes en exclusión social. Parece que para Isacc estar en el taller es una forma de protección y evitar meterse en lo que él denomina «cosas raras».
• Parece creer en la posibilidad de una movilización social, pero el contacto con el mundo de la formación para el empleo no se hace con propósitos de construcción cultural, se hace dentro del nexo específico de la necesidad de dinero.	• Parece creer en la posibilidad de una movilización social, pero siempre a puestos menos cualificados. El contacto con el mundo de la formación para el empleo, según los datos recogidos, apunta hacia «propósitos de construcción cultural» y de reconocimiento social.	• Parece no creer en una movilidad social. Aprender el oficio ocupa un primer lugar. Es su futuro para ganarse un dinero y trabajar. No asume las lagunas curriculares que tiene (porque se siente infravalorado como un niño pequeño). Continuamente trata de enmascarar su situación real en relación a las matemáticas. Las matemáticas no le gustan y el esfuerzo al trabajarlas le provoca una fuerte reacción emocional negativa.

Cuadro 7.3. Comparación del posicionamiento de los estudiantes Adrián, Carlos e Isaac del estudio de casos en el grupo social.

EXPERIENCIAS- INFORMACION		
Adrián	**Carlos**	**Isaac**
• Experiencia escolar negativa.	• Experiencia escolar positiva.	• Experiencia escolar negativa.
• Adrián revela tener un conocimiento específico de las matemáticas del taller, y estrategias informales para resolver los problemas en este ámbito.	• Carlos revela tener un mayor conocimiento a nivel elemental de matemáticas y un conocimiento específico de la matemática del taller y en ausencia de este conocimiento ha desarrollado en este ámbito sus propios recursos y estrategias para resolver los problemas.	• Isaac no muestra tanto conocimiento del quehacer matemático en el taller como los otros estudiantes.
• Tiene un problema de carencia de conocimiento matemático (escolar) a nivel elemental; presenta problemas en aspectos relacionados con el quehacer matemático: pasos sistemáticos, memoria a largo plazo, elaboración progresiva...; su aprendizaje es contextualizado. No se da una valoración de lo procesual, ya que, desde su perspectiva, la parte procesual no les permite ubicarse socialmente, ni conseguir dinero.	• Muestra un mayor conocimiento matemático a nivel elemental. Su disposición inicial ante la actividad matemática es de curiosidad, mostrando interés tanto en el resultado como en su posible abordaje. Manifiesta una mayor familiaridad con los símbolos matemáticos, con aspectos del quehacer matemático: selección de datos, o comprobación de la solución, si bien prefiere los ejercicios y le cuesta enfrentarse a problemas. Muestra mayor capacidad de abstracción, a partir de las relaciones concretas, hacia estructuras formales.	• Tiene un problema de carencia de conocimiento matemático a nivel elemental; presenta problemas en aspectos relacionados con el quehacer matemático: pasos sitemáticos, memoria a largo plazo, elaboración progresiva...; su aprendizaje es contextualizado. No se da una valoración de lo procesual, ya que, desde su perspectiva, la parte procesual no les permite ubicarse socialmente, ni conseguir dinero.

Cuadro 7.4. Comparación de la experiencia e información de los estudiantes Adrián, Carlos e Isaac del estudio de casos.

frena su proceso de aprendizaje abandonando su preparación para el empleo, va a trabajar en un oficio no cualificado. Abandona su formación pero no con la experiencia de fracaso, sí con el deseo de volver a estudiar ebanistería en el futuro.

En el caso de Isaac, sus manifestaciones son más contradictorias: está desubicado, niega su identificación: por una parte quiere asimilarse, y por otra sus estrategias son de diferenciación, reflejado en patrones de identificación negativa («pijos», «marcadores negativos») (Cuadro 7.3.). No es agente de identificación de otros. Parece incapaz de automotivarse; sus satisfacciones no son personales, necesita apoyo de la autoridad del profesor. No parece tener móviles de identificación ni de aprendizaje; se vive en una continua comparación con sus compañeros. Tiene menor conciencia de sí mismo; evidencia las emociones, pero no las elabora, ni los conocimientos que adquiere, por lo que su posición es más reactiva. Para Isaac, el centro de estudio y formación profesional es lugar de refugio.

En el caso del estudiante Carlos parecía no aplicar el marcador, aunque adjudica un claro estatus superior a la matemática escolar «matemática de matemáticos». Tuvo manifestaciones contradictorias con estrategias de conformación por una parte y de diferenciación por otra, que se manifiestan de forma continuada en el aula de matemáticas (en sus interacciones), haciendo circular sus estrategias de identificación en el grupo clase. Ayuda, al igual que Isaac, a la identificación del grupo a través de sus soportes cognitivos y afectivos (conocimientos del taller, conocimientos de la calle ...). Disfruta de los hallazgos, está abierto al aprendizaje de conocimientos nuevos, y tiene una percepción puntual del éxito. Es capaz de automotivarse. Es uno de los jóvenes pertenecientes al grupo estudiado que manifiesta mayor autonomía y autorregulación de su aprendizaje. Utiliza su propia autoconciencia de las emociones en función del aprendizaje. Desde su posicionamiento favorece oportunidades para que la profesora ayude a la regulación del aprendizaje. Para Carlos, el centro de estudios y de formación profesional es lugar de reconstrucción; sin embargo se evidencian en los datos una doble tensión entre aspectos relativos al esfuerzo continuado, a lo procesual –que él expresa mediante la noción de «resolver la vida», de «saber algo»– y la atracción por trabajar la «matemática de los matemáticos». Es uno de los jóvenes que finalizan el periodo completo en el centro.

PARA CONCLUIR

La imagen meramente racional y fría del aprendizaje matemático como una disciplina dura deja paso a la posibilidad de una aprendizaje en que el ejercicio racional está inmerso en un cúmulo de otros elementos: afectos, usos, creencias... Cabe reflexionar ahora sobre qué elementos constituyen el contexto de aula y condicionan el proceso de enseñanza-aprendizaje y cuáles son los obstáculos que muy a menudo están dificultando el aprendizaje matemático eficaz de nuestros alumnos. Los que en este capítulo hemos puesto de manifiesto son:

1. *La cultura y los procesos sociales son parte integrante de la actividad matemática.* La indagación sobre *la identidad social de estos jóvenes* y la pregunta sobre el significado que para ellos tienen las matemáticas y su aprendizaje nos sugiere que se pueden hacer nuevos abordajes (formulaciones) de la dimensión afectiva en matemáticas, al menos para poblaciones similares (poblaciones con una marcada identidad negativa). Los rasgos que de hecho tiene en su contexto la identidad de estos chicos equivalen a una red de significados que en ella resultan relevantes y que se manifestarán en el aprendizaje de la matemática. La estructura del *autoconcepto como aprendiz de matemáticas* está relacionada con sus actitudes, la perspectiva del mundo matemático y con su identidad social. Estos significados parecen iluminar nuestra búsqueda de una mayor comprensión sobre su *configuración global del afecto, sobre la manera de conocer y de reaccionar afectivamente en el aprendizaje de la matemática y sobre su forma de construir el conocimiento.*

2. *La comunicación entre profesor y alumno/s* se desarrolla a partir del *modo* de entrar en relación el profesor con cada alumno y con el grupo clase. De este *modo* se sigue una reacción en cadena que alcanza las distintas interacciones que se dan en el aula.

Unas reglas de juego no necesariamente explícitas que son la resultante de unos valores vividos y comunicados, de unas creencias y unas estrategias de identificación. Si nuestra experiencia nos dice a diario que, en la pobreza y exclusión social, quedan afectados los dinamismos vitales de la confianza, de la identidad, de la reciprocidad, toda propuesta de educación matemática debe contemplar la acogida de la *singularidad* de cada alumno en todo aquello que responde a su vida y no la de otro; en todo aquello que lo sitúa en un proceso concreto de aprendizaje y ante unas posibilidades y dificultades propias; en todo aquello que constituye su propia *dignidad.* El profesor, en este contexto, es oportunidad y mediación, es el que *integra* conocimientos y experiencias, expectativas y habilidades, *media* entre las necesidad y la forma de resolverla y *vincula* los mundos vitales del alumnado de manera coherente.

3. *La comprensión de la tarea matemática por parte del profesor.* En la orientación del currículo se requiere *incorporar la experiencia vital y estimar la emoción y el afecto como vehículos del conocimiento matemático.* Es necesario mantener la tensión entre el proceso de cada alumno, desde donde está, y las metas del grupo y de la planificación básica para todos. Se pone de manifiesto el sentido de la «negociación» de la tarea: aproximación de expectativas, exigencias claras y razonadas, asunción conjunta de metas y conciencia del proceso por parte de todos, profesor-alumno/s.

Enseñar matemáticas sin tomar estos elementos en consideración es garantía de fracaso en el aprendizaje y, por supuesto, de fracaso para el profesor.

8. Cognición y afecto en el aprendizaje de la matemática

Según los datos aportados por el grupo de estudiantes del estudio, al que hemos venido aludiendo, presentamos a continuación las relaciones significativas que se pueden establecer entre cognición y afecto, y sus posibles utilizaciones en la enseñanza y aprendizaje de la matemática. Estas relaciones resultan del significado consensuado que los estudiantes han atribuido al elaborar el *Mapa de Humor* (Capítulo 6 Cuadro 6.1.) y los diferentes matices recogidos por la investigadora en el transcurso, de la investigación, que sintetizan observaciones en el ámbito informal, y en el ámbito formal (entrevistas e intervención). Señalaremos, también, algunas conclusiones didácticas.

LAS EMOCIONES DEL *MAPA DE HUMOR*

Curiosidad

En estos estudiantes se ha puesto de manifiesto, en numerosas ocasiones, algunos deseos: saber y averiguar alguna cosa, indagar qué es lo que está planteando en el problema, y buscar una posible solución. Han sido momentos en los que se ha tratado de entender, deducir, comprender, preguntar, explorar, experimentar, descubrir, explicar; ocasiones de disquisición, de ensayo de estrategias o herramientas. En ellos se ha revelado que ha mantenido al resolutor en vigilancia. Este estado o reacción emocional puede codificar lo apropiado de los heurísticos indagatorios y definitorios del problema, relevante en la fase de documentación y obtención de la información. Probablemente, la indagación divergente ha dirigido más a descubrir lo que podría suceder en una situación matemática y menos a trabajar con una única meta establecida. Pueden desarrollarse procesos heurísticos, como los indicados anteriormente, importantes para la planificación indagatoria avanzada.

La curiosidad aparece en contraste con otros motivadores prácticos o basados en la autoridad (la necesidad de seguir las instrucciones del profesor). Sin curiosidad concomitante, se podrían desarrollar procesos algorítmicos más específicos dirigidos a metas concretas.

Desconcierto

En los estudiantes aparece esta emoción como un momento de turbación del orden, el concierto y la composición de una cosa; es un momento de conflicto cognitivo. Se trata de una situación en la que no se sabe por dónde ir, en la que se produce un desacoplamiento entre lo que se quiere resolver y el conocimiento del camino que se tiene que tomar. Se manifiesta como un momento de búsqueda de por qué, como un salto a la abstracción. La persona se encuentra desarmada y no sabe cómo dar respuesta.

Esta reacción emocional puede codificar el hecho de una información inesperada o aparentemente contradictoria, o bien la necesidad de responderse a una pregunta no contestada. En un resolutor de problemas competente se desarrolla la decisión de intentar casos particulares, pensar en un problema más simple, buscar representaciones, notaciones, diagramas, etc.; teniendo como elemento común un plan avanzado para mejorar la comprensión, y capturar la estructura del problema. Adquirir estas estrategias mitigaría este afecto, llevando a quien resuelve el problema a un estado de estímulo.

Esta reacción aparece entretejida con la perplejidad y el estado que provoca desvelar aspectos importantes no resueltos sobre cómo proceder (codificando algún fracaso en la comprensión) o inestabilidad en la representación imaginaria de quien resuelve, de la situación del problema. Esto puede provocar en el resolutor nuevos problemas, o bien iniciar desafíos de cuestionamiento saludables para el profesor, quien, para resolver este problema de perplejidad, puede cuestionar, insistiendo o construyendo una representación cognitiva adecuada para apoyar o refutar la fuente de autoridad.

Aburrimiento

Es un estado emocional que se provoca en los jóvenes de la muestra cuando no se ve el sentido a la actividad, cuando hay que hacer un esfuerzo extra: hacer muchos cálculos, leer un texto demasiado largo o cuando se hace un ejercicio de consolidación de lo aprendido. Surge cuando la persona está cansada y cuando no se sabe abordar la tarea; en ambos casos produce desaliento. Las reacciones que se manifiestan son: «pasar» de la actividad (mecanismo de defensa, «no me hace»), distracciones con los compañeros o con otros artefactos (como el periódico) etc. En algunos casos aparece asociado a actitudes agresivas, de paralización y de fastidio.

Prisa

En los actores de la investigación se manifiesta como la prontitud, la rapidez con la que se quiere ejecutar una cosa. Parece que falta tiempo para percibir el problema, comprenderlo y encontrar su solución. Es un estado en el que se intentan apresurar las ideas, de precipitación de decisiones, de aceleración, de actividad momentánea, de creencia que los problemas han de salir rápidamente. Inhibe la fase de entrada en la resolución de problemas, o los periodos de incubación.

Bloqueado

En los datos aportados por los estudiantes, este estado se presenta cuando se revisa un proceso sin éxito y el afecto hace que esta información no se haga disponible de forma inmediata al sujeto. El desánimo y la frustración codifican falta de progreso. Es un momento de confusión fuerte, tan paralizante que hace difícil un nueva incorporación a la actividad. Surge en momentos en los que no se es capaz de articular lo que se sabe con lo que se quiere resolver, o bien cuando se está reorganizando la información; cuando no hay una comprensión del problema, y no se es capaz de ver «de qué va» y por tanto, se desconoce cómo empezar a resolverlo. Se empieza a pensar, de forma absoluta y onmipresente, que no se sabe hacer. Esta emoción se manifiesta quedándose paralizando, inmovilizado, y provoca desesperanza, y rechazo de la actividad.

El bloqueo y la frustración no son necesariamente un resultado negativo del proceso de resolución de problemas, ya que puede provocar heurísticos útiles: comenzar de nuevo; intentar otro camino o método que pueda ayudar; comenzar por un problema más simple, aunque parezca ridículo; hacer suposiciones o conjeturas que puedan permitir un resultado, etc.

Come la cabeza

En los datos del estudio aparece como una emoción que corresponde a un estado cognitivo muy activo, que requiere un intenso esfuerzo de atención, y concentración en la tarea para relacionarla con lo que se sabe. Es un estado de confusión provocado porque, tras varios intentos, no se encuentra el camino hacia la solución. En esta muestra se manifiesta a través de una reacción fuerte de nerviosismo, de fuertes protestas, etc.

Desesperación

En los datos recogidos en el estudio se evidencia como un estado de desilusión, de desconfianza en la propia capacidad, de desaliento, de desengaño, de pesimismo, de impaciencia por no saber abordar la tarea y querer llegar a una solución. En algunos casos de nuestra muestra está muy ligado al bloqueo. Baja el nivel de autoestima. Se experimentan deseos ganas fuertes de agresión.

En las reacciones emocionales de desesperación, cuando se va más allá del bloqueo y de la frustración, el afecto penoso puede continuar provocando heurísticos. Sin embargo, el «problema ha cambiado»: lo que ahora se plantea es la necesidad de salir de una situación que se hace insoportable. En este caso, la emoción provoca competencias de supervivencia o formas de evitar o evadir lo que se está experimentando. Se manifiesta de diversos modos: tirar la hoja, lanzar los lápices, negarse a recibir ayuda, etc. La respuesta menos saludable por parte del profesor en esta situación es suministrar un soporte en el que el joven que está resolviendo lo haga basado en elementos de autoridad; el resolutor tratará de eliminar su ansiedad, su desesperación, mediante la conformidad, usando un procedimiento de buscar en la memoria, adivinando la respuesta deseada. El alumno «imitará» el procedimiento indicado, sin considerar «la comprensión» de las matemáticas. En algunos casos, pueden aparecer consecuencias cognitivas más severas. Durante esta reacción emocional se pueden construir y provocar mecanismo de defensa poderosos, procesos cognitivos y competencias heurísticas para evitar el problema y / o encubrir la atribución de fracaso del resolutor.

Animado

Según nuestro datos, la persona parece manifestar disfrute con la actividad. Surge en los casos en que ejerce control sobre lo que debe hacer. En ocasiones está vinculado al estado de ánimo con el que el sujeto viene a clase y en otros se asocia con la alegría y el gozo de estar satisfecho en la tarea que se está desempeñando, por el dominio de los procedimientos, o por la posesión de los conocimientos necesarios para resolver el problema. Esta emoción va unida a una actividad cognitiva dinámica: se ha entrado en materia, la atención está concentrada en el problema y lo que se sabe y lo que se quiere aparece claramente formulado; esto indica un compromiso con el problema, una intención, el esfuerzo y la voluntad de entrar y mantenerse en el problema. El resolutor se atreve con lo que se le ha propuesto, y le produce diversión. El estímulo que se sigue al éxito parcial puede provocar la aplicación continuada del método satisfactorio. A medida que funciona el método, se convierte en placer que aumenta cuando coincide con el propio del que resuelve, y no uno dado por la autoridad externa que sea satisfactorio. En estos casos el profesor, mediante el soporte afectivo, puede provocar un estímulo interno en el alumno, favoreciendo la persistencia de éste en la búsqueda de solución. Esta emoción se manifiesta en diversas reacciones como: silbar, alboroto, mostrarse juguetón, cantar, comunicar a otro compañero lo que se sabe, no despegar la cabeza del papel, entusiasmo, optimismo, rostro radiante, etc.

Confianza

En los actores de la investigación esta emoción surge cuando están seguros de que saben, experimentan control de la situación y están familiarizados con el proceso de resolución del problema. Entonces sienten confianza y esperanza en que llegarán a la solución y se dan manifestaciones externas de tranquilidad, serenidad. En algunos casos, conocer cómo se resuelve el problema produce conductas de descuido.

De abuty

Corresponde al momento de intuición, del ¡ajá! cuando se tiene una luz, una imagen, una idea sobre el problema, y sale bien. Se percibe, advierte o entiende clara e instantáneamente una idea, sin procesos de razonamiento. En ocasiones, los sujetos de la muestra lo asocian a una buena comprensión del problema, o al momento de satisfacción al terminar una actividad y ser consciente de saberlo hacer, como es es el caso de Adrián. El sujeto lo percibe como un estado de euforia mental, y constituye una especie de alivio o liberación; es un estado que invade, y que no se puede provocar a voluntad.

Esta reacción emocional puede codificar un progreso: la representación mental de quien resuelve se ha reconstruido drásticamente, con nuevas ideas (por ejemplo, una expresión formal se ha simplificado en gran manera mediante una técnica algebraica, o se ha detectado una relación estructural con otro problema). El regocijo puede provocar en quien resuelve una generalización del problema o procesos que buscan nuevas interpretaciones del mismo. Puede, también, llevar a analizar el problema desde el principio con la ayuda de las configuraciones cognitivas que provocaron el «de abuty», el regocijo.

Diversión

Se manifiesta en este grupo como placer, alegría, gusto por la actividad que se está realizando, momento de expansión, distracción, entretenimiento, desenfado, jolgorio, explayamiento. Aparece cuando el sujeto se lo está pasando bien al realizar la actividad. En algunos casos está vinculado a un estado de ánimo o disposición animada con el que vienen a clase; si esto ocurre, la actividad le resulta divertida.

Gusto

Según los distintos jóvenes de la muestra es una emoción vinculada a situaciones diferentes: poner el máximo interés cuando el sujeto ha concentrado toda su atención; o no necesitar ayuda para llevar a cabo la tarea, o con el deseo de identificar qué estilo o tipología de problemas gusta trabajar; o al percibir el dominio de *saber hacer*, experimentando un gran placer, gozo, disfrute; también aparece cuando se «*saborea*» la tarea que se está ejecutando o al final de la resolución, como expresión de satisfacción por el proceso acabado y la solución hallada.

Indiferencia

Estado de ánimo en el que los sujetos del estudio no sienten inclinación ni repugnancia respecto a la actividad que se está realizando. Se da entonces, un distanciamiento, apatía, desinterés, inercia, pasividad, desafecto.

Tranquilidad

En el grupo de estudio parece manifestarse como un sentimiento que emerge cuando se controla el problema, hay ausencia de prisas y nervios, se está trabajando con sosiego, serenidad, paciencia, sin preocupación por no saber qué hacer; se resuelve en calma, reposo y en un dejar que las cosas fluyan serenamente.

IMPLICACIONES DIDÁCTICAS

El estudio de las influencias afectivas en el conocimiento de las matemáticas, llevado a cabo con este grupo de jóvenes de forma más controlada y con otros estudiantes de Secundaria, nos permite hacer las siguientes afirmaciones, en relación a la enseñanza y el aprendizaje de la matemática:

- Las variables o factores afectivos en los alumnos van más allá de las actitudes hacia la matemática.
- Es necesario continuar investigando los modos de observar y codificar las reacciones emocionales de los estudiantes y sus características.
- Se requiere disponer de diseños de estrategias de enseñanza de la matemática, en los que la dimensión afectiva sea más que un acompañamiento accidental, sólo centrado en que los profesores tratemos de hacer más motivadora la materia.
- Las teorías cognitivas y las teorías socioculturales pueden unirse en un esfuerzo por crear una teoría comprensiva de la dimensión afectiva en matemáticas.

El modelo emergente, descrito en los anteriores capítulos, sugiere:

1. La necesidad de plantearse *«metas afectivas locales»* para la enseñanza de la resolución de problemas, por ejemplo: generar problemas a partir de la curiosidad de los alumnos; desarrollar su sentido de discernimiento sobre qué intuiciones o presentimientos son apropiados; enseñarles heurísticas que puedan utilizar cuando acontecen esas intuiciones.

La ansiedad, el miedo, el temor, la desesperación –y no la perplejidad, el desconcierto, el comerse la cabeza o el bloqueo y la frustración– son estados afectivos esencialmente indeseables. Es necesario proporcionar y favorecer experiencias productivas y constructivas en los alumnos. Éstos, ocasionalmente, experimentarán la perplejidad, el desconcierto o el bloqueo, y deberan aprender respuestas para esas emociones negativas, utilizándolas para transformar la dirección y calidad del afecto y volver a la ruta positiva de diversión, placer, regocijo, satisfacción. Se debería revalorizar la experiencia del estudiante con estados afectivos intensamente positivos.

En el caso de estudiantes de fracaso escolar, en el que la historia de la dimensión afectiva en los sujetos es desfavorable, la ansiedad, el miedo y la inseguridad generan procesos de negación y de evitación que habitualmente se dan en el mismo momento de presentación de la actividad que el alumno ha de realizar. El afecto negativo y el feedback cognitivo que se produce a través de estrategias y heurísticos «del evitar» forman una estructura estable que impide la resolución satisfactoria del problema.

Según el modelo propuesto, el reto del educador o la educadora es irrumpir e interrumpir los sentimientos negativos, como paso previo a la necesaria reconstrucción afectiva/cognitiva que debe tener lugar para el avance del estudiante, encontrando caminos didácticos que favorezcan estos aspectos. En las situaciones descritas sobre la interacción razón-emoción hemos brindado algunas estrategias para el cambio de creencias de los estudiantes en orden a reducir la intensidad de la respuesta emocional. Sobre todo en las situaciones de:

- Respuesta emocional ante el éxito y el fracaso en el abordaje de cada problema.
- Reacción «patológica» provocada por reiterados fracasos y bloqueos del estudiante al comenzar la tarea.
- Distracciones emocionales, producidas a distintos niveles, que impiden que la razón se centre en la resolución de la tarea.
- Énfasis en la aprobación del profesor más que en la motivación intrínseca por la tarea.
- Interpretaciones no acertadas del alumno acerca de las relaciones interpersonales con el profesor o la situación.
- Transferencias de ansiedad desde otras áreas al área de las matemáticas.

2. Como vimos en el capítulo 7 la práctica educativa tiene que tomar conciencia de los continuos mensajes que estudiantes reciben sobre qué significa conocer matemáticas y sobre cuál es el significado social de su aprendizaje. Debería tener en cuenta que la estructura del autoconcepto como aprendiz de matemáticas está relacionada con sus actitudes, con la perspectiva del mundo matemático y con su identidad social.

Parte III

9. Formación del profesorado para la educación emocional en matemáticas

La enseñanza y aprendizaje no acontece en un ámbito aislado y neutral, sino que depende del contexto en el que se enseña y del comportamiento humano de las personas participantes. El profesor juega también un papel de posible modelo de actuación. Son dos los ámbitos en los que este papel tiene mayor importancia: el de la formación de actitudes y el de la resolución de problemas. Cada profesor adopta en el aula una serie de decisiones y actitudes que traducen sus ideas acerca de qué son, para qué sirven y cómo se aprenden las matemáticas, sin olvidar su propia predilección hacia unos u otros contenidos o hacia determinado tipo de actividades. Predilecciones que pueden o no acoplarse a las que suele desarrollar el alumno, con el que exiten o pueden existir diferencias de edad, sexo, cultura, etc. Este conjunto de apreciaciones, que generalmente no se hace explícito, se transmite de hecho a los estudiantes; de ahí que sea preferible tomarlas abiertamente en consideración y reflexionar sobre ellas, del mismo modo que se reflexiona sobre los conceptos o técnicas que se pretende enseñar.

CURSO PARA LA FORMACIÓN EN LA EDUCACIÓN EMOCIONAL EN MATEMÁTICAS

El curso de formación que presentaremos ha sido experimentado con profesorado en ejercicio desde 1994[1]. Tiene como finalidad propiciar una formación teorico-prác-

[1] El primer diseño del curso fue preparado en 1994 para un Módulo del Master en Secundaria especialidad Didáctica de la Matemática IEPS-Universidad Carlos III. Posteriormente he realizado actualizaciones sucesivas para cursos de Verano e Invierno del IEPS-MEC, para el programa del Título de Experto en Educación de la Matemática, Facultad de Ciencias Matemáticas de la Universidad Complutense (cursos 1997-98, 98-99, 99-00) y para los programas de las Maestrías Universitarías en Educación Matemática en la Universidad del Salvador (cursos 1994-95 y 1997-98) y en la Universidad Nacional San Antonio Abad de Cuzco (Perú) (curso 1998-99).

tica sobre la dimensión emocional en matemáticas y contribuir a que el profesor con una preparación más adecuada mejore las actitudes y apreciaciones del estudiante en esta disciplina. Los objetivos a alcanzar han sido formulados como sigue:

1. Proporcionar un conocimiento suficientemente profundo y con orientación práctica de la naturaleza de los diferentes aspectos (afectivos, cognitivos, ambientales, sociales,...) que pueden estimular o bloquear el aprendizaje en matemáticas.
2. Realizar un acercamiento a los contenidos actitudinales en Matemáticas, ofertando claves y herramientas para operativizarlos en el aula.
3. Presentar propuestas didácticas de enseñanza/aprendizaje/evaluación de la dimensión afectiva en matemáticas en el aula.

El curso se organizó en módulos desarrollados en un total de 50 horas en 6 sesiones:

Módulo 1: Dominio afectivo en Educación Matemática: emociones, actitudes, creencias.

Módulo 2: ¿Qué son las matemáticas?

Módulo 3: Origen y formación de creencias y actitudes sobre las matemáticas y la actividad matemática.

Módulo 4: Imagen de la matemática en la escuela.

Módulo 5: Matemáticas y cultura.

Módulo 6: La evaluación de los afectos en el aprendizaje de la matemática.

En cada sesión del curso, las actividades se diseñaron para favorecer en el participante la articulación entre la teoría y la práctica. Se incluye una sección bibliográfica que el profesor puede utilizar para ampliar las cuestiones planteadas. Los módulos se estructuran en las siguientes secciones:

- Presentación
- Actividad de introducción
- Actividades de desarrollo
- Reflexión
- La teoría en la práctica
- Para leer y reflexionar
- Implicaciones para el aula

En orden a lograr una mayor operativización y articulación entre teoría y práctica y focalizar las implicaciones que se derivan en la enseñanza y aprendizaje, los participantes seleccionan, dentro del apartado «Implicaciones para el aula», uno de estos cuatro grupos de aspectos:

1. Implicaciones para el currículo;
2. Implicaciones metodológicas;
3. Implicaciones para la evaluación;
5. Implicaciones para el desarrollo profesional del profesor de matemáticas.

Ellos marcarán dirección en el trabajo practico de implementación en el aula que cada profesor debe realizar después de cada sesión. Por tanto, habrá profesores que se centrarán más en aspectos de evaluación, otros en temas curriculares, etc. En la sesión última, cada uno de los grupos presentará la síntesis de sus descubrimientos. Y los miembros de estos grupos el trabajo práctico de implementación en el aula.

La finalidad de establecer de forma sistemática estos grupos es ayudar a los participantes a construir, por sí mismos, conocimientos y conexiones entre las actividades propuestas, las lecturas realizadas, las reflexiones y los sucesos o fenómenos que acontecen cotidianamente en el aula.

MÓDULOS DE APRENDIZAJE

A continuación desarrollamos los módulos de aprendizaje que hemos indicado, que configuran el curso «*Actitudes, afectividad y motivación en Matemáticas*».

MÓDULO 1: DOMINIO AFECTIVO EN EDUCACIÓN MATEMÁTICA: EMOCIONES, ACTITUDES, CREENCIAS

PRESENTACIÓN

Presentación del curso y de los participantes.

Se muestra la propuesta del programa.

Se destaca la importancia de trabajar los factores afectivos en el curriculum.

Este es el primer módulo del curso «*Actitudes, afectividad y motivación en Matemáticas*». Cualquier profesor de matemáticas en activo reconoce que las creencias y acciones de los profesores y profesoras y las características de los estudiantes, incluyendo las actitudes, influyen en las actuaciones de los alumnos y alumnas en el aula y sus resultados en el aprendizaje.

En el Diseño Curricular de Secundaria se señala.

> «Las matemáticas constituyen una área particularmente propicia para el desarrollo de ciertas actitudes relacionadas con los hábitos de trabajo, la curiosidad y el interés por investigar y resolver problemas, con la creatividad en la formulación de conjeturas, con la flexibilidad para cambiar el propio punto de vista, con la autonomía intelectual para enfrentarse con situaciones desconocidas y con la confianza en la propia capacidad de aprender y de resolver problemas. Por otra parte, el desarrollo de todas estas actitudes no sólo contribuye en sí mismo a las finalidades indicadas. Además de eso, permite que el resto de los aprendizajes, considerados a menudo más puramente matemáticos, sean funcionales y puedan aplicarse en una mayor variedad de situaciones. Ocurre lo mismo con las actitudes relativas a los propios contenidos matemáticos, que el alumno ha de aprender a apreciar por su utilidad para resolver problemas de la vida cotidiana, por sus aplicaciones a otras ramas del conocimiento, y también por la belleza, potencia y simplicidad de sus lenguajes y métodos propios» (DCB 1992: 18-19).

Claramente, esta cita explicita que los factores afectivos (actitudes) son importantes en la enseñanza y aprendizaje de la matemática.

El «dominio afectivo» es un término que se usa con frecuencia en educación y en psicología; comprende las actitudes, emociones, creencias y valores. Tradicionalmente se ha considerado separado del «dominio cognitivo», e incluso se han desarrollado taxonomías de objetivos educativos de forma separada para ambos dominios. Actualmente las propuestas contemplan la interacción entre ambos, dado que el individuo pasa de uno a otro de forma inconsciente.

ACTIVIDAD DE INTRODUCCIÓN

Se plantea una actividad de introducción. Ésta trata de plantear de manera global la intencionalidad de la sesión.

Se propone a los participantes, por parejas, que resuelvan los siguientes problemas, y que comenten sus estrategias.

Duración de la actividad: 25 a 40 minutos

Algunos aspectos a dialogar después de haber resuelto los problemas

Problema 1: Tratar que los participantes no sólo den una solución particular, sino que lleguen a una pauta, regla y regularidad, buscando la forma más «elegante » de expresión y justificación.

Problema 2: La solución de problema es que la chica puede escapar de la profesora. Basta con nadar hacia la esquina C una distancia no muy larga y después cambiar de dirección nadando hacia el lado CD (en la dirección perpendicular a CD).

Problema 3: La iglesia es octogonal. Para analizar el problema ponemos una vista del edificio desde arriba y suponemos que el suelo tiene la forma de polígono regular y se estudian las proporciones.

Se pueden plantear en la discusión las nociones de «belleza», «elegancia», «rigor» en matemáticas.

Problema 1: Números naturales consecutivos

Toma 4 números naturales consecutivos y multiplícalos; ¿Qué observas?

Problema 2: La piscina cuadrada

En el centro O de la piscina cuadrada hay una chica, mientras que su profesora (que no sabe nadar) está en una esquina de la piscina (por ejemplo en la A). La profesora corre tres veces más rápido que la chica nada, pero la chica corre más rápido que la profesora. ¿Puede la chica escapar de la profesora? (Asumimos que ambas la chica y la profesora, pueden hacer infinitas maniobras?

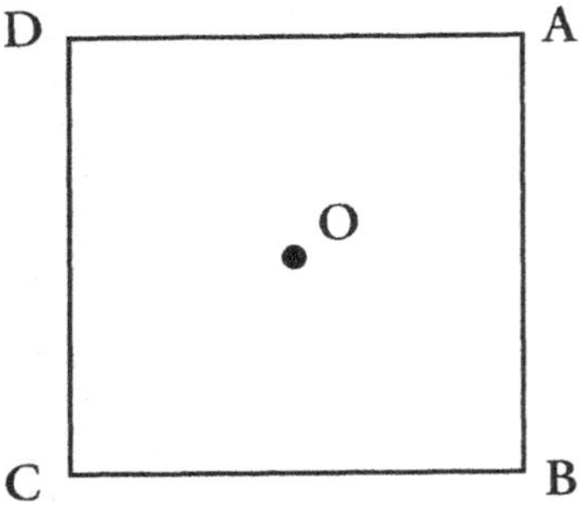

Problema 3: Eunate

La iglesia de la foto está en Eunate (Navarra). ¿Cuántas paredes tiene la iglesia?

Después de resolver los problemas los participantes, se realiza una puesta en común en la que se comparten las estrategias de resolución y soluciones.

A continuación se les plantea que contesten personalmente la siguientes preguntas para cada problema:

¿Por qué estas cuestiones?

- Plantear los descriptores básicos del dominio afectivo: actitudes, emociones y creencias. (Ver capítulo 1).
- Iniciar a los participantes en las gestión de la actividad emocional, a través de advertir e identificar reacciones emocionales.
- Poner de manifiesto las dimensiones del estado emocional del resolutor de problemas: magnitud y dirección, duración, nivel de consciencia, nivel de control, afecto local y afecto global (Ver capítulo 3).
- Origen de las reacciones emocionales de los sujetos.
- Nombrar algunas actitudes matemáticas.

CUESTIONARIO 1

Responde en relación a los problemas anteriores

1. ¿Qué emociones has experimentado cuando se te propuso resolver el problema?

2. ¿Qué emociones has experimentado cuando has tratado de resolver el problema?

3. Durante los intentos por resolver el problema ¿te has afanado por lograr una solución elegante?

4. ¿Cuáles fueron tus reacciones al escuchar las estrategias de resolución del problema de tus compañeros/as?

5. ¿Piensas que tus reacciones iniciales hacia el problema están condicionadas por tus experiencias pasadas con las matemáticas o con la resolución de problemas? ¿Cuáles? ¿Tus emociones cambian cuando ya te involucras con el problema?

6. De acuerdo con el Diseño Curricular de matemáticas se deberían propiciar en el alumnado experiencias que justifiquen que las intuiciones son importantes en el quehacer matemático:

> «La construcción del conocimiento matemático es inseparable de la intuición y de las aproximaciones inductivas impuestas por la realización de tareas concretas». (Orientaciones Didácticas, p. 93).
>
> «... la posibilidad de llevar a cabo razonamientos de tipo formal, abre nuevas posibilidades para avanzar en el proceso de construcción del conocimiento matemático, asegurando niveles intermedios de abstracción, simbolización y formalización... Debe resaltarse también que, en esta etapa educativa, mantine su validez los principios generales de conceder prioridad al trabajo práctico e intuitivo..» (Introducción, p. 17).

Cuando tratabas de resolver el problema ¿has tenido muchas intuiciones? ¿Qué significado das al termino «riguroso» en el contexto de la prueba en matemáticas?

Duración de la actividad: 20 minutos.

Se puede proponer uno de estos dos cuestionarios.

Los participantes entregarán sus respuestas. Estas serán analizadas en otro de los módulos, el referido a creencias.

ACTIVIDADES DE DESARROLLO

Ahora que estamos orientados sobre qué es el dominio afectivo, nos detendremos en algunos descriptores básicos; la actividad anterior estaba centrada en la emociones, ahora pasamos a creencias y actitudes.
Se elige uno de los siguientes cuestionarios para que los participantes respondan individualmente.

CUESTIONARIO 2

Institución educativa ....
Fecha .... Años de docencia ....
Nivel .... Sexo ....

Responde a las siguientes preguntas:

1. ¿Qué entiendes por didáctica de las matemáticas?
....

2. ¿Qué entiendes por aprender a enseñar matemáticas?
....

3. ¿Cómo te han enseñando matemáticas?
....

4. ¿Cómo has aprendido matemáticas?
....

5. ¿Cómo te gustaría que aprendieran tus alumnos?
....

6. ¿Qué es la matemática para ti?
....

7. ¿Cómo se genera el conocimiento matemático?
....

8. ¿Qué entiendes por autorregulación del aprendizaje?
....

Cuestionarios similares han sido validados para esta finalidad. Ver Clarke (1987)

CUESTIONARIO 3

Institución educativa ....
Fecha .... Años de docencia ....
Nivel .... Sexo ....

1. Escribe tres aspectos importantes que tú esperas lograr con tu participación en este curso sobre «*Actitudes, afectividad y motivación en Matemáticas*».

....

2. ¿Cómo es tu interés por las matemáticas? Para cada una de las siguientes frases, escoge una posible respuesta:

a) Me divierto leyendo libros de matemáticas

a menudo *algunas veces* *rara vez*

b) Me divierto tratando de resolver problemas de matemáticas

a menudo *algunas veces* *rara vez*

c) La gente que tiene pasión por las matemáticas tiende a ser:

un poco excéntrica *normal*

d) Indica tu grado de acuerdo con esta frase: «Yo nunca hago matemáticas al menos que tenga que preparar clases»

de acuerdo *posiblemente* *en desacuerdo*

3. Refleja tus creencias acerca de la naturaleza de las matemáticas (no acerca de su enseñanza, sino acerca de la matemática misma). Subraya las palabras que sueles utilizar:

construible	verdad absoluta	reglas y operaciones
acultural	lógica	inventada
descubierta	construida socialmente	secuencial
resolución de problemas	creada	incambiable

Anota otras palabras que sean utilizadas por ti de forma más específica

....

4. Refleja tus sentimientos y valores acerca de la matemática (no acerca de la enseñanza de la matemática sino de la matemática misma). Subraya las palabras que más sueles utilizar:

bonita	difícil	importante
interesante	elitista	aburrida
cambiable	mal orientada	irrelevante
útil	agradable	poderosa

Anota otras palabras que sean utilizadas por ti de forma más específica

....

5. Subraya las palabras que describan tu forma usual de enseñar las matemáticas:

transmisión	mezcla de ideas	informativa
usando la pizarra	creativa	relajada
sin inspiración	estimulante	caótica
con energía	lógica	ejercicios y práctica
coherencia	soporífera	ordenada
orientada por los estudiantes		orientada por los exámenes
a saltos		orientada por el libro de texto
aceptando la perspectiva de los estudiantes		mecánica

Anota otras palabras que sirvan para describir tu práctica de forma más específica

....

6. Ahora subraya las palabras que indiquen cómo piensas que tus estudiantes describen tu forma de enseñar las matemáticas:

transmisión	mezcla de ideas	informativa
creativa	coherencia	usando la pizarra
caótica	lógica	ordenada
mecánica	estimulante	ejercicios y práctica
soporífera	a saltos	con energía
orientada por los estudiantes		relajada
orientada por los exámenes		sin inspiración
orientada por el libro de texto		
aceptando la perspectiva de los estudiantes		

7. ¿Cómo eres de bueno/a con las matemáticas? Rodea con un círculo aquella palabra que te dé respuesta:

extremadamente capaz	muy bueno/a
bastante bueno/a	hacia el medio
por debajo de la media	inútil
bastante malo/a	ninguna de las anteriores.

8. Como profesor/a de matemáticas, ¿cuál es tu mayor preocupación?

....

9. ¿Cómo podrías mejorar tus clases de matemáticas?

....

REFLEXIÓN

Ahora consideramos la conceptualización de actitudes en Educación Matemática

Actividad 1: Actitud en Educación Matemática

Objetivo: Explicitar nuestra concepciones sobre el concepto de *Actitud en Educación Matemática.*

Metodología: Trabajo en pequeño grupo y puesta en común en el grupo total.

Tarea: En otras sesiones de trabajo con otros/as compañeros/as se han definido las *Actitudes en la Educación Matemática* como sigue:

- Contenidos curriculares que tienen hoy una fuerte demanda social.
- Predisposiciones habituales que tienen un fundamento fisiológico en conexiones nerviosas determinadas y que se adquieren por la experiencia.
- Un sentimiento de intensidad moderada y razonable, una respuesta afectiva positiva o negativa. Tendencia a pensar y actuar de forma positiva.
- Elementos curriculares valiosos, que están presentes en las áreas y que son seleccionados por el equipo docente.
- Es una predisposición evaluativa (es decir positiva o negativa) que determina las intenciones personales e influye en el comportamiento.

Duración de la actividad: 30 minutos.
El objetivo es explicitar las concepciones que los participantes tienen sobre *actitud.* Y poder ver las relaciones con las emociones y las creencias (Ver capítulos 1 y 2).
El objetivo de la puesta en común es delinear alguno de los supuestos más importantes en el uso del término *«actitud».* Las actitudes se diferencian del temperamento, del estado de ánimo o humor, de los valores, de las opiniones, de las cogniciones y creencias, de los hábitos, de las habilidades.
A través de las respuestas se puede ver que las distintas aproximaciones a la enseñanza de la matemática expresadas están condicionadas por: las normas sociales; los hábitos, las expectativas de comportamiento y las concepciones epistemológicas.
Además se puede dialogar sobre los factores que intervienen en todo proceso de influencia y configuración de actitudes (contexto social, el objeto, la persona, la relación entre las personas, etc.)

Distribuidos en grupos, elaborad, una definición de *Actitudes en Educación Matemática*, incorporando todas aquellas ideas que os parezcan adecuadas de las dadas antes u otras que consideréis oportunas.

Se continua trabajando sobre la *conceptualización de actitud*, ayudando a que el profesorado discrimine las dos categorías (Ver Cap. 1). La actitud se refiere no sólo a las actitudes mismas, sino también a la tendencia a pensar y actuar de forma positiva. Las actitudes matemáticas del estudiante quedan de manifiesto en la forma en que se acerca a las tareas –sea con confianza, deseo de explorar caminos alternativos, perseverancia o interés– y en la tendencia que demuestre a reflejar sus propias ideas.

Actividad 2: Actitudes matemáticas y actitudes hacia las matemáticas

Objetivo: Profundizar en las categorías de *Actitudes en Educación Matemática:* actitudes matemáticas y actitudes hacia las matemáticas.

Metodología: Trabajo en parejas y puesta en común en el grupo total.

Tarea: Analizar el Diseño Curricular Base y detectar qué tipo de actitudes promueve. ¿Cuáles son actitudes matemáticas? ¿Cuáles son hacia la matemática?

Las actividades acentúan aspectos importantes para la alfabetización emocional de los estudiantes.

Es recomendable que cada participante elabore un informe escrito de la actividad que ha realizado para compartir en la sesión siguiente.

LA TEORÍA EN LA PRÁCTICA

En cada módulo, en la sección «La teoría en la práctica» se plantean actividades que los profesores pueden llevar al aula entre cada sesión. El objetivo es favorecer la articulación entre la teoría y la práctica, recoger y analizar los datos procedentes de la realidad de clase.

A los participantes que no tienen una clase propia se les ofrece que realicen las actividades con otros compañeros del curso.

Las propuestas de actividades en estos módulos son

Con la *Actividad 1* se pretende que los participantes adviertan los orígenes de las reacciones emocionales, reconozcan los significados de los afectos y pongan de manifiesto las diferencias en la gestión emocional (metaafecto) de un experto y de un novato.

Actividad 1: Expertos y novatos

Proponer a los estudiantes los problemas de la actividad introductoria y el cuestionario 1. Analizar los datos y cotejar las respuestas de los estudiantes con las que el grupo de participantes dió. Ver similitudes y diferencias entre la dimensión emocional de un novato (alumno) y un profesor (experto).

Con la *Actividad 2* se pretende que los participantes detecten qué cambios son necesarios en las actuales concepciones del profesorado sobre qué son las actitudes y cómo funcionan, la epistomología de las matemáticas y el proceso de enseñanza-aprendizaje.

La *Actividad 3* pretende familiarizar a los participantes con el uso de instrumentos y que conozcan e interpreten los significados de algunos fenómenos que ocurren en situaciones de aprendizaje desde el punto de vista de los sujetos implicados.

Y por último, destacar la importancia de la dimensión ética en la recogida de los datos.

Actividad 2: Concepción de actitudes

Trabajar en el seminario de matemáticas del instituto qué concepción de actitudes tienen sus componentes. Para ello, se puede utilizar la guías de trabajo propuestas en la sección anterior.

Actividad 3: Respuestas sorprendentes

Proponer el siguiente cuestionario a los estudiantes. Y analizar las respuestas teniendo en cuenta estos aspectos:

- Similitudes y diferencias entre estudiantes.
- Respuestas sorprendentes.
- Origen de las dificultades de aprendizaje.
- Implicaciones para la enseñanza que se deducen de los datos.

CUESTIONARIO 4

Nombre .... Institución educativa ....
Edad .... Sexo .... Fecha ....

1. Nombra dos cosas importantes que hayas aprendido durante el mes pasado en las clases de matemáticas.

....

2. Escribe dos tipos de problemas que sean difíciles para ti.

....

3. ¿Qué tipo de ayuda te vendría bien para superar esas dificultades?

....

....

4. ¿Cómo te sientes en las clases de matemáticas? Subraya la palabra que indique cómo te sientes:

Interesado	Relajado	Aburrido
Confuso	Feliz	Preocupado
Con éxito	Ingenioso (listo)	Con prisas

Anota otras palabras que sean expresivas para ti de forma más específica:

....

5. ¿Qué es lo que te produce mayor preocupación en matemáticas?

....

6. ¿Qué aconsejarías para mejorar las clases de matemáticas?

....

PARA LEER Y REFLEXIONAR

Artículos y libros para ampliar los contenidos.

Cada sesión tiene una parte expositiva de fundamentación del tema correspondiente al módulo. En este caso los contenidos son los desarrollados en los capítulos 1, 2 y 3 de este libro.
Además de esto se le propone la lectura de los siguientes articulos y libros:

AUZMENDI, E. (1992) *Las actitudes hacia la matemática-estadistica en las enseñanzas medias y universitaria.* Caracteristicas y medición. Bilbao: Mensajero.

CLARKE, D. J. (1987) The interactive monitoring of children's learning of mathematics, *For the Learning of Mathematics*, 7 (1), 2-6.

GIMENEZ, J. (1997) Nunca es tarde para mejorar las actitudes. Un caso de las fracciones. *Revista de Didáctica de las Matemáticas UNO*, 13, 63-80.

GOMEZ-CHACON, I. M. (1997) La alfabetización emocional en educación matemática: actitudes, emociones y creencias. *Revista de Didáctica de las matemáticas, UNO*, 13, 7-22.

GOMEZ-CHACON, I. M. (1998) ¿Es la actividad matemática algo emocional? *Gaceta de la Real Sociedad Matemática Española, 1(3)*, 415-423.

HERNANDEZ, R. P. y GOMEZ-CHACON, I. M. (1997) Las actitudes en Educación Matemática. Estrategias para el cambio. *Revista de Didáctica de las Matemáticas. UNO*, 13, p. 41-62.

KULM, G. (1980) Research on mathematics attitude. En R. J. Shumway (Ed.), *Research in mathematics education.* Reston, Va: National Council of Teachers of Mathematics. p. 356-387.

MCLEOD, D. B. (1992) Resarch on affect in mathematics education: A reconceptualization. En Douglas A. Grows (Ed.), *Handbook of Research on Mathematics Teaching and Learning.* New York: Macmillan, NCTM. p. 575-596.

SEGARRA, H. y TRAVER, J. A. (1997) La enseñanza de las matemáticas y la construcción de actitudes. *Revista de Didáctica de las Matemáticas UNO*, 13, 63-80.

IMPLICACIONES PARA EL AULA

5 ó 10 minutos al final de la sesión.

En cada módulo del curso se pretende que haya actividades, no sólo de articulación de la teoría y la práctica, sino también que tengan una vinculación explícita con la práctica.

Al final de la sesión los participantes discutirán sobre las implicaciones que los contenidos tratados tienen para el aula.

Los participantes deben permanecer en el mismo grupo elegido durante todo el curso.

Con la finalidad de comprender las implicaciones en el proceso de enseñanza y aprendizaje de la matemática, los participantes se adscriben a uno de estos cuatro grupos según sus intereses y permanecen en él durante todo el curso:

1. Implicaciones en el currículo.
2. Implicaciones en la metodología de enseñanza.
3. Implicaciones en la evaluación.
4. Implicaciones para el desarrollo profesional del profesor de matemáticas.

Los puntos consensuados por los participantes en el grupo quedan registrados en una transparencia y se exponen al resto.

La finalidad de establecer de forma sistemática estos grupos es ayudar a los participantes a construir, por sí mismos, conocimientos y conexiones entre las actividades propuestas, las lecturas realizadas, las reflexiones y los sucesos o fenómenos que acontencen cotidianamente en el aula.

Posibles cuestiones sobre implicaciones en el aula para este primer módulo:

Grupo de currículo

El Diseño Curricular de Secundaria especifica determinadas actitudes según los ciclos ¿En qué actitudes se pone más énfasis? ¿Se están favoreciendo en la programación de matemáticas de tu instituto?

Grupo de evaluación

¿Qué opinas de la validez de los instrumentos que se proponen en este módulo? ¿Qué aspectos evaluaría cada uno de ellos?

Grupo de metodología

¿Cómo acerca la distancia entre lo que los docentes piensan de cómo enseñan y entre lo que los alumnos perciben de cómo lo hacen?

Grupo de desarrollo profesional

¿Qué aspectos debería contemplar un programa sobre formación de profesores para lograr los objetivos que en este módulo se plantean?

MÓDULO 2: ¿QUÉ SON LAS MATEMÁTICAS?

Presentación del módulo.

Hersh (1986:13) dice al respecto de las *creencias* del profesor respecto de las matemáticas:

«Las propias convicciones de lo que es Matemática afectan a la propia convicción de cómo debería ser presentada. La propia manera de presentarlo es una indicación de lo que uno cree que es lo más esencial en ello.... La cuestión entonces no es ¿cuál es el mejor modo de enseñar? sino ¿de qué tratan realmente las Matemáticas?»

PRESENTACIÓN

Una de las finalidades de la Educación Matemática es que los estudiantes adquieran la idea de la naturaleza específica de las matemáticas.

Los participantes del curso son profesores que han estudiado matemáticas y/o está enseñando matemáticas. Éstos se han formado, consciente o inconscientemente, algunas percepciones de la naturaleza de la matemática. Por tanto, se trata de explicitar las definiciones de cada uno sobre qué es la matemática.

Es interesante descubrir las similitudes y diferencias de las diversas perspectivas de los participantes. Se promoverá la reflexión sobre cómo influyen en el proceso de enseñanza/aprendizaje y sobre qué es lo que hay que enseñar de esta disciplina.

ACTIVIDAD DE INTRODUCCIÓN

Duración de la actividad: 15 minutos

Se plantea a los participantes la *Actividad 1.*

Actividad 1: ¿Qué es matemáticas?

Tomamos la definición de dos diccionarios sobre matemáticas:

> «Matemática es la ciencia que trata de la cantidad» (*Diccionario ideológico de la lengua española.* Julio Casares, Real Academia Española)

> «Matemática ciencia que estudia las propiedades de los entes abstractos como las figuras geométricas, números... y las relaciones que se establecen entre ellos. Los griegos utilizan esta palabra para designar la matemática pura y diferenciarla de la práctica.
> En la actualidad se trata de unificar las diferentes ramas de las matemáticas. Sin embargo, las matemáticas vienen a ser un compendio de disciplinas relacionadas: lógica, aritmética o teoría de los números, teoría de los conjuntos, algebra, análisis, cálculos de probabilidades, geometría, etc.
> Matemática aplicada: aplicación de las matemáticas para resolver ecuaciones de física, estadística, etc.
> Matemática pura: estudio de los sistemas matemáticos»

(*Diccionario básico de matemáticas.* M. Díaz Vázquez, Ed. Anaya,1979).

Los participantes deberían reflexionar por parejas sobre estas dos definiciones y compararlas con la noción que ellos tiene sobre matemáticas y que expresaron en los cuestionarios del módulo 1.

ACTIVIDADES DE DESARROLLO

Actividad 1: Afirmaciones

Duración: entre 30 y 45 minutos.

Algunos puntos para el diálogo de la puesta en común son

- La matemática como proceso.
- La matemática creación o descubrimiento.
- Aspectos utilitarios y/o aspectos formativos de la matemática.
- La dimensión emocional de la actividad matemática.
- Los procesos de construcción del conocimiento matemático.
- Los cambios tecnológicos y la ampliación de las áreas donde se utilizan las matemáticas han provocado a su vez un crecimiento y un cambio de las mismas matemáticas. Las nuevas tecnologías no sólo ha hecho más fáciles los cálculos y la elaboración de gráficas, también han cambiado la naturaleza misma de los problemas que interesan a la matemática y los métodos que usan los matemáticos para investigarlos.

Subrayar de azul las afirmaciones con las que se esté más de acuerdo y de rojo aquellas otras con las que no se esté de acuerdo.

1. La matemática es una exploración de ciertas estructuras complejas de la realidad que, mediante una manipulación racional rigurosa de ellos, se dirige hacia un dominio efectivo de dicha realidad.
2. Las matemáticas son el uso común de destrezas aritméticas en situaciones cotidianas. Las matemáticas tienen un uso práctico o aplicación directa. El conocimiento matemático es útil y necesario para desenvolverse como ciudadanos en una sociedad que incorpora y requiere, cada vez más, conceptos y procedimientos matemáticos.
3. Las matemáticas han desarrollado un lenguaje universal con una clase particular de estructura lógica. Contienen un cuerpo de conocimiento relacionado con el número y el espacio, y pescriben un conjunto de métodos para alcanzar ciertas conclusiones acerca del mundo físico. Y es una actividad intelectual que exige intuición e imaginación para deducir «demostraciones» y alcanzar conclusiones. Con frecuencia recompensa a las mentes creativas con un fuerte sentido de satisfacción estética.
4. Las matemáticas son la ciencia de las deducciones formales que van desde los axiomas a los teoremas. Desde la aritmética en adelante, no son más que un juego de deducciones lógicas. La lógica es el instrumento esencial para efectuarla. La matemática se podría caracterizar por el rigor en la terminología y el lenguaje, en el pensamiento (pensamiento lógico), en la argumentación y en la demostración. La matemática se caracteriza por una lógica estricta y un pensamiento preciso en la terminología.
5. La matemática es un proceso, esto es, una actividad en la que se piensa en problemas, se expresan ideas y se encuentran y comprenden las soluciones. Es un proceso de descubrimiento,

en tanto que creación, invención o reinvención (redescubrimiento) de las matemáticas. Partes esenciales de este proceso son las invenciones, nuevas o buenas ideas, intuición y comprobación. Además la verificación de la coherencia y la comprensión de los hechos son de igual importancia. La matemática se puede describir como un asunto relativo al proceso de descubrimiento y comprensión.

6. La matemática es un conjunto de resultados, de marcado carácter utilitario, cuya veracidad y existencia no están sujetas a discusión o revisión. La matemática es una disciplina exacta, que no presenta ambigüedades ni conflictos de interpretación, ni involucra ningún tipo de emoción.
7. La matemática es una colección de cálculos y reglas que indican con precisión cómo resolver problemas. La matemática es una caja de herramientas y un paquete de fórmulas. La consecuencia es que la práctica de las matemáticas consiste en recordar y aplicar reglas, fórmulas y hechos. La matemática consiste en aprender, practicar, recordar y aplicar esquemas.
8. La matemática trata con problemas abiertos que requieren tiempo, perseverancia, y flexibilidad de pensamiento. Participa de muchos de los aspectos del juego, pero no es solamente juego, sino también una ciencia, un arte intelectual creador de una belleza peculiar, uno de los *ejes fundamentales de la cultura*, con un lugar muy central en ella y una responsabilidad muy especial en su correcto desarrollo.

Una vez finalizado, cada participante coteja y comenta en qué subrayados coincide con el compañero de al lado. Posteriormente se pone en común en el grupo total.

REFLEXIÓN

Concepciones epistemológicas de las matemáticas y de su enseñanza. ¿Qué relevancia tienen para la Didáctica?

Duración de la actividad: 30 minutos.

Se presentan al grupo los resultados de los cuestionarios 3 y 4 de las actividades de desarrollo del módulo 1.

Todo el grupo reflexiona sobre las relaciones que se pueden establecer entre los datos generados en los cuestionarios 3 y 4 del módulo 1 y la actividad anterior, y entre las concepciones epistemológicas de las matemáticas y de su aprendizaje. Se anotan cuatro consecuencias para la enseñanza y aprendizaje de la matemática en torno a tres elementos: la matemática, el alumno y el contexto en que éste accede al conocimiento.

Se presenta las concepciones filosóficas relativas a la matemática:

Presentación de las concepciones filósoficas relativas a la matemática (Cañón, 1993)

- Epistemologías objetivistas.
- Epistemologías centradas en el sujeto.
- Epistemologías centradas en la construcción social del conocimiento. (Ver anexo módulo 2)

Se puede abrir diálogo sobre las diferencias entre «la naturaleza de la matemática escolar» y sobre «la naturaleza de la matemática».

LA TEORÍA EN LA PRÁCTICA

Cada participante debería llevar a la práctica esta propuesta. Al menos, se realizará la aplicación y el estudio a dos o tres alumnos.

La mayoría de los participantes son profesores de aula. Se propone que cada participante proponga a sus estudiantes la siguientes actividades.

Actividad 1: Aprendizaje de la matemática

¿Qué es para ti aprender matemáticas?
¿Qué es para ti saber matemáticas?

Analizadas las respuestas:

(Ver Capítulo 4)

1. Cotejar con la sección del capítulo 4: «Creencias acerca del aprendizaje de la matemática». Ver similitudes y diferencias
2. Observar si existen relaciones entre las creencias del estudiante y el pensamiento y la actitud del profesor.
3. Describir qué ideas se expresan sobre cómo las matemáticas deberían ser aprendidas.

Actividad 2: Cuestionario «Eslogan»

Aplicar el cuestionario «Eslogan de las clases de matemáticas» (Anexo 3, pág. 256) a los estudiantes del grupo clase. ¿Qué creencias aparecen sobre la naturaleza de las matemáticas?

Actividad 3: «La palabra matemática»

Aplicar a los estudiantes el siguiente cuestionario. Una vez analizados los datos responder: ¿dónde se sitúan las dificultades de aprendizaje de los estudiantes?

CUESTIONARIO

Nombre..

Fecha..

Teniendo en cuenta cuáles son tus propias actitudes hacia las matemáticas, completa las frases de esta lista escribiendo las palabras que haga falta:

1. Mis profesores de matemáticas del colegio..............................

2. Las matemáticas son..

3. Mis capacidades en matemáticas son....................................

4. Para ser bueno en matemáticas hay que.................................

5. En matemáticas yo encuentro difícil.....................................

6. Un buen profesor de matemáticas debería.............................

7. Podría aprender más matemáticas si.....................................

8. Mi motivación para hacer matemáticas es..............................

9. Lo mejor que un profesor de matemáticas puede hacer por mí es
....

10. Cuando tengo la clase de matemáticas, yo...........................

11. Cuando estaba en clase de matemáticas en el colegio, yo.........
....

12. Cuando ahora estoy en clase de matemáticas, yo..................
....

13. A mí me gustaba la clase de matemáticas hasta que...............
....

14. Mi experiencia más positiva con las matemáticas se da cuando
....

15. Mi experiencia más negativa con las matemáticas se da cuando
....

16. Yo siento que me «come la cabeza» las matemáticas cuando
....

17. Cuando escucho la palabra «matemáticas», yo......................

18. Cuando escucho decir que las matemáticas son de «abuty»,yo....
....

19. Cuando aprendo las matemáticas, yo me siento....................
....

20. Lo que quisiera decir sobre las matemáticas es ....

Artículos y libros para ampliar los contenidos.

PARA LEER Y REFLEXIONAR

Principalmente los contenidos desarrollados en este módulo son los del capítulo 4 de este libro. Además de éste se propone la lectura de los siguientes artículos y libros:

ALEKSANDROV, A. D., KOLOGOROV, A. N., LAURENTIEV, M. A. y otros (1976) *La matemática: su contenido, métodos y significado.* Madrid: Alianza Universidad.

CAÑON, C. (1993) *La Matemática creación y descubrimiento.* Madrid. Universidad Pontificia de Comilllas.

CAÑON, C. (1995) Modas y creencias en epistemología matemática. Su relevancia para la didáctica. *Actas de las7ª JAEN, Jornadas para el aprendizaje y la enseñanza de la matemáticas.* Madrid. p. 27-31.

CAÑON, C. (2000) ¿Qué es la matemática? En Carrillo, J. y Contreras, L.C. (Eds.) *Matemática española en los albores del siglo XXI.* Huelva: Hergué.

CARRILLO, J. (1998) *Modos de resolver problemas y concepciones sobre la matemática y su enseñanza: metodología de la investigación y relaciones.* Huelva: Universidad de Huelva Publicaciones.

CHEVERGHESE JOSEPH G. (1996) *La cresta del pavo real. Las matemáticas y sus raíces no europeas.* Piramide: Madrid.

DAVIS, P. J. y HERSH, R. (1988) *Experiencia Matemática.* Ed. Labor-MEC.

GOMEZ-CHACON, I. M. (1998) *Matemáticas y contexto. Enfoques y estrategias para el aula.* Apuntes IEPS, 64. Narcea: Madrid.

GOMEZ-CHACON, I. Mª (1999) Toma de conciencia de la actividad emocional en el aprendizaje de la matemática. Una perspectiva para el tratamiento de la diversidad, *Revista de Didáctica de las matemáticas, UNO,* 21, 29-46.

GUZMAN, M. (1993) *El pensamiento matemático, eje de nuestra cultura.* Discurso Inagural 1993-1994 de la Real Academia de Ciencias Exactas, Físicas y Naturales.

GUZMAN, M. (1995) Impactos de la Matemática sobre la Cultura, En: *La Ciencia ante el siglo XXI.* Ciclo de de conferencias de la Real Academia de Ciencias Exactas, Físicas y Naturales. Madrid: Fundación Ramón Areces. 21-54.

KOEHLER, M. S. y PRIOR, M. (1993) Classroom interactions: The heartbeat of the teaching-learning process. En D. T. Owens (Ed.) *Reseach ideas for the classroom: Middle grades mathematics.* New York: Macmillan. p. 280-298.

LAKATOS, I. (1981) *Matemáticas, ciencia y epistemología.* Madrid: Alianza Editorial.

LAKATOS, I. (1982) *Pruebas y refutaciones.* Madrid: Alianza Editorial

POLYA, G. (1966) *Matemáticas y razonamiento plausible.* Madrid: Ed. Tecnos.

IMPLICACIONES PARA EL AULA

5 ó 10 minutos al final de la sesión.

Se recomienda que los interrogantes surjan de los participantes. En caso contrario algunas de las posibles cuestiones para plantear son las siguientes:

Grupo de currículo

Hay algunas preguntas que hoy no podemos ahorrarnos y que son relevantes para el quehacer didáctico en aula. Son las preguntas acerca de nuestras creencias por el rigor, por el carácter de las demostraciones, de las definiciones, por el papel que otorgamos a la utilidad y a la armonía como factores de validación de un resultado. ¿Cómo estas cuestiones están condicionando el contenido curricular que impartimos?

Grupo de evaluación

Los participantes deben permanecer en el mismo grupo elegido durante todo el curso.

¿Qué valoración puedes hacer de los instrumentos presentados en este módulo de cara al diagnóstico de creencias de tus alumnos?

Grupo de metodología

Hay algunas preguntas que hoy no podemos ahorrarnos y que son relevantes para el quehacer didáctico en aula. Son las preguntas acerca de nuestras creencias por el rigor, por el carácter de las demostraciones, de las definiciones, por el papel que otorgamos a la utilidad y a la armonía como factores de validación de un resultado. ¿Cómo estas cuestiones están condicionando el modo de hacer, el modo concreto de enseñar?

Grupo de desarrollo profesional

Carrillo (1998) en su estudio de casos ha puesto de manifiesto una asociación entre el modelo instrumentalista de la matemática y un control deficiente en la resolución de problemas en los profesores. ¿Podrías aportar elementos configuradores de estrategias de formación encaminadas a propiciar un cambio estable en las concepciones de los profesores?

ANEXO MÓDULO 2: CAMBIOS EPISTEMOLÓGICOS EN MATEMÁTICAS

MARCO TEÓRICO[1]

El marco teórico desde donde analizar los cambios epistemológicos de los curricula de Matemática se centrará en las concepciones de la Matemática y del proceso de enseñanza/aprendizaje que giran en torno a tres elementos: la Matemática, el alumno y el contexto en que este accede al conocimiento.

EPISTEMOLOGÍAS	VISIÓN DE LA MATEMÁTICA	VISIÓN DE LA ENSEÑANZA/ APRENDIZAJE
OBJETIVISTAS Presentan una visión estática de la Matemática como un conjunto de verdades eternas y universales que pueden ser descubiertas.	La Matemática como descubrimiento. Epistemologías realistas. Expresiones: «lo encontré», «estoy buscando». Matrices teóricas: La pitagórica y la platónica. Matemáticos: Frege, Gödel. El mundo de las matemáticas existe con independencia de los sujetos que puedan acceder a él, regido por leyes propias que será preciso descubrir para adueñarse de sus secretos. El quehacer matemático se plantea aquí cómo es posible la búsqueda de proposiciones necesaria, que ningún dato de experiencia puede corregir; y universales, es decir, que cualquier ser racional en cualquier contexto cultural y tiempo histórico podría asentir y reconocer su verdad.	• **Visión del aprendizaje:** * Aprender es recordar. – El Menón de Platón. – Sócrates y la mayéutica. Polya en resolución de problemas. * Aprender es adquirir la capacidad de comportarse de una determinada manera: Conductismo. – Skinner, 1970 – Enseñanza programada. – Objetivos operativos • **Visión de la enseñanza:** El profesor como conductor de la actividad de los alumnos.

[1] Esta síntesis ha sido realizada a partir del estudio de Callejo y Cañón (1996): «Cambios epistemológicos en Educación Primaria en España desde 1970». En J. Giménez, S. Llinares y V. Sanchez (Eds): *El proceso de llegar a ser un profesor de primaria. Cuestiones desde la educación matemática.* Granada, Comares.

CENTRADAS EN EL SUJETO Presentan las ideas matemáticas en relación con la razón y colocan a los sujetos en el centro de la actividad mental de construcción del conocimiento.	La matemática como creación de la razón. *Epistemologías racionalistas.* Leibniz. El carácter innato de las ideas matemáticas, la consideración del método axiomático como el garante absoluto de la certeza de las proposiciones obtenidas mediante él. *Epistemologías formalistas.* Bourbaki. Hilbert. La importancia de la noción de estructura. Se consideran tres tipos de estructuras: algebraica, topológicas y de orden. La importancia del método axiomatico-deductivo. La precisión del lenguaje. Los axiomas son las fórmulas que cimentan el edificio matemático. Una demostración consiste en una sucesión infinita de fórmulas, que bien son axiomas o bien teoremas. Una fórmula es demostrable si se puede construir una demostración de la que ella es el último paso. *Epistemologías intuicionistas* *Kant.* Los objetos matemáticos son creaciones libres de la mente. El quehacer se plantea como un proceso constructivo, lo importante no es tanto decir o demostrar que algo existe, cuanto construir, dar un procedimiento, un algoritmo, que permita construir aquello cuya existencia se afirma. Importancia del proceso. El carácter no empírico del conocimiento matemático.	**Visión del aprendizaje:** * Aprender es procesar información. Cognitivismo –Ausubel (1976) –Piaget (1976) –Aprendizaje significativos –Modelos de psicología del procesamiento de la información • **Visión de la enseñanza:** El centro del proceso de enseñanza/aprendizaje se pone en el alumno. El profesor sabe que los conceptos matemáticos son difíciles de captar en su totalidad y que el proceso de resolución de problemas es creativo y perceptible, que exige método y necesita de un lenguaje para expresarse. El profesor como facilitador. Se tiene en cuenta los errores.

CENTRADAS EN LA CONSTRUCCIÓN SOCIAL DEL CONOCIMIENTO Presentan el quehacer matemático como falible y con unas raíces y orígenes no muy distintos de los del quehacer científico de la Naturaleza.	*Epistemologías falibilistas.* Lakatos (1982) Historia de la matemática. El avance de la matemática incluye los aspectos socioculturales. *Enfoque heurístico.* La fase creativa en matemáticas no está regida por los análisis lógicos, sino por una indagación que ha de arriesgar nuevas visiones, relacionar conceptos o propiedades y crear nuevos. Énfasis en la transmisión de los procesos de pensamiento. *Epistemologías empiricistas.* Locke. Hume. Mill. La matemática se presenta como una resultante idealizada de procesos de abstracción con base empírica. La introducción de la historia. Trabajar en matemáticas es como trabajar en cualquier otra ciencia. Es proporcionar las habilidades mentales necesarias para trabajar en ella. La fase demostrativa es como mucho un complemento de aprendizaje.	• **Visión del aprendizaje:** Construcción social del conocimiento matemático. Privilegian el medio social como parte integrante del proceso de cambio cognitivo. Vigotski. Comunicación e interacciones en el aula • **Visión de la enseñanza:** Profesor como mediador

MÓDULO 3: ORIGEN Y FORMACIÓN DE CREENCIAS Y ACTITUDES SOBRE LAS MATEMÁTICAS Y LA ACTIVIDAD MATEMÁTICA

Presentación del módulo.

(Ver capítulos 1 y 2)

PRESENTACIÓN

En estas últimas décadas se han realizado diferentes estudios sobre la imagen y las actitudes hacia la matemáticas y los sentimientos que esta disciplina genera en ellos. Las actitudes negativas tienen diversos orígenes, se destacan como de mayor importancia:

1. Las percepciones generales y actitudes hacia las matemáticas que se transmiten a los niños.
2. El modo de presentación de esta materia en el aula.
3. Las actitudes de los profesores de matemáticas hacia los alumnos.
4. La naturaleza del pensamiento matemático.
5. El lenguaje de las Matemáticas

(Ver capítulo 4)

De otra parte se ha señalado también que hay dos tipos de creencias que influyen más en los estudiantes y profesores:

- creencias acerca de la matemática, y
- creencias acerca de sí mismo.

Para abordar este tema del origen y formación de creencias y actitudes sobre las matemáticas y la actividad matemática lo situamos en relación a tres bloques:

- cambios epistemológicos en matemáticas
- prácticas escolares
- imagen de la matemática en la sociedad.

En el módulo 2 hemos abordado los cambios epistemológicos en matemáticas. En el presente módulo desarrollaremos la imagen de la matemática en la sociedad, quedando el bloque segundo pendiente de explicitación más adelante.

Duración de la actividad: 10 minutos.

Imagen de la matemática en la sociedad.

ACTIVIDAD DE INTRODUCCIÓN

Se ponen las siguientes transparencias. En una de ellas se recoge un anuncio de Panasonic sobre telefonía móvil y en la otra un chiste del periódico ABC del 26-11-99. Y se pregunta a los participantes:

Panasonic.
Porque la vida ya es bastante complicada.
Cada día nos encontramos con cosas que nos confunden. Usar un teléfono móvil no debería ser una de ellas. Esta es la razón por la cual los teléfonos móviles de Panasonic han sido diseñados para que sean fáciles de usar.
Amplias pantallas y de fácil lectura. Fácil acceso a multitud de avanzadas prestaciones. Alerta vibración. Añada a esto la fiabilidad legendaria de Panasonic, la calidad y el estilo y la elección no podría ser más sencilla.
Panasonic GSM, porque los teléfonos móviles están pensados para hablar, no para hacer la vida más complicada.
Panasonic
Telefonía móvil

–A MÍ LO QUE ME MOLESTA DE LAS MATEMÁTICAS ES QUE SEAN TAN DOGMÁTICAS.

- ¿Qué mensajes sociales se transmiten acerca de las matemáticas?
- Indica un estereotipo que aparezca sobre las matemáticas y los matemáticos.

ACTIVIDADES DE DESARROLLO

El objetivo de estas actividades es tomar conciencia de la imagen de la matemática y su influencia en el aprendizaje.

Se constituyen grupos de 4 ó 5 personas. Cada grupo elige una de las actividades siguientes, todos ellas plantean una cuestión fundamental: la imagen de la matemática y su influencia en el aprendizaje. Se trabajará la actividad durante 10 ó 15 minutos, y uno de los componentes será el portavoz de las ideas del grupo.

Actividad 1: Imagen de la matemática de los estudiantes

La *Actividad 1* tiene por objetivo visibilizar algunas de las características de la visión de los estudiantes hacia la matemáticas y contrastarla con la teoría desarrollada por Mandler.

Entre los rasgos característicos sobre la visión que los alumnos tienen de las matemáticas encontramos que son: fijas, inmutables, desconectadas de la realidad, misterio asequible a pocos, colección de reglas y de cosas que hay que recordar; materia en que los puntos de vista y las opiniones no tienen nigún valor; materia llena de «x» y de «y» y de fórmulas incomprensibles.

- ¿Coincides con esta afirmación? Argumenta tu respuesta teniendo en cuenta la teoría de Mandler desarrollada en el capítulo 2 de este libro.
- La afirmación expresada anteriormente es verdad para describir la visión de:
  - los estudiantes que tú conoces
  - ti mismo.
- La afirmación expresada correspondería más a la descripción de:
  - estudiantes de primaria
  - estudiantes de secundaria.

Actividad 2: Imagen de la matemática en la sociedad

La *Actividad 2* presenta algunas observaciones sobre la imagen de la matemática en la sociedad.

1. En nuestra sociedad a la matemática se le mira con gran respeto.
2. Sólo es necesario aprender aritmética para desenvolverte bien como ciudadano.

3. La sociedad no reconoce que la matemática sea esencial en muchos aspectos de la vida económica e industrial.
4. La matemática es una materia árida basada en el razonamiento, desprovista de toda fantasía.
5. La matemática es una actividad de razonamiento perfecto, y por tanto, sinónima de verdad y seguridad.
6. Las matemáticas son una de las claves para entender la realidad física.
7. La matemática se percibe de forma negativa en nuestra sociedad.

Analiza los siguientes artículos de prensa (Anexo módulo 3, pág. 197), teniendo como objetivo determinar la imagen de las matemáticas en la sociedad.

Cuestiones a trabajar:

1. Sobre la naturaleza del quehacer matemático. ¿Cómo se concibe la matemática?
   ¿Cuál es su función en la sociedad? ¿Se determina alguna más apropiada?
2. ¿Qué mensajes sociales se transmiten: acerca de la naturaleza de la matemática, acerca de la sociedad, acerca de los/as estudiantes como personas que integran la sociedad?
3. Señalar tres estereotipos que aparezcan sobre las matemáticas y los matemáticos.

Actividad 3: La imagen de la matemática entre los matemáticos

El objetivo de esta *Actividad 3* es formarse una idea propia bien fundamentada sobre el sentido y el alcance de la actividad a la que cada uno de nosotros está dedicado. Adentrándonos en un terreno interpretativo al responder a la cuestión: ¿qué decimos que es esa realidad a la que hemos llamado matemática?
Consideramos que para el profesor esto es útil a fin de no quedar atrapado por los muchos prejuicios alrededor de la matemática que nos pueden impedir contemplar el lugar que esta actividad ocupa en el

Tomamos una serie de textos de diferentes matemáticos acerca del quehacer matemático. Se trata de:

- Detectar y señalar qué imagen comunican.
- Analizar la dualidades que aparencen entre unos textos y otros.
- Ver cómo se manejan hoy las dualidades detectadas (aplicable versus teórica, intuitiva versus rigor y formalización, etc) en la enseñanza de las matemáticas y en la discusión sobre las dificultades de aprendizaje de esta disciplina.

> «La matemática es la ciencia de la formación de conclusiones necesarias» (Peicer).

desarrollo de una cultura más plenamente humana.

Algunas dualidades que pretende mostrar los textos seleccionados son las siguientes:

- La aproximación permanente del quehacer matemático hacia la realidad. Realismo frente a formalismo.
- El racionalismo ha sido uno de los principios rectores del desarrollo matemático.
- El acento puesto en los aspectos deductivos. Procesos inductivos frente a procesos axiomáticos-deductivos.
- La naturaleza artística de la matemáticas.

«En mi opinión la matemática surge de esta interacción continua entre la mente y la realidad. La realidad posee su estructura, por supuesto. La realidad es como una filigrana de estructura extraordinariamente fina que actúa como un estímulo necesario para que, en la interacción mente-realidad, surja el edificio conceptual de la matemática. La mente se acerca a ella y se adapta a esa realidad, en un intento que parece suficiente para los problemas simples con los que se ocupa al comienzo, mediante los que esquemas que crea. Tales esquemas no tienen por qué coincidir enteramente con los de la realidad. Son aproximaciones a ella, pero nunca acabarán por abarcara toda» (Guzmán).

«En su aspecto más amplio las matemáticas son un espíritu, el espíritu de la racionalidad. Este espíritu desafía, estimula, vigoriza y dirige las mentes humanas para que den el máximo de sí. Este pretende influir decisivamente en la vida física, moral y social del hombre, pretende responder a los problemas planteados por nuestra existencia misma, se esfuerza por comprender y controlar la naturaleza y hace un gran esfuerzo para explorar y establecer las implicaciones más profundas y extremas del conocimiento ya obtenido» (Kline).

«La matemática participa de muchos de los aspectos de juego, pero no es solamente juego, sino también una ciencia, un arte intelectual creador de una belleza peculiar, ***uno de los ejes fundamentales de la cultura,*** con un lugar muy central en ella y una responsabilidad muy especial en su correcto desarrollo» (Guzmán).

«...la concepción platónica es la única sostenible. Con ello me refiero a la concepción de que la matemática describe una realidad no sensible, que existe independientemente tanto de los actos como de las disposiciones de la mente humana, y que sólo es percibida por ella, aunque probablemente de forma incompleta. Esta concepción es más bien impopular entre los matemáticos, aunque algunos de los grandes la han adoptado, por ejemplo Hermite, que escribió una vez lo siguiente: 'Existe, si no me equivoco, todo un mundo que es el conjunto de las verdades matemáticas, al que no tenemos acceso más que por la inteligencia, al igual que existe el mundo de las realidades físicas; ambos son independientes de nosotros y de creación divina'» (Gibbs).

«Más allá de la belleza sensible, coloreada y sonora, debida al centelleo de las apariencias, única que el bárbaro conoce, la ciencia nos revela una belleza, una belleza superior, una belleza inteligible, únicamene accesible, diría Platón, 'a los ojos del alma', debida al orden armonioso de las partes, a la correspondencia de las relaciones entre ellas, a la euritmia de las proporciones, a las formas y a los números. El trabajo del científico que descubre las analogías entre dos organismos, las semejanzas entre dos grupos de fenómenos cualitativamente diferentes, el isomorfismo de dos teorías matemáticas es semejante al del artista» (Poincaré).

«Las formas que mejor expresan la belleza son el orden, la simetría, la precisión. Y las ciencias matemáticas son las que se ocupan de ellas especialmente» (Aristóteles).

Duración de la actividad: 30 minutos.

Esta actividad tiene como objetivo tomar conciencia de qué expectativas tienen los diferentes grupos de la comunidad educativa donde el participante trabaja hacia el aprendizaje de la matemática y cómo afecta a la configuración de las actitudes.

REFLEXIÓN

Guión de trabajo: Configuración de actitudes en educación matemática

Algunos de los factores que inciden en la formación de actitudes hacia las matemáticas son:

- Las finalidades de la enseñanza de matemáticas desde las diferentes perspectivas del papel de la matemática en el currículo escolar, los padres, alumnos, investigadores matemáticos, profesorado, empresarios...
- Expectativas hacia la escuela y la escolarización.
- Percepciones generales y actitudes hacia las matemáticas que son transmitidas a los/as alumnos/as.
- Impacto de los valores sociales, culturales y políticos en el currículum de matemáticas.

Desde tu contexto algunas cuestiones:

1. En tu centro, en el ámbito donde trabajas, ¿qué creencias hay en torno a la escuela y a la escolarización?
   ¿Y en torno al área de matemáticas?

2. El profesor de matemáticas tiene competencias específicas no compartidas con otros, lo mismo se puede decir de los padres y del alumnado. ¿Depende este análisis de la edad del alumnado, de los niveles de habilidad, de la educación de los padres? Discusión y razones.

3. Debate sobre las formas y los métodos de comunicación con los padres y alumnos acerca de la enseñanza de la matemática que se utilizan en tu centro.
   ¿Qué contribución pueden hacer los padres?

4. Coordinación Educación-Matemática y Sociedad.
   ¿Cómo mejorar el currículum de matemáticas, en relación a esta coordinación?

5. En una comunicación presentada en el ICME 5 (1984), E.B.C. Thornton, sugiere que los profesores tienen que aprender a hablar tres «lenguajes»; el de la clase, el de los educadores y el de los administradores. Discutir sobre la validez de esta sugerencia, en particular en lo diferentes que son estos lenguajes (cuáles son las diferencias en estos lenguajes).

6. ¿Qué expectativas tienen los diferentes grupos de la comunidad educativa donde trabajas hacia el aprendizaje de la matemática?

LA TEORÍA EN LA PRÁCTICA

Cada participante debería llevar a la práctica esta propuesta.

¿Cómo y por qué se forman en la escuela una cierta imagen de las matemáticas?

En esta sección planteamos a los participantes algunas actividades que pueden llevar al aula o al centro de trabajo después de esta sesión. Deben elegir una de ellas. El objetivo es favorecer la articulación entre la teória y la práctica, recoger y analizar los datos procedentes de la realidad de clase.

Actividad 1: Las matemáticas y los matemáticos para el no matemático. Imágenes y estereotipos

Es recomendable que cada participante elabore un informe escrito de la actividad que ha realizado para compartir en la sesión siguiente.

Se analizarán algunos factores en la formación de actitudes hacia las matemáticas, teniendo como punto de partida la lectura y análisis de artículos de prensa, novelas, cine, datos de los estudiantes.

Las *Actividades 1 y 3* son para proponer y realizar con los alumnos.

La *Actividad 2* conviene realizarla con los compañeros en el seminario de matemáticas de la institución educativa.

Actividad 1: El objetivo es trabajar la imagen social de la matemática desde la óptica de los no matemáticos. Por ello hemos elegido la literatura, el cine y los periodicos.

La matemática es una disciplina que goza de una propiedad peculiar: puede ser muy querida u odiada, entendida o no entendida, pero todo el mundo tiene alguna imagen mental de ella. Es una de las bases fundamentales de la formación escolar de un individuo y constituye uno de los principales elementos educativos unificadores a través de las diferentes culturas: tiene su propia cualidad intrínseca debido al hecho de que, a diferencia de otras materias escolares, como la literatura, la historia, etc., presenta algunas características que son más o menos independientes del contexto cultural y de los factores territoriales.
Se trata de analizar las referencias a los estudios de matemáticas que realizan o realizaron los personajes en novelas o en obras autobiográficas, en las que se tiene en cuenta la experiencia escolar de los autores o en los guiones de cine.

Literatura

Selecciona 5 pasajes literarios que ilustren algunos de los estereotipos reseñados en este módulo.
Por ejemplo, en la novela *El nombre de la rosa* de Umberto Eco aparece el siguiente pasaje, en el que se presenta la matemática como una actividad de razonamiento perfecto,y por tanto, como sinónima de verdad y seguridad:

> «Únicamente en las ciencias matemáticas, como decía Averroes, se nos dan a conocer las cosas, y las que son conocidas de una manera absoluta son identificadas. Los conocimientos matemáticos constan de proposiciones construidas por nuestros intelectos de modo que operen siempre como verdaderas, ya porque sean innatas, o porque las matemáticas fueran inventadas antes de las otras

ciencias. Y la biblioteca (en la que los hechos tienen lugar) fue diseñada por una mente humana que pensaba de modo matemático ya que sin las matemáticas no se puede construir un laberinto».

O en la autobiografía de Gandhi se expresa:

«La geometría era una materia nueva que no era mi fuerte, y mi medio inglés me lo hacía aún más difícil. Pero, cuando con mucho esfuerzo llegué a la proposición 13 de Euclides, la completa simplicidad de la materia se me reveló repentinamente. Una materia que sólo requería el uso puro y simple del poder de razonamiento de uno no podía ser difícil. Desde entonces, la geometría ha sido siempre fácil e interesante para mí. Pero el sanscrito fue una tarea dura. En la geometría no había que memorizar nada».

El cine

La característica de la matemática como un elemento unificador a través de las distintas culturas ha sido utilizado por el cine. El cine, suele hacer uso de mecanismos de transmisión diferentes de la escritura de una novela o la narración oral. Las matemáticas se han utilizado como pistas narrativas claras y rápidas mediante la iconografía proporcionada por sus símbolos, jugando un rol fundamental en forma de comunicación.

Por ejemplo:

El estereotipo de la matemática como extrañeza y abstracción de la vida y, metafóricamente como pureza. En *Doctor Zhivago* (David Lean, 1965) en donde la protagonista, una adolescente e inocente estudiante, va a ser seducida; el director, para dar una idea del desconocimiento de Lara de lo que le va a pasar, se acerca al libro que ella está estudiando: es un libro de geometría euclidiana. La geometría interviene como un paradigma de perfección y abstracción.

En *Días de radio* de Woody Allen (1987), para hacernos saber lo desagradable que es un compañero de clase, le hace recitar fórmulas matemáticas durante una reunión informal en el parque del recreo. Es una referencia negativa que nos lleva a pensar sobre malas relaciones de las escuelas con las matemáticas.

Analiza otras películas y series televisivas actuales y comenta qué imagen de la matemática y los matemáticos transmiten.

El periódico

Los periódicos suelen ser uno de los principales medios de circulación del discurso público. Durante un mes realiza el seguimiento de tres de los periódicos más significativos del país y analiza los aspectos matemáticos del material que suele aparecer en los periódicos. Además de agudizar el sentido del análisis, el contexto y la presentación, hay otro aspecto, relativamente subestimado, que también contribuiría a que los periódicos cumpliesen el mencionado cometido: reflejar de manera comprensible la creciente complejidad matemática de las muchas facetas cuantitativas, probabilistas y dinámicas de nuestra sociedad.

Ver el libro de Paulos (1997)

¿Se habla sobre matemáticas? ¿En qué tipo de textos aparecen? ¿Qué imagen transmiten?

Hacer hincapié en el conocimiento cualitativo, en lo que es pertinente para la vida cotidiana, en puntos de vista no convencionales. Por ejemplo con cuestiones como: ¿Qué aspectos desconocidos nos descubren las matemáticas en las noticias y en la cultura popular? ¿De qué modo oscurecen la realidad y nos asustan? ¿En qué números, relaciones y asociaciones hay que confiar, cuáles hay que destacar por casuales o absurdos, cuáles hay que seguir analizando, complementando o interpretando en sentido alternativo?

Actividad 2: Expectativas sociales y configuración de actitudes hacia la matemática

Actividad 2: El objetivo es tomar conciencia de elementos que configuran las actitudes hacia la matemática. De manera más específica; como la situación actual de expectativas en la escuela y hacia la escolaridad influye. Se pone énfasis en detectar:

- Qué expectativas tienen los diferentes grupos sociales sobre la enseñanza de las matemáticas (padres, educadores, empresarios administradores, etc ...) y qué repercusiones tienen en el profesorado.

Las expectativas sociales son diferentes en los distintos paises. Considerando nuestro contexto local y nacional, tratar de dar respuesta a las siguientes cuestiones:

1. ¿Qué finalidades tiene la educación matemática en nuestro país? ¿Cómo son sopesadas y representadas en el currículo escolar?
2. ¿Qué contribución puede hacer la matemática a la educación en general?
3. Discusión sobre las expectativas de los padres, alumnos, empresarios, sobre la matemática escolar. (Justificar con una investigación si es posible).
4. Investigar cómo las oportunidades educativas han crecido en nuestro país y si corresponden a un cambio en las expectativas.

– Qué valor atribuye la sociedad española a las matemáticas.

5. Considerar un movimiento matemático, «matemática moderna», o «matemáticas para todos» o el Informe Cockcroft, investigar en su génesis y su relación con el problema de las «expectativas».
6. ¿Qué nivel de logro es razonable esperar de los estudiantes? ¿En qué medida se puede justificar con un marco de investigación?
7. Con respecto a las expectativas, ¿la matemática ocupa un lugar en relación al currículo escolar? Contrastar los problemas de la enseñanza de la matemática con otras asignaturas, física, lenguaje, arte.
8. ¿En qué manera, o de qué forma el grupo de semejantes mantiene las mismas expectativas?
9. Considerar el tema de Coeducación y Matemática.
10. En la sociedad inglesa el valor atribuido a las matemáticas es más por su utilidad que por su contribución a la educación general, mientras que en Alemania al elemento formativo se le da más peso. Considerar qué énfasis se les da a estos aspectos en la educación matemática en nuestro país.
11. ¿Qué imagen crees que tienen de ti tus alumnos y alumnas? ¿Qué mensajes implícitos, ocultos, subliminales, crees que transmites mediante tu actitud y tus gestos, miradas, atenciones, conversaciones, ...?

Actividad 3: Palabras secretas

Actividad 3: El objetivo es comparar la imagen que reflejan los estudiantes de la matemática con la imagen social de la misma.

1. Si estuvieras jugando al juego de las «palabras secretas» y quisieras que alguien adivinara la palabra MATEMATICAS ¿qué palabras claves le dirías?

....

2. Si tu amigo y tú dais diferentes respuestas a un mismo problema ¿qué harías?

....

3. Si te dieran a elegir, cuando resuelves un problema ¿tú elegirías a) un método para trabajar todo el tiempo o b) muchos métodos para trabajar todo el tiempo?

....

4. ¿Es posible dar una respuesta correcta a un problema y sin embargo no haber comprendido el problema? Explica tu respuesta.

....

5. ¿Cómo sabes cuándo has resuelto correctamente un problema de matemáticas?

....

6. ¿Qué partes de las matemáticas te gustan más? ¿Por qué?

....

7. Describe a alguien de tu clase o de tu colegio que pienses que es un talento en matemáticas.

....

8. Piensa en algún personaje de televisión que fuera un talento en matemáticas.

....

9. Cierra los ojos y trata de imaginarte a un matemático trabajando. ¿Dónde está el matemático trabajando? ¿Qué objeto e instrumentos está utilizando? Abre los ojos y dibuja lo que has imaginado.

....

10. ¿Qué negocios en la ciudad de Madrid pueden emplear a matemáticos? ¿Qué puede hacer un matemático?

....

PARA LEER Y REFLEXIONAR

Artículos y libros para ampliar los contenidos.

Los contenidos son los desarrollados en el capítulo 4 de este libro. Además de este se le propone la lectura de los siguientes artículos y libros:

APERY, R. y otros (1984) *Pensar la matemática.* Barcelona: Tusquets Editores.

BISHOP, A. (1999) *Enculturación matemática. La educación matemática desde una perspectiva cultural.* Barcelona: Paidós.

BROWN, L. (1992) The influence of teachers on children´s image of mathematics, *For the Learning of Mathematics* 12(2), 29-33.

CAÑON, C. (1997) La matemática también tiene modas, *Revista de Didáctica de las Matemáticas UNO,* 12, 83-92.

CAÑON, C. (2000) ¿Qué es la matemática? Carrillo, J. y Contreras, L.C. (eds.) *Matemática española en los albores del siglo XXI.* Huelva: Hergué.

DAVIS, P. J. y HERSH, R. (1988) *Experiencia Matemática.* Madrid: Labor-MEC.

ENZENSBERGER, H. M. (1997) *El diablo de los números.* Madrid: Siruela.

ERNEST, P. (2000) Los valores y la imagen de las matemáticas: una perspectiva filosófica, *Revista de Didáctica de las Matemáticas UNO,* 23, 9-28.

FRABETTI, C. (1998) *El gran juego.* Madrid: Alfaguara.

FURINGHETTI, F. (1993) Images of mathematics outside the community of mathematicians: evidence and explanations, *For the Learning of Mathematics* 13 (2), 33-38.

GUZMAN, M. (1993) *El pensamiento matemático, eje de nuestra cultura.* Discurso Inagural 1993-1994 de la Real Academia de Ciencias Exactas, Físicas y Naturales.

GUEDJ, D. (2000) *El Teorema del Loro.* Barcelona: Anagrama.

GUZMAN, M. (1995) Impactos de la Matemática sobre la Cultura, En: *La Ciencia ante el siglo XXI.* Ciclo de de conferencias de la Real Academia de Ciencias Exactas, Físicas y Naturales. Madrid: Fundación Ramón Areces. 21-54.

HALMOS, P. R. (1991) ¿Qué es un matemático? *Epsilón*, 20, 33-40.

JOURDAIN, P. E. (1968) La naturaleza de la matemática. En R. Newman, *El mundo de las matemáticas.* Barcelona: Grijalbo. p. 343-408.

MURA, R. (1993) Images of mathematics held by university teachers of mathematical sciences, *Educational studies in mathematics*, 25, 375-385.

PAULOS, J. A. (1997) *Un matemático lee el periódico.* Barcelona: Tusquest.

WHITEHEAD, A. N. (1968) La matemática como elemento en la historia del pensamiento. En R. Newman, *El mundo de las matemáticas.* Barcelona: Grijalbo. p. 325-342.

IMPLICACIONES PARA EL AULA

5 ó 10 minutos al final de la sesión.

Se tratará de que las cuestiones sean formuladas por los profesores. En caso de que éstas sean escasas se puede volver sobre algunas de las preguntas planteadas a lo largo del módulo.

Anexo Módulo 3: Artículos de prensa

En la hemeroteca puedes localizar los siguientes artículos:

EL PAÍS, miércoles 4 de marzo de 1998 — Sociedad / 29

FUTURO
¿Son las matemáticas una invención?

George Johson. Nueva York

Destacados científicos en activo piden una reflexión racional sobre el origen de los números.

"... Pero, ¿de dónde salieron las matemáticas? ¿Cuáles son los orígenes de los números y de las relaciones a las que obedecen?
Los seguidores del matemático griego Pitágoras decían que los números eran los elementos básicos del universo. Desde entonces, los científicos han abrazado una especie de creacionismo matemático: Dios es un gran matemático que exclamó: »¡Que se hagan los números!», antes de decir, «¡que se haga la luz!».
... las matemáticas son más bien una creación humana, como la literatura, la religión o la banca...»
... una aptitud innata activada para las matemáticas...»

EL PAÍS, 15 de mayo de 1989 — Sociedad / 30

Muchos profesores transmiten a los niños su propio odio a las matemáticas, según Peter Hilton

«El problema viene de la escuela elemental, donde los niños tienen que aprender una aritmética realmente terrible: cuanto más listos más se aburren... Les queremos enseñar a ser máquinas de cálculo listas y precisas, cuando ya tenemos este tipo de máquinas. Las matemáticas son otra cosa es aprender a pensar cuantitativamente. Por eso no me extraña que los niños tengan ansiedad frente a esas matemáticas: es una reacción perfectamente sana...¡Me sorprendería que les gustasen!
...es totalmente la contraria de lo que uno se espera de un sesudo matemático dedicado a la investigación pura. Las matemáticas son una actividad muy emotiva, que no se puede mirar con frialdad... Un matemático es una persona que busca modelos de pensamiento cuantitativo, relaciones ocultas, conexiones inesperadas, ya sean lógicas o sólo estéticas..., pero no tiene nada que ver con una calculadora... Trabajamos en la investigación matemática porque nos gusta, no porque sea útil... La enseñanza de las matemáticas produce a los alumnos, desde pequeños, un aburrimiento generalizado.»

MÓDULO 4: IMAGEN DE LA MATEMÁTICA EN LA ESCUELA

PRESENTACIÓN

Presentación del módulo.

Uno de los orígenes y formación de creencias y actitudes sobre las matemáticas y la actividad matemática lo situamos en las prácticas escolares, en el modo de presentación de esta materia en el aula.

ACTIVIDAD DE INTRODUCCIÓN

Una de las imagenes de la escuela es que «cuando un profesor plantea un problema a sus alumnos, el problema está bien planteado y, en principio, el alumno dispone de los elementos necesarios para resolverlo. Por esta razón el alumno no debe «opinar» ni «criticar» los enunciados del profesor si no quiere romper su confianza en él como guía y orientador del proceso de aprendizaje».

La formulación de este problema didáctico parte de un hecho que se repite en todos los niveles educativos: los alumnos tienden a delegar al profesor la responsabilidad de la validez de sus respuestas, como si no les importara el que éstas sean verdaderas o falsas; como si el único objetivo de su actuación fuera contestar a las preguntas del profesor y en nada les comprometiera la coherencia o validez de su respuesta.

Una de las dificultades en la escuela es la de hallar o construir una situación en la que el alumno actúe, además de como alumno, como un verdadero matemático, responsabilizándose de las respuestas que da a las cuestiones que se le plantean.

La edad del capitán

Alrededor de los años ochenta, un grupo de investigadores franceses en didáctica de las matemáticas planteó el siguiente problema a varias clases de estudiantes de 7 a 10 años:

En un barco hay 7 cabras y 5 ovejas, ¿Qué edad tiene el capitán?

La mayoría de los alumnos daban sin titubear una respuesta del tipo: «7 x 5 = 35. El capitán tiene 35 años». (Prueba el experimento con algún niño de esa edad, verás que no falla....)

¿Qué pasa? ¿Por qué la mayoría de alumnos responden sin inmutarse a una pregunta absurda? ¿Será que en la escuela se convierten en puros autómatas que sólo sirven para contestar al profesor? ¿Será que sus profesores no les han ayudado a desarrollar el «sentido crítico»? ¿De qué es indicador este hecho?

(Cfr. Equipo «Elemental» del IREM de Grenoble. Boletín de l'APMEP. Nº 323. Abril 1980. pp. 235-243.)

Duración: 15 minutos.

Tipología de actividades para trabajar las actitudes en educación matemática.

ACTIVIDADES DE DESARROLLO

Se constituyen grupos de 4 ó 5 personas. Cada grupo elige una de las actividades siguientes, todos ellas plantean una cuestión fundamental relativa al interés que despiertan y las actitudes que favorecen en los estudiantes. Se trabajará la actividad durante 10 ó 15 minutos, y uno de los componentes será el portavoz de las ideas del grupo.

Actividad 1: Números

Compara el interés de estas tres cuestiones (si es preciso resuélvela antes)

a) Demuestra que 128*23 = 128*20 + 128*3. ¿Por qué?

b) Observa lo que le pasa a este número de 3 cifras si lo multiplicas por 7, 11 y 13:

428 —*7→ 2996 —*11→ 32956 —*13→ 428428

¿Le pasa lo mismo a otro número cualquiera de 4 cifras? ¿Por qué? ¿Y a uno de más de tres cifras?

c) Enuncia la propiedad distributiva.

Actividad 2: Trabajando la probabilidad

Compara el interés de estas tres cuestiones (si es preciso resuélvela antes).

a) Un robot empieza a explorar un laberinto. En cada bifurcación hay la misma probabilidad de elegir un camino u otro (excepto que no se puede retroceder). Al final de cada camino hay una trampa. ¿En cuál de las trampas es más probable que acabe el robot, o son todas las trampas igualmente probables?

b) Lanzamos un dado. Halla la probabilidad de obtener:

1. Un número impar.
2. Un número primo.
3. Un múltiplo de 3.

c) Elige NÚMEROS.

Descripción del material del juego:

Un tablero con once filas marcadas del 2 al 12, de diez columnas cada una, con una columna final marcada como Meta; dos dados normales; diez fichas, cinco de cada color.

2										-
3										-
4										M
5										-
6										E
7										-
8										T
9										-
10										A
11										-
12										-

Reglas del juego

Es un juego para dos jugadores, cada uno de los cuales tiene cinco fichas de un color distinto.

- Empieza un jugador cada vez. Elige uno de los números de 2 a 12 y pone allí una ficha de su color; a continuación elige el otro jugador otro número y coloca allí una de sus fichas. Continúan alternativamente hasta haber elegido cada uno de ellos cinco números; quedará uno de los once números sin elegir.
- Por orden van tirando los dos dados, si la suma de los dos dados coincide con el número elegido por una de sus fichas, avanza un lugar en su fila; si sale el número que no ha escogido ninguno de los dos jugadores elige de entre sus fichas la que quiera y la avanza una casilla.
- Gana el primer jugador que consiga llegar con una cualquiera de sus fichas a la Meta.

REFLEXIÓN

Actividad 1: Modelos de instrucción en la clase de matemáticas

El objetivo de la actividad es analizar cómo los modelos de instrucción y el material didáctico tienen una fuerte influencia en la configuración de actitudes y creencias.

Los recursos didácticos forman, junto al mecanismo de comunicación, el núcleo a través de los cuales se ponen en contacto el agente de enseñanza y los agentes de aprendizaje, son por tanto elementos a los cuales las dos partes intervenientes en la acción didáctica asignan valores y funciones específicas no siempre coincidentes.

Examinar cuatro libros de texto de Secundaria, de diferentes cursos y editoriales.
Analizar los libros de texto desde diversos aspectos (textuales, iconógráficos, metodológicos, epistemológicos, sociales.....), teniendo como objetivo determinar la imagen de las matemáticas a través de la escuela.

Algunas cuestiones a trabajar:

1. ¿Qué mensajes sociales se transmiten: acerca de la naturaleza de la matemática, acerca de la sociedad, acerca de los/as estudiantes como personas que integran la sociedad? Algunos criterios que pueden ayudar al análisis de esta cuestión son

- invisibilidad
- estereotipos
- selectividad/desequilibrio
- irrealismo
- fragmentación/aislamiento
- lenguaje

2. ¿Las actividades que se ofrecen ¿Son variadas o siempre del mismo tipo?

– individuales-	1 2 3 4 5	-grupales
– algorítmicas-	1 2 3 4 5	-reflexivas
– respuesta verbal-gráfica-	1 2 3 4 5	-númerica
– respuesta cerradas-	1 2 3 4 5	-abiertas

3. ¿Se contempla la dimensión de la construcción social del conocimiento matemático?

4. Selecciona algunos problemas y analiza sus enunciados atendiendo a las siguientes variables:

Exhaustividad de datos: /todos/ /algunos/ /ninguno/

Concreción de la situación: /un caso particular/ /varios/ /caso general/

Saturación de datos: /no superfluo/ /superfluo pertinente/ /varios/

Coherencia interna: /no contradicción/ /aparente/ /contradicción/

Precisión: /precisa/ /imprecisión/ /más imprecisión/

Resultado: /único/ /varios o ninguno/ /infinitos/

Qué pide: calcular, determinar, obtener, encontrar un resultado numérico, encontrar varios resultados,.......

5. Con respecto a la dimensión multicultural en la educación ¿cómo se contempla en el libro de texto la educación matemática para chicos cuya cultura familiar no coincida con la del país?

6. Comenta, si procede, algún otro aspecto del texto que te haya llamado la atención.

LA TEORÍA EN LA PRÁCTICA

En esta sección planteamos a los participantes algunas actividades que pueden llevar al aula o al centro de trabajo después de esta sesión. Deben elegir una de ellas. El objetivo es favorecer la articulación entre la teória y la práctica, recoger y analizar los datos procedentes de la realidad de clase. Tendremos especialmente en cuenta las implicaciones de la teoría expuesta en el capítulo 4.

Cada participante debería llevar a la práctica esta propuesta. Es recomendable que cada participante elabore un informe escrito de la actividad que ha realizado para compartir en la sesión siguiente.

Actividad 1: ¿Qué mitos y creencias acerca de la matemática transmite el profesor en el aula?

Hemos seleccionado cuatro de las creencias más señaladas en la investigación (Garofalo, 1989; Schoenfeld, 1985) que se transmiten a los estudiantes, indicando como corolario su repercusión en el aprendizaje. Selecciona uno de los cursos en los que impartas clase y propon a los estudiantes este listado de creencias para ver qué grado de coincidencia tienen. Pídeles que expliciten otras que consideren que los profesores le han transmitido y formulen como corolario la repercusión que tienen para ellos a la hora de ejecutar las matemáticas.

Una cuestión que surge al centrarnos en la matemática escolar es cómo la interacción social influye en el aula en relación al establecimiento de las metas y creencias de los estudiantes. Dar una respuesta adecuada involucraría un análisis de la problemática de aula.

Partimos del supuesto de que el origen de la reorganización de las creencias de los estudiantes acerca de la matemática que ocurre en el aula es social más que matemático. Por ello, sugerimos que una intervención adecuada sobre las creencias limitativas de los estudiantes debe tener en cuenta los aspectos sociales de la instrucción o al menos de interación social en la clase.

Creencia 1: Casi todos los problemas de matemáticas se pueden resolver por la aplicación directa de una fórmula, una regla o un procedimiento que ha explicado el profesor o que está en el libro de texto.

Corolario: El pensamiento matemático consiste en ser capaz de aprender, recordar y aplicar conceptos, reglas, fórmulas y procedimientos.

Las creencias son un factor

esencial en la construcción del significado matemático. En las *Actividades 1 y 2* focalizamos la atención en la influencia de la instrucción como proceso de socialización y contrasocialización en las creencias de los estudiantes.

Creencia 2: Los ejercicios de los libros de texto se resuelven únicamente mediante los metodos presentados en el libro; además, cada ejercicio tiene que resolverse por el método explicitado en la sección en la que aparece el ejercicio.

Corolario: Aprender matemáticas es gastar el tiempo en recordar los métodos que pone el libro de texto, más que intentar razonar los problemas.

Creencia 3: Sólo las matemáticas que entran en el examen son importantes y merecen ser conocidas.

Corolario: Las fórmulas son importantes, pero sus consecuencias u otros problemas derivados de ellas no.

Creencia 4: La matemática es creada por gente prestigiosa, muy inteligente y creativa. Otra gente trata de aprender lo que ellos han puesto en sus manos.

Corolario: La autoridad está en el profesor y en el libro de texto que son los que tienen el conocimiento matemático.

Actividad 2: «Un buen matemático nunca comete errores»

No podemos atender únicamente a las limitaciones conceptuales si no que, en palabras de Schoenfeld, hoy parece necesario «ir más allá de lo puramente cognitivo».

Los «buenos matemáticos» no se definen principalmente por la ausencia de errores (criterio principal de los test estandarizados) sino por la calidad de las ideas.

Queremos destacar la importancia que el análisis de los errores tiene en orden a la elaboración de estrategias didácticas eficaces. Los estudios sobre investigaciones de errores e ideas falsas en los estudiantes de matemáticas, que están de acuerdo con un punto de vista constructivista, ven los errores no solamente como una parte inevitable del aprendizaje, sino como una fuente valiosa de información acerca del proceso de aprendizaje, como una clave que los profesores tienen para descubrir lo que los estudiantes realmente saben y cómo han llegado a construir el conocimiento.

Lo que proponemos con esta actividad es que el profesor invite a los estudiantes a sacar ventaja de los errores como oportunidades importantes de instrucción. Como ejemplo proponemos dos formas:

1. *Seleccionar retazos de la historia de la matemática* en la que se muestra que los matemáticos han sido capaces a menudo de sacar partido de los errores, de manera que vayan más allá de su diagnóstico y remedio. Por ejemplo, a veces un fallo puede conducir a inesperados y revolucionarios resultados, como cuando Sacchiri inconscientemente desarrolló una geometría no euclídea como resultado de su intento fallido de «probar» el postulado de las paralelas. Otro interesante ejemplo lo proporciona el temprano desarrollo

del cálculo. Los errores iniciales en esta área sacudieron la confianza de los matemáticos hasta el punto de producir una revisión de la metodología usada en la disciplina, lo cual no solamente hizo posible «fijar» algunos conceptos y resultados erróneos, sino, más importante, condujo a la reformulación de los fundamentos de la matemática.

2. *Plantear un cuestionario que permita el análisis de los errores que comenten los alumnos*, para descubrir los aprendizajes mal adquiridos, los conceptos no elaborados, los automatismos defectuosos, los procesos incompletos. Este mismo análisis nos advertirá acerca de la manera de aprender, acerca de la presencia de obstáculos de naturaleza didáctica, acerca del sentido de la enseñanza.

Algunas posibles preguntas para la confección del cuestionario:

1. A un alumno se le pide que ponga un ejemplo del gráfico de una función que pase por los puntos A y B (figura 1). El estudiante da la respuesta de la figura 2.

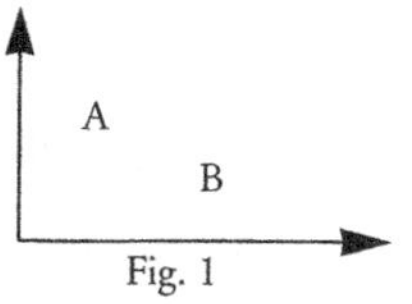

Fig. 1

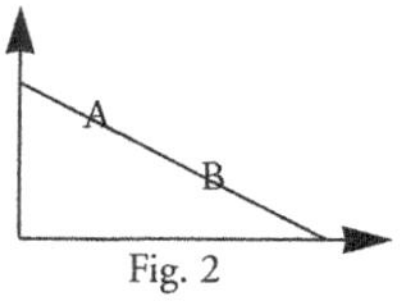

Fig. 2

Cuando se le pregunta si hay otra respuesta el estudiante dice: «No».

- Si piensas que el alumno tiene razón. Explica por qué.
- Si piensas que el alumno está equivocado, ¿Cuántas funciones que satisfacen la condición puedes encontrar? Razona la contestación.

2. Resolver //x - 2/ - 17/ = - 2

3. Encontrar x

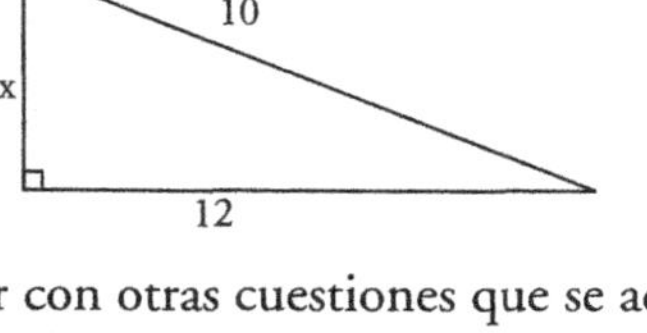

Puedes completar con otras cuestiones que se acomoden al nivel de tus alumnos.

Sugerir y discutir ciertas posibilidades de elaboración de actividades, reflexionando sobre las dificultades, limitaciones y posibilidades que esto implica de cara al desarrollo de determinadas actitudes matemáticas.

Actividad 3: Problemas y actitudes

Selecciona 5 problemas que consideres favorezcan el desarrollo de actitudes matemáticas específicas. Proponlos a tus alumnos y en el proceso de resolución establece y explicita los indicadores óptimos de comportamiento para lograr la actitud matemática.
Por ejemplo:

Actitud: Perseverancia: Sé constante, hay un punto por donde empezar.

Problema: Víctor sube al autobús con su amiga Carmen, saca los billetes, los observa y los guarda en su cartera mientras comenta:

– La suma de las diez cifras de la numeración de nuestros billetes es 62.

– ¿Por casualidad las cinco cifras de uno de ellos suman 35? (pregunta su amiga).

Tras escuchar la respuesta de Víctor, Carmen ya sabe de qué números se trata. ¿Podrías descubrirlos tú también?

Proceso de resolución

• *¿Por dónde empezar?*
Parece conveniente, en el primer acercamiento al problema, hacer un inventario de lo que sabes:

a) Los números de los billetes son dos enteros consecutivos. Por tanto, lo podemos escribir así:

a- b- c- d- e

a- b -c- d- e+1

b) La suma de las diez cifras es 62.

c) La pregunta de Carmen: ¿Por casualidad las cinco cifras de uno de ellos suman 35?, no nos da mucha información
Analizamos estos puntos:
Teniendo en cuenta que las cifras suman 62, ¿los dos números consecutivos pueden ser como los hemos puesto?

$$2a + 2b + 2c + 2d + 2e + 1 = 62$$ ¿Por qué?

• *Buscar otra posibilidad*

La forma en que hemos supuesto los números no es válida. Vemos la causa de este fracaso. Nos concentramos y suponemos otra de forma de expresión de los dos enteros consecutivos. Supongamos que son así:

a - b - c- d - 9

a - b - c- d+1 - 0

Si los sumamos: 2a + 2b + 2c + 2d +10 = 62
¿Esto puede ser?
Nos surge una cuestión: ¿Cuánto valdría en este caso a + b + c + d + 9?
Ahora la pregunta de Carmen tiene sentido, ¿no crees?
Si la respuesta de Víctor es afirmativa, entonces a + b + c + d + 9 = 35 y como hay muchas posibilidades, Carmen no sabría la solución de inmediato.
Por tanto, la respuesta de Víctor ha tenido que ser negativa: Las cinco cifras de uno de los números no suman 35. Así, los números no son como los hemos supuesto.

• *Busca una posibilidad más*
¿De qué otra forma pueden ser los números?
Supongamos que los números son así

a - b - c - 9 - 9

a - b - c + 1 - 0 - 0

Pero tampoco vale. ¿Por qué?

• *Tendrás que buscar una nueva posibilidad*
Supongamos que los números son así:

a - b - 9 - 9 - 9

a - b + 1 - 0 - 0 - 0

Entonces a + b = 17. ¿Por qué?

Y los números que cumplen estas condiciones son:
98999 y 99000 ¿Por qué?

En este problema, para favorecer la actitud de constancia, de perseverancia en la búsqueda de soluciones, hemos tratado de mostrar al estudiante indicadores que le permitan pasar de la intención al acto e intente organizar la activad encaminándose al objetivo buscado. Que vaya realizando el problema hasta el final a pesar de las dificultades y causas de fracaso.

PARA LEER Y REFLEXIONAR

Artículos y libros para ampliar los contenidos.

Los contenidos son los desarrollados en el capítulo 4 de este libro. Además de éste se propone la lectura de los siguientes artículos y libros:

BOUVIER, A. (1982) Que nous apprennent les erreus de nos élèves? *Bulletin APMEP*, 335, 663-665.

CARRILLO, J. (1998) *Modos de resolver problemas y concepciones sobre la matemática y su enseñanza: metodología de investigación y relaciones*. Huelva, Servicio de Publicaciones de la Universidad de Huelva.

CONTRERAS, L. C. (1999) *Concepciones de los profesores sobre la resolución de problemas*. Huelva, Servicio de Publicaciones de la Universidad de Huelva.

EQUIPO «ELEMENTAL» DEL IREM DE GRENOBLE. (1980) Dans nos classes. Quel est l´age du capitaine? *Bulletin APMEP*, 323, 235-243.

ERNEST, P. (2000) Los valores y la imagen de las matemáticas: una perspectiva filosófica, *Revista de Didáctica de las Matemáticas UNO*, 23, 9-28.

GAROFALO, J. (1989) Beliefs and their influence on mathematical performance, *Mathematics Teacher*, 82 (7), 502-505.

HARDY, G. H. (1999) Apología de un matemático. Madrid: Nivola Libros Ediciones.

PRADA, M. D. (1996) *El concepto de función: dificultades en su aprendizaje. Análisis de una experiencia con estudiantes de esneñanza media*. Documentos IEPS, 20.

TORRECILLAS, B. (1999) *Fermat, el mago de los números*. Madrid: Nivola Libros Ediciones.

IMPLICACIONES PARA EL AULA

5 ó 10 minutos al final de la sesión.

Especificamos algunas de las posibles cuestiones a plantear al grupo. No obstante, se recomienda que sean ellos mismo los que las formulen.

Grupo de currículo

Comenta: las matemáticas escolares versus las matemáticas especializadas de los matemáticos.

Grupo de evaluación

¿Cómo la evaluación afecta a las apreciaciones de los estudiantes acerca de la naturaleza de la matemática?

Grupo de metodología

¿Qué modelo de comunicación emerge en tu clase de matemáticas?

Grupo de desarrollo profesional

«Parece que los factores más influyentes en determinar la imagen comunicada de las matemáticas en la clase (y que desembocan finalmente en la imagen pública de las matemáticas) son los valores de los profesores junto con la concepción de las matemáticas escolares, más bien que las filosofías de las matemáticas incorporadas a las clases» (Ernest, 2000) ¿Qué aspectos consideras deberían intervenir en la formación del profesorado para abordar estos aspectos?

MÓDULO 5: MATEMÁTICAS Y CULTURA

PRESENTACIÓN

Comenzamos la sesión revisando algunas de las aportaciones sobre factores afectivos y creencias sobre la naturaleza de la matemática que se han trabajado desde la sección «Teoría en la práctica».

Para favorecer en el aula condiciones de aprendizaje que posibiliten una alfabetización emocional uno de los principales aspectos a abordar son *las relaciones matemáticas y cultura*. En la enseñanza de la matemática de cualquier nivel, muchos de los supuestos están relacionados con qué matemática se debería enseñar y de qué forma. Estos aspectos están estrechamente vinculados al tema de la matemática como conocimiento cultural.

El paso de considerar las matemáticas como un cuerpo infalible de verdades absolutas, a considerarlas cambiantes y producto de la actividad humana, tiene una significación que sobrepasa a las propias matemáticas, y una influencia relevante en los procesos educativos.

No se trata sólo de decidir qué matemáticas se deben enseñar, sino de establecer la diferencia entre lo que para unos y otros significa el conocimiento matemático.

La consideración de las matemáticas como un fenómeno cultural (Bishop, 1988) representa una alternativa a la concepción tradicional de esta disciplina como un conocimiento libre de valores culturales y desligado de la cultura; que proporciona proposiciones universalmente verdaderas; y que cualquier ser racional, de cualquier cultura y en cualquier momento histórico puede reconocerlas como verdaderas y comprender su significado. (Ver módulo 2)

Cuando se admite que en los contextos escolares no sólo se aprenden contenidos, sino que la práctica desarrollada con las tareas lleva asociado el aprendizaje de nuevos aspectos culturales vinculados a la actividad que se genera, se plantea la necesidad de considerar nuevos referentes para el currículo.

Nuestra intención al acercarnos a este tema es ver qué elementos contribuyen a la creación de estos referentes y de un microcosmo de cultura en el aula de matemáticas. Para ello, consideraremos algunos aspectos de la reflexión sobre el tema cultura y sobre la matemática como conocimiento cultural.

En este módulo, plantearemos cómo la perspectiva cultural afecta al modo de pensamiento de los estudiantes, nos acercaremos al conocimiento matemático en términos de su naturaleza social.

Trataremos de definir qué es cultura en el áula de matemáticas. Destacaremos, en este punto, la aportación que supone contemplar la dimensión antropológica y constructiva de la cultura de cara al aprendizaje y a la gestión del profesor.

ACTIVIDAD DE INTRODUCCIÓN

La matemática como conocimiento cultural

Duración de la actividad: 20 minutos.

Hace más o menos doce años el critero general mantenía que las matemáticas eran un conocimiento independiente del entorno cultural. Despues de todo, se argumentaba «menos por menos es igual a más», en todas partes, y los triángulos en cualquier lugar del mundo tienen ángulos que suman 180 grados en total. Sin embargo, este punto de vista confundía la «universalidad de la verdad» de las ideas matemáticas, con la base cultural de este conocimiento. De acuerdo en que esas afirmaciones son ciertas en cualquier parte del mundo, ya que las ideas se descontextualizan y abstraen de manera tal que «obviamente» se pueden aplicar en cualquier sitio. Pero, ¿de dónde surgen los números negativos? ¿Por qué los ángulos de un triángulo suman 180 grados y no, por ejemplo, 100? ¿Podremos reconocer la existencia de diferentes matemáticas?

Como principios y componentes que se deben considerar como punto de partida de un currículo de matemáticas que sea sensible a los procesos de enculturación, Bishop (1988) propone la búsqueda de actividades causadas por necesidades del entorno medioambiental, que ayuden a motivar, colaborando en el desarrollo de la simbología tecnológica que llamamos matemáticas. Bishop destaca como actividades que podríamos considerar interculturales:

La educación matemática como proceso de «inculturación». La educación matemática se debe concebir como un proceso de inmersión en las formas propias de proceder del ambiente matemático, a la manera como el aprendiz de artista va siendo imbuído, como por ósmosis, en la forma peculiar de ver las cosas características de la escuela en la que se entronca (Guzmán, 1993).

Contar: el uso de una forma sistemática de comparar y ordenar fenómenos discretos.

Localizar: explorar un ámbito espacial, conceptualizar y simbolizar el ámbito con modelos diagramas, dibujos, palabras y otros significados

Medir: cuantificar cualidades con el propósito de comparar y ordenar, usando objetos como artificios de medida asociados con unidades o palabras de medidas.

Diseñar: crear una superficie o diseño para un objeto o para cualquier parte de un ambiente espacial. Puede involucrar hacer el objeto mentalmente o simbolizarlo de alguna forma convencional.

Jugar: idear juegos y pasatiempos, con reglas más o menos formalizadas, que los jugadores pueden seguir.

Explicar: descubrir formas para dar cuenta de fenómenos, estos pueden ser religiosos, anímicos o científicos.

Las considera actividades universales, en el sentido de que están presentes en todas las culturas y que han sido, y son,

actividades significantes en el desarrollo de los aspectos matemáticos de las mismas.
Para este autor, un currículo que tenga presentes los procesos de enculturación debe considerar los siguientes principios:

- ha de ser representativo de los valores específicos propios de la cultura matemática;
- debe objetivar el nivel formal de esta cultura, conectándolo con el nivel informal, de modo que se haga accesible para todos los aprendices, creando situaciones adecuadas para que los estudiantes puedan desarrollar sus propias ideas en relación con sus propios intereses;
- debe prestar especial atención a ese poder explicativo, ofreciendo además una variedad de contextos que establecen conexiones, no aplicaciones particulares; dado que las matemáticas, consideradas como fenómeno cultural, fundamentan su importancia en generar multitud de explicaciones.

Desde esta perspectiva se considera que un currículo necesita estar estructurado, no es simplemene un listado de contenidos. Tres son las componentes esenciales que sirven de soporte a esta estructura:

- la componente *simbólica*, basada en el concepto que emerge de las actividades universales y está relacionada con la terminología simbólica resultante de ellas;
- la componente *social*, que contribuiría a concienciar sobre el desarrollo de los valores matemáticos dentro de la sociedad;
- la componente *cultural*, que se centra en el cómo y el por qué se generaron las ideas matemáticas y en una reflexión sobre qué son, proponiéndose demostrar la naturaleza de las matemáticas como cultura.

La consideración equilibrada de las tres componentes pasaría a ser el núcleo obligatorio del currículo. Se pone el acento en el desarrollo de *conceptos* a través de actividades apropiadas. *Proyectos*, entendidos como una búsqueda emprendida por el aprendiz de las relaciones entre las matemáticas y la sociedad. *La investigación*, en el sentido de tratar de desarrollar algunas de las actividades del matemático.

En pequeños grupos ante esto nos preguntamos:

- ¿Es posible remodelar el currículo escolar de matemáticas en términos de las seis actividades que propone Bishop?

• ¿Esto haría posible a los profesores de matemáticas de cualquier lugar relacionar una cultura particular de determinados chicos con otra cultura? ¿Este puede ser un camino o podemos proponer otros?

ACTIVIDADES DE DESARROLLO

Objetivos a trabajar:

• *Reconocer y rehabilitar el conocimiento matemático asociado a toda cultura*

La aculturación del conocimiento matemático resulta ya insostenible. La dimensión cultural de la práctica matemática aparece en numerosas ocasiones en las que se ponen de manifiesto diferencias culturales en los conocimientos matemáticos concretos y también en las destrezas cognitivas básicas: percepción, abstración, generalización, deducción, conclusión, razonamiento y resolución de problemas, imaginación, intuición, etc.

Si se aceptan las matemáticas como una ciencia que emerge de la sociedad, y se reconoce la parte que está modelada por las raíces culturales e históricas de esa sociedad, se amplían los significados de las ideas matemáticas. Este es un primer paso para aprovechar la diversidad cultural de los alumnos como fuente de riqueza para el aprendizaje de las matemáticas escolares.

• *Establecer mecanismos didácticos para incorporar el contexto de los estudiantes.*

La escuela es uno más de los muchos contextos donde se

Actividad 1: La dimensión social y cultural de la práctica matemática

Se constituyen grupos de 4 ó 5 personas. Cada grupo elige una de las viñetas siguientes, todos ellas plantean una cuestión fundamental acerca de la naturaleza cultural y social de las matemáticas. Se discutirá la viñeta durante 10 ó 15 minutos, y uno de los componentes será el portavoz de las ideas del grupo.

Cuestiones para el diálogo:

1. La aceptación de la naturaleza cultural y social de las matemáticas tiene claras implicaciones educativas.

¿Consideras que la matemática escolar representa un cuerpo de conocimiento construido socialmente? Justifica tu respuesta a partir de las ejemplificaciones expresadas en las viñetas.

2. La multiculturalidad en aumento en nuestras aulas es una realidad que exige investigar en búsqueda de un currículo integrador y de un modelo metodológico adecuado para todos.

¿Cómo reconocer y rehabilitar el conocimiento matemático asociado a toda cultura?
¿Cómo favorecer la entrada de conocimientos y procedimientos matemáticos de fuera de la escuela?

VIÑETA 1

(Se le enseñan dos fotografías a Mohamed, una con un grupo de jóvenes europeos y otra con un grupo de jóvenes magrebíes)

Entrevistadora: ¿Cuáles saben más matemáticas, Mohamed?

Mohamed: Estos (señala a los jóvenes occidentales)

Entrevistadora: ¿Por qué?

Mohamed: Estos jóvenes son de un país rico. [.....]

produce el aprendizaje y para muchos grupos culturales no necesariamente el más decisivo. El conocimiento matemático procedente de fuera de la escuela no debe considerarse como un estadio pre-científico que debe ser erradicado, sino un punto de partida y un complemento al conocimiento matemático que encontramos dentro de la escuela.

• *Propiciar que la matemática colabore a la construcción de la identidad social del estudiante.* (Ver capítulo 7)

• *Detectar cómo las valoraciones y creencias a las que los diferentes grupos sociales ligan las formas de conocimiento son mediadoras en el aprendizaje.* (Ver capítulos 4 y 7)

VIÑETA 2

Tarea 2: De las 35 fotos

- Sitúa a un lado las fotos en las que piensas que la gente ha tenido éxito en matemáticas y, al otro, aquellas en las que te parezca que ha fracasado.
- Da razones de la forma de agruparlas.
- ¿Quién piensas que era el mejor alumno en matemáticas en la escuela?
- ¿Quien piensas que era el peor alumno en matemáticas en la escuela?
- ¿Hay alguno de ellos que pienses que no ha ido nunca a la escuela? (En el Anexo 2, pág. 252 está la entrevista completa)

El grupo de personas que se encuentra en una situación de desventaja socio-económica fue escogido como el de los que han sido peores en la escuela y quienes pueden no estar escolarizados. Algunas razones que dan los estudiantes son:

> «Sólo hay que ver las pintas..., qué matemáticas pueden haber sacado, con estas pintas no puede sacar unas matemáticas alucinantes. Lo único que pueden sacar es una borrachera galopante» (Jesús, EI).
>
> «Unos gamberros. Claro, para qué van a usar las matemáticas éstos» (Raúl, EI).
>
> «Son unos papanatas» (Valentín, EI).
>
> «Los que están mal, los que están ahí tiraos por la calle. Pues estos zopencos» (Miguel, EI).
>
> «Eso de la pobreza, los más «indiscriminados», marginados» (Daniel, EI).
>
> «Son grupos de calle que salen ahí de juerga, son grupos de amigos, no creo que la utilicen mucho, pero matemáticas sobre el dinero yo creo que sí usan, esas sí la usan» (Javier, EI).
>
> «Sí que saben matemáticas, pero pasan de todo, no les hace falta pues se ve así un grupo raro... Así a primera vista parece que no les importa mucho, pero supongo que más adelante les importará más, porque se darán cuenta algún día que vivir así, no creo que le sirva de mucho» (Noé, EI).

VIÑETA 3

En la escuela pitagórica en Grecia, alrededor del 500 a. C. se «descubrió» que en todo triángulo rectángulo la superficie del cuadrado construido sobre la hipotenusa es igual a la suma de las superficies de los cuadrados contruidos sobre los dos catetos (es decir $c^2 = a^2 + b^2$).

Este resultado se conoce por el *Teorema de Pitágoras* ¿Piensas que esta relación era cierta en un triángulo rectángulo antes de ser reconocida por algún ser humano?

Según las teorías de la cognición situada, se aprende y se conoce en una cultura, pero además se actúa según un entorno concreto más inmediato. El conocimiento matemático y las diferentes capacidades cognitivas se desencadenan según el momento y el lugar donde se haga necesario resolver una determinada situación matemática.

VIÑETA 4

Métodos para multiplicar 1083 x 342

1.– Múltiplicación egipcia

1	1083
2	2166
4	4332
8	8664
16	17328
32	34656
64	69312
128	138624
256	277248
	370386

2.– Multiplicación del campesino ruso

342	1083
171	2166
85	4332
42	8664
21	17328
10	34656
5	69312
2	138624
1	277248
	370386

3.– Multiplicación en reja (Edad Media en Europa)

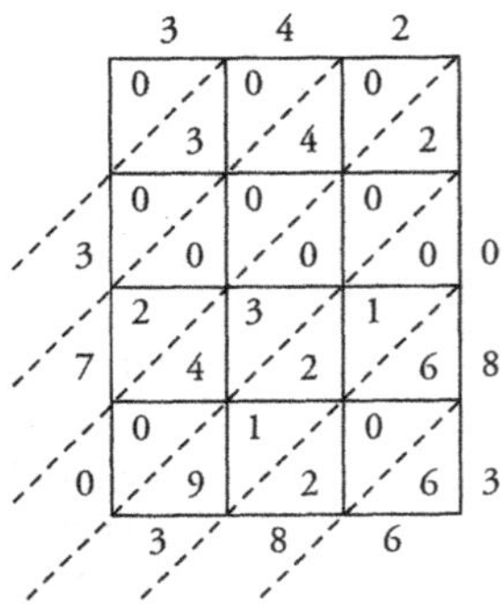

REFLEXIÓN

La cultura que se genera en el aula de matemáticas.

Variedad de culturas en el aula de matemáticas

Un peligro que nos acecha al relacionar *cultura y aula de matemáticas* es pensar que hay una única cultura. Si la cultura en el aula tiene que ver con el mundo invisible de valores y creencias, depende en gran medida de las perspectivas del profesorado y del alumnado sobre esta asignatura, por tanto se dan múltiples culturas. Podemos encontrar variedad de situaciones en la enseñanza dependiendo de la cultura de aula. Si focalizamos desde este aspecto cultural, el profesorado podría tener unas claves de comprensión mayor de cómo «las componentes invisibles» en las situaciones de enseñanza y aprendizaje contribuyen o desvirtuan la calidad del aprendizaje matemático. Una profundización mayor en creencias y percepciones tanto del profesor como de los alumnos puede clarificar algunas de las componentes que contribuyen al contexto cultural en el aula.

La perspectiva antropológica, la idea de cultura que propone, nos ofrece una nueva forma de mirar nuestra práctica educativa. Si la «cultura», desde la acepción antropológica, es un conjunto de maneras de pensar, sentir, y actuar compartidas por un grupo. «Maneras de pensar» significa opiniones y convicciones sobre lo que es realmente útil, práctico, eficaz, etc. Las «maneras de sentir» se refieren a valores compartidos por un grupo. Las «maneras de actuar» se refieren a normas de comportamiento conmúnmente aceptadas.

En relación al tema pensamos que cualquier consideración de cómo integrar la diversidad cultural en el currículo de matemáticas presupone que se debe comprender que la matemática no es un conocimiento acultural, que éste tiene que ser «adaptado» a la idiosincrasia del estudiante determinada por la cultura del sujeto (Nickson, 1989). Las experiencias en las clases de matemáticas se deberían seleccionar de acuerdo a los estudiantes que participan, de acuerdo con su historia personal y su historia cultural (social, racial, económica ...). Esta selección necesitaría ser negociada entre los estudiantes y el profesor.

Para que la sugerencia de una intervención en el currículo, en la línea de integrar las diferencias culturales de los aprendices, no sea superficial y sea eficaz, debe tener en cuenta la naturaleza de las matemáticas y más que pensar en buscar aspectos de diferentes culturas para ejemplificar las ideas matemáticas –que supuestamente proporcionan un contexto social familiar al aprendiz– deberíamos buscar cómo su perspectiva cultural puede afectar a su modo de pensamiento matemático y a su aprendizaje de la matemática.

Reexaminar las creencias considerando el conocimiento

matemático más en términos de su naturaleza social nos ayudaría a abrir la asignatura a la identidad cultural del aprendiz (Se puede consultar los capítulos 4 y 7 para ampliar estos aspectos).

LA TEORÍA EN LA PRÁCTICA

Cada participante debería llevar a la práctica esta propuesta. Al menos, el estudio de dos o tres estudiantes.

Es recomendable que cada participante elabore un informe escrito de la actividad que ha realizado para compartir en la sesión siguiente.

Se propone que cada participante realice una de las siguientes actividades:

Actividad 1: Entrevista sobre situaciones

La *Actividad 1* tiene por objetivo tomar conciencia de las valoraciones y creencias de las diferentes formas de conocimiento matemático y de los estereotipos que se usan para describir a ciertos grupos sociales.

Realizar a diez estudiantes la entrevista sobre situaciones recogida en el Anexo 2, pág. 252. Una vez recabados los datos

1. Analizar:
   - Las creencias de los estudiantes sobre qué es la matemática en el contexto escolar y en un contexto de práctica.
   - Los sentimientos asociados al éxito y fracaso escolar en matemáticas.

2. ¿Cómo romper con los estereotipos que se usan para describir a ciertos grupos, normalmente aquellos grupos que son diferentes del «nuestro»? ¿Hasta qué punto controlamos la influencia de estos estereotipos en nuestra propia actuación?

Actividad 2: Cuestiones que organizan la reflexión curricular

La *Actividad 2* plantea a los participantes reflexionar sobre las bases de organización del currículo.

Tomamos la noción de curriculum como plan de formación.

Investigar sobre cuáles son las bases sobre las que el curriculum español se organiza. Algunas cuestiones que podrían orientar esta reflexión son las siguientes:

- ¿Qué es, en qué consiste el conocimiento?
- ¿Qué es el aprendizaje?
- ¿Qué es la enseñanza?
- ¿Qué es, en qué consiste el conocimiento útil?

Estas cuestiones permiten establecer cuatro dimensiones en torno a las cuales organizar los diferentes niveles de reflexión curricular. Estas cuatro dimensiones son:

- cultural/conceptual.
- cognitiva.
- ética/formativa.
- social.

Desde la experiencia como profesores de aula, en qué medida la dimensión social de la educación matemática se evidencia a diferentes escalas:

- A nivel individual.
- A nivel clase, como grupo de personas presenta aspectos sociales significativos.
- A nivel de centro o institución de enseñanza.
- A nivel de la sociedad.

Con la *Actividad 3* se pretende reconocer la actividad realizada en España sobre currículo de matemáticas y conectar esta actividad con los movimientos y programas internacionales.

Actividad 3: Fines de la educación matemática y proyectos curriculares

Tomamos como documento de trabajo el capítulo «Fines de la educación matemática y proyectos curriculares» de L. Rico, A. Marín e I. Romero del libro: *Bases teóricas del currículo de Matemáticas en Educación Secundaria* de L. Rico (Ed.), Ed. Síntesis, 1997.
Este capítulo presenta el debate sobre los fines de la educación matemática en Secundaria, que se ha intensificado y precisado en fechas recientes; también presenta una selección de proyectos curriculares que se vienen desarrollando en otros países (Reino Unido, Holanda y Estados Unidos) y que, por su calidad e interés, han tenido influencia considerable en los diseños curriculares españoles.
Tratar de responder a la cuestión: ¿Por qué enseñamos matemáticas? ¿Con qué categoría de finalidades piensas que te identificas más? Expresa tu propia posición.

En la *Actividad 4* se incide en la aproximación del currículo de matemáticas como producto social y cultural.

Aspectos a trabajar desde una perspectiva intercultural en la formación de profesores:

• Desarrollar una comprensión amplia de las matemáticas como fenomeno cultural.

• Desarrollar una comprensión profunda de los valores de la cultura matemática.

• Mejorar la comprensión de la tecnología simbólica matemática y la competencia en la misma.

• Desarrollar conocimiento y comprensión a nivel técnico de las matemáticas.

Actividad 4: Una perspectiva intercultural

Elige uno de los libros y comenta:

• Bishop (1999)

Toma el capítulo 7: «Los enculturadores matemáticos». Contrasta y revisa tus prácticas docentes, ampliando la perspectiva en la aproximación a la enseñanza-aprendizaje de las matemáticas en la que te sitúas. Pon ejemplos de tu práctica docente sobre los dos aspectos subrayados como más relevantes, los procesos de participación constructiva y la construcción social de significados.

• Oliveras (1996)

Uno de los focos de atención de la etnomatemáticas es la educación, o enculturación matemática. Centrándose principalmente en las condiciones sociales en las que se posibilita la enseñanza, la formación del profesor y el currículo a ense-

• Incorporar estrategias apropiadas a la diversidad cultural del estudiante.

• Desarrollo de habilidades de comunicación y lenguaje.

Artículos y libros para ampliar los contenidos.

ñar. A todo este cosmos de la educación, Oliveras le ha dado el nombre de «Etnodidáctica». ¿Qué elementos te resultan válidos para un programa de formación de profesores?

PARA LEER Y REFLEXIONAR

Pueden ser de utilidad los contenidos desarrollados en los capítulos 4 y 7 de este libro. Además de estos se propone la lectura de los siguientes artículos y libros:

BISHOP, A. (1988) Aspectos sociales y culturales de la educación matemática, *Enseñanza de las Ciencias*, 6(2), 121-125.

BISHOP, A. (1999) *Enculturación matemática. La educación matemática desde una perspectiva cultural.* Barcelona: Paidós

DAMEROW, P., DUNKLEY, M. E. NEBRES, B. F. and WERRY, B. (1984) *Mathematicas for All. Science and Technology Education.* Document Series nº 20. UNESCO.

DAVIS, R. B. (1989) The culture of mathematics and the culture of schools, *Journal of mathematical behavior*, 8, 154-160.

D'AMBROSIO, U. (1990) *Etnomatemática. Arte ou técnica de explicar e conhecer.* Sao Paulo, Brazil: Editora Atica.

GERDERS, P. (1994) Reflections on etnomathematics, *For the Learning of Mathematics*, 14 (2), 19-23.

GIMENEZ, J. (1994) Del fraccionamiento a las fracciones. Contribución a la mejora del status de los referentes culturales numéricos en el aula, *Revista de Didáctica de las Matemáticas UNO*, 1, 101-117.

GOMEZ-CHACON, I. M. (1998) *Matemáticas y contexto. Enfoques y estrategias para el aula.* Apuntes IEPS, 64. Narcea: Madrid.

GOMEZ-CHACON, I. Mª (1998) Creencias y contexto social en matemáticas. *Revista de Didáctica de las matemáticas, UNO*, 17, 83-104.

GOMEZ-CHACON, I. Mª (1998) Dimensión afectiva e identidad social en matemáticas. En Oliveras, M. L. y otros, *Etnomatemáticas y Educación Matemática. Construyendo un futuro equitativo* CD Rom 967/98, Universidad de Granada, 1998.

GUZMAN, M. (1993) Tendencias innovadoras en educación matemática. En D. Gil Pérez y M. de Guzmán, *Enseñanza de las Ciencias y de las Matemáticas. Tendencias e innovaciones.* Madrid: Ibercima.

KEITEL, K. DAMEROW, P. BISHOP, A. GERDERS, P. (1989) (Eds.) *Mathematics, Education and, Society.* Paris: United Nations Educational Scientific.

KRAUSE, M.C. (1992). *Multicultural Mathematics Materials.* New York: NCTM.

LERMAN, S. (Ed.) (1994) *Cultural Perspectives on the Mathematics Classroom.* London: Kluwer Academic Publishers.

MELLIN-OLSEN, S. (1987) *The politics of mathematics education.* Boston: D. Reidel.

NELSON, D.; HOSEPH, G.G. and WILLIAMS, J. (1993). *Multicultural Mathematics. Teaching Mathematics from a global Perspective,* Oxford: Oxford University Press.

OLIVERAS, M. L. (1996) *Etnomatemáticas. Formación de profesores e innovación curricular.* Granada: Comares.

POWELL, A. y FRANKENSTEIN, M. (1997) (Ed.) *Ethnomathematics. Challenging eurocentrism in mathematics education.* New York: SUNY

RICO, L. (1997) (Ed.), *Bases Teóricas del Currículo de Matemáticas en Educación Secundaria.* Madrid: Síntesis.

TRETACOSTA, J. y KENNEY, M. J. (1997) *Multicultural and gender equity in the mathematics classroom.* New York: N.C.T.M

ZALASKY, C. (1994) «Africa counts» and ethnomathematics, *For the Learning of Mathematics*, 14 (2), 3-9.

IMPLICACIONES PARA EL AULA

Posibles cuestiones para plantear:

10 minutos al final de la sesión. Si en los grupos no surgen cuestiones propias se pueden plantear éstas.

Grupo de currículo

¿Es posible remodelar el currículo escolar de matemáticas en términos de la perspectiva que propone Bishop? ¿Qué nuevos aspectos pueden (o incluso deben) sustituir a algunos de los contenidos actuales más convencionales?

Grupo de evaluación

¿Consideras que los instrumentos de evaluación que utilizas habitualmente en tus clases incorporan la diversidad cultural y social? ¿Qué echas en falta?

Grupo de metodología

¿En la enseñanza en el aula que visión de la matemáticas es la dominante? ¿Cómo condiciona ésta la imagen y las apreciaciones de los estudiantes sobre esta disciplina?

Grupo de desarrollo profesional

¿Qué tipo de desarrollo profesional conllevaría un modelo de enculturación? ¿Qué te parece el que propone Oliveras (1996)?

MÓDULO 6: LA EVALUACIÓN DE LOS AFECTOS EN EL APRENDIZAJE DE LA MATEMÁTICA

Presentación del módulo.

Se destaca la importancia de adoptar *métodos* adecuados de evaluación e incluso modificar ciertas *prácticas* relativas al modo de recoger la información de la dimensión afectiva de los estudiantes.

PRESENTACIÓN

Muchos profesores están de acuerdo con la integración de la dimensión afectiva en el currículo de Matemáticas, pero para que esta integración tenga éxito es necesario adoptar *métodos* adecuados de evaluación e incluso modificar ciertas *prácticas* relativas al modo de recoger la información, la forma de expresarla, etc. Este módulo, centrado en la evaluación de los afectos que se manifiestan en forma de creencias, actitudes y emociones o sentimientos de los estudiantes, abordará: qué evaluar, aspectos a evaluar en un programa de actuación didáctica, cómo evaluar, técnicas de evaluación en un programa de actuación didáctica y evaluación de un estudiante.

La *Actividad de introducción* planteada, consiste en una presentación, por parte del ponente del curso, sobre qué evaluar y qué aspectos a evaluar en un programa de actuación didáctica.

ACTIVIDAD DE INTRODUCCIÓN

Realizamos la siguiente presentación marco:

- qué evaluar
- aspectos a evaluar en un programa de actuación didáctica

QUÉ EVALUAR

Una de las funciones de la evaluación se centra en la regulación y control del aprendizaje y sus interacciones. Autorregularse es ser capaz de revisar el propio proceso y ser capaz de explicar las razones por las que se escoge un determinado proceso o por qué se tiene deseos de aprender tal o cual cosa, o bien expresar si se está ya muy capacitado para enfrentar un trabajo matemático.
En estos últimos años distintos autores han concedido un papel importante a las estrategias que permiten al sujeto la toma de conciencia de la actividad mental, concediéndole gran relevancia a los aspectos cognitivos (metacognición). Sin embargo, se ha prestado menos atención a la toma de conciencia de la actividad emocional. En la autorregulación continua del aprendizaje destacamos como aspecto clave –en la línea de alfabetización emocional– la toma de conciencia de la actividad emocional por parte del sujeto o lo también denominado metaafecto (Gómez-Chacón, 1997). Ello implica, ante todo, decir el grado de satisfacción con el que el sujeto se enfrenta al quehacer matemá-

tico. Supone una valoración fundamentalmente personal de la dimensión afectiva del individuo: creencias, actitudes, emociones y valoración de la situación del estudiante frente a las tareas. El cuadro 1, 2 y 3 recogemos algunos aspectos y conocimientos afectivos, metaafectivos, metacognitivos para trabajar en el aula y posteriormente ser evaluados.

Cuadro 1. Aspectos afectivos

Emociones	1A. Ansiedad 1B. Gusto, placer, satisfacción
Motivación	2A. Intrínseca 2B. Extrínseca
Actitudes	3A. Naturaleza y valor del trabajo matemático 3B. Papel del error en matemáticas 3C. Aspectos sociales de las matemáticas 3D. Referentes a la apreciación de las matemáticas 3E. Referentes a la organización y hábitos de trabajo
Atribución	4A. Esfuerzo del estudiante 4B. Eficacia de las estrategias, cualidad del estudiante
Confianza en sí mismo	5A. Autoestima 5B. Sentimiento de autoeficacia
Creencias	6A. Acerca de las matemáticas 6B. Sobre uno mismo 6C. Sobre la enseñanza de las matemáticas 6D. Sobre el contexto escolar

Cuadro 2. Aspectos metaafectivos

Toma de conciencia de la actividad emocional	Conocimientos metaafectivos	1A. Conocimiento de las personas (de sí mismo, de los otros, y de las personas en general) 2A. Conocimiento de la tarea (reacciones que me produce, creencias, exigencias, objetivos) 3A. Conocimiento de las estrategias afectivas (valoración, regulación y utilización)
	Gestión de la actividad emocional	1B. Valoración, consciencia y expresión 2B. Regulación (Advertir, identificar, control, respuesta) 3B Utilización

Cuadro 3. Aspectos metacognitivos

Toma de conciencia de la actividad mental	Conocimientos metaafectivos	1A. Conocimiento de las personas (de sí mismo, de los otros y de las personas en general) 2A. Conocimiento de la tarea (sus exigencias, objetivos) 3A. Conocimiento de las estrategias (cognitivas, afectivas, metacognitivas)
	Gestión de la actividad emocional	1B. Planificación 2B. Control 3B. Regulación

ASPECTOS A EVALUAR EN UN PROGRAMA DE ACTUACIÓN DIDÁCTICA

Se presenta y dialoga sobre estos aspectos con los participantes. Duración: 10 minutos

Agrupamos como aspectos a evaluar en un programa de actuación didáctica relativos a las características o dimensiones del estado emocional de los sujetos, en los siguientes apartados:

1. Las creencias, reacciones emocionales que tienen al enfrentarse con la actividad matemática.
2. La relación entre los afectos y los procesos cognitivos.
3. El nivel de gestión de la actividad emocional (conciencia, control).
4. Los conocimientos metaafectivos.
5. El conocimiento propio de cada estudiante[1].

Las creencias y reacciones emocionales que tiene el alumno al enfrentarse con la actividad matemática

Las creencias que se pueden considerar son las siguientes: creencias acerca de la matemática, del aprendizaje de la matemática, de las diferentes formas de conocimiento matemático, de sí mismo como aprendices de matemáticas y del contexto escolar de los estudiantes. Y el tipo de reacciones emocionales de aprecio o gusto o de rechazo por la actividad matemática: gusto, curiosidad, satisfacción, ansiedad, miedo, etc.

La relación entre los afectos y los procesos cognitivos

Características o dimensiones del estado emocional de los sujetos: magnitud, dirección, y describir las rutas significa-

[1] Estos aspectos son los que evaluamos en el programa de actuación didáctica que elaboramos como propuesta de diversificación curricular en 1994. Se puede consultar Gómez-Chacón 1997, 1998.

tivas que parecen seguir la interacción del afecto y la cognición en cada sujeto, para cada estudiante se trataría de dar respuesta a estas cuestiones:

(Ver capítulo 6)

- Ante la tarea, ¿cuál es la actitud afectiva inicial?
- ¿A qué se deben las interrupciones (los cortes o saltos) en la interacción afecto-cognición? ¿Cómo se articulan con el proceso de resolución de problemas?
- ¿Cuáles son las reacciones emocionales más frecuentes?
- ¿Cómo se pueden catalogar sus tendencias cognitivas y afectivas?

El nivel de gestión de la actividad emocional

Los procesos mentales involucrados en la información emocional: valoración y expresión, regulación y utilización de la emoción, indagando qué deseo y habilidad de controlar, evaluar y regular las emociones se daba en el sujeto.

Los conocimientos metaafectivos

Los conocimientos considerados son los siguientes:

- Conocimiento de las personas (de sí mismo, de los otros y de las personas en general).
- Conocimiento de la tarea (reacciones que me produce, creencias, exigencias, objetivos).
- Conocimiento de las estrategias afectivas (valoración, regulación y utilización).

El conocimiento propio de cada estudiante

La evaluación del grado de conocimiento propio de cada estudiante centrada en dos aspectos:

- En primer lugar, en el conocimiento de los bloqueos de todo tipo que experimenta cada alumno (afectivos, culturales, educativos, perceptivos, expresivos, rigidez de los procesos mentales). Sobre todo centrándonos en los bloqueos afectivos y reacciones emocionales.
- En segundo lugar, en el conocimiento de los propios recursos y la capacidad para aplicarlos a la resolución de actividades matemáticas.

Consultar el capítulo 4 de este libro para entrevistas y cuestionarios y los capítulos 5 y 6 para los instrumentos de diagnóstico de las reacciones emocionales: mapa de humor, gráfica emocional.

Esta *Actividad* pretende familiarizar a los participantes con el uso de escala de actitudes.

«Por una parte se pide a los profesores que consideren **las actitudes** como otros elementos más a educar y a evaluar. Ahora bien, la mayoría de ellos desconocen qué son, no saben cómo medirlas y no poseen los criterios suficientes para determinar su peso en el rendimiento de los alumnos. Otro problema radica en que, en el área de las actitudes, no se ha dado a los profesores unos objetivos y contenidos análogos a los que poseen para la enseñanza de las diferentes materias del currículum. Los profesores tienen que enseñar y juzgar durante el año algo que desconocen. En definitiva, el problema radica en que la insistencia dada al tema de las actitudes en la educación no se ha acompañado de técnicas relevantes, medios adecuados, ni de una labor de

ACTIVIDADES DE DESARROLLO

Técnicas de evaluación

Para evaluar y diagnosticar las influencias afectivas de los estudiantes en el aprendizaje se pueden utilizar diferentes técnicas:

- entrevistas individuales
- entrevistas de debate grupal
- cuestionario
- escalas de actitudes
- instrumentos de diagnóstico de las reacciones emocionales: mapa de humor, gráfica emocional.
- diario de sesiones
- inventario de afectos

Instrumentos para detectar la evolución de las actitudes

Aquí tienes dos escalas de actitud del tipo Likert (cuestionario 1 y 2):

1. ¿Cuáles son las facetas de la actitud hacia la matemática que tratan de medir? Identifica alguna de ellas (el gozo hacia las matemáticas, seguridad y confianza con las matemáticas, apreciación de la utilidad y el valor de matemáticas, etc.) e indica los items que le corresponden.

2. Responde a los cuestionarios y comenta el resultado con tu compañero. La afirmaciones «positivas» (p. e.: las matemáticas tratan de resolver problemas) tienen puntuación 5 para el «totalmente de acuerdo». Las afirmaciones «negativas» (p. e.: las matemáticas son conceptos y procedimientos que tenemos que memorizar) tienen puntuación 1 la respuesta «totalmente de acuerdo».

Cuestionario 1:

OPINIONES SOBRE LAS MATEMÁTICAS

1. Las matemáticas son conceptos y procedimientos que tenemos que memorizar.

☐ Totalmente en acuerdo ☐ De acuerdo — ☐ En desacuerdo ☐ Totalmente en desacuerdo

2. Las matemáticas tratan de resolver problemas.

☐ Totalmente en acuerdo ☐ De acuerdo — ☐ En desacuerdo ☐ Totalmente en desacuerdo

concienciación de los educadores para que éstos asuman la necesidad de tomar en consideración este aspecto.» (Auzmendi, 1992: 18)

3. Matemáticas es investigar nuevas ideas.

☐ Totalmente en acuerdo ☐ De acuerdo — ☐ En desacuerdo ☐ Totalmente en desacuerdo

4. Las matemáticas son algo muy abstracto para mí.

☐ Totalmente en acuerdo ☐ De acuerdo — ☐ En desacuerdo ☐ Totalmente en desacuerdo

5. Con frecuencia aprendo los nuevos conceptos en matemáticas rápidamente.

☐ Totalmente en acuerdo ☐ De acuerdo — ☐ En desacuerdo ☐ Totalmente en desacuerdo

6. Las matemáticas son útiles.

☐ Totalmente en acuerdo ☐ De acuerdo — ☐ En desacuerdo ☐ Totalmente en desacuerdo

7. Me cuesta mucho entender las matemáticas.

☐ Totalmente en acuerdo ☐ De acuerdo — ☐ En desacuerdo ☐ Totalmente en desacuerdo

8. Aprendo las matemáticas rápidamente.

☐ Totalmente en acuerdo ☐ De acuerdo — ☐ En desacuerdo ☐ Totalmente en desacuerdo

9. Relaciono los nuevos conceptos con las cosas ya aprendidas.

☐ Totalmente en acuerdo ☐ De acuerdo — ☐ En desacuerdo ☐ Totalmente en desacuerdo

Cuestionario 2

LAS MATEMÁTICAS Y TÚ, TÚ Y LAS MATEMÁTICAS.

1. Tengo confianza en mi capacidad para resolver problemas.

☐ Totalmente en acuerdo ☐ De acuerdo — ☐ En desacuerdo ☐ Totalmente en desacuerdo

2. Me gusta mucho resolver problemas de matemáticas.

☐ Totalmente en acuerdo ☐ De acuerdo — ☐ En desacuerdo ☐ Totalmente en desacuerdo

3. Lo que importa en matemáticas es dar el resultado final correcto.

☐ Totalmente en acuerdo ☐ De acuerdo — ☐ En desacuerdo ☐ Totalmente en desacuerdo

4. Sólo resuelvo problemas durante el curso cuando lo pide el profesor.

☐ Totalmente en acuerdo ☐ De acuerdo — ☐ En desacuerdo ☐ Totalmente en desacuerdo

5. Me doy por vencido fácilmente cuando el problema es difícil.

☐ Totalmente en acuerdo ☐ De acuerdo — ☐ En desacuerdo ☐ Totalmente en desacuerdo

6. Cuando me piden que resuelva problemas de matemáticas me pongo nervioso/a.

☐ Totalmente en acuerdo ☐ De acuerdo — ☐ En desacuerdo ☐ Totalmente en desacuerdo

7. Me gusta hablar con mis compañeros sobre cosas de matemáticas.

☐ Totalmente en acuerdo ☐ De acuerdo — ☐ En desacuerdo ☐ Totalmente en desacuerdo

8. Siento miedo cuando me proponen «por sorpresa» que resuelva problemas de matemáticas.

☐ Totalmente en acuerdo ☐ De acuerdo — ☐ En desacuerdo ☐ Totalmente en desacuerdo

9. Cuando llego a un resultado siempre me pregunto si es correcto.

☐ Totalmente en acuerdo ☐ De acuerdo — ☐ En desacuerdo ☐ Totalmente en desacuerdo

10. Busco diferentes maneras de resolver un problema.

☐ Totalmente en acuerdo ☐ De acuerdo — ☐ En desacuerdo ☐ Totalmente en desacuerdo

11. Yo soy capaz de resolver problemas por mí mismo.

☐ Totalmente en acuerdo ☐ De acuerdo — ☐ En desacuerdo ☐ Totalmente en desacuerdo

12. Ante un problema siento mucha curiosidad por conocer su resolución.

☐ Totalmente en acuerdo ☐ De acuerdo — ☐ En desacuerdo ☐ Totalmente en desacuerdo

13. Me gusta mucho inventarme nuevos problemas.

☐ Totalmente en acuerdo ☐ De acuerdo — ☐ En desacuerdo ☐ Totalmente en desacuerdo

14. Cuando fracasan mis intentos por resolver un problema, lo intento de nuevo.

☐ Totalmente en acuerdo ☐ De acuerdo — ☐ En desacuerdo ☐ Totalmente en desacuerdo

15. Disfruto cuando descubro nuevas formas de resolver un problema.

☐ Totalmente en acuerdo ☐ De acuerdo — ☐ En desacuerdo ☐ Totalmente en desacuerdo

16. Creo que comentar un problema con los demás no ayuda mucho a resolverlo.

☐ Totalmente en acuerdo ☐ De acuerdo — ☐ En desacuerdo ☐ Totalmente en desacuerdo

17. No es necesario que revise el planteamiento del problema.

☐ Totalmente en acuerdo ☐ De acuerdo — ☐ En desacuerdo ☐ Totalmente en desacuerdo

Autoobservación: «Aprender a pensar positivamente»

El objetivo de la *Actividad* es desarrollar en los estudiantes las habilidades metacognitivas y metaafectivas de autoobservación.

Mostramos un ejemplo de actividad para desarrollar en los estudiantes las habilidades metacognitivas y metaafectivas de autoobservación.

Introducción

Consideramos que un cambio de actitudes, reacciones emocionales y creencias acerca de la matemática pasa por una toma de conciencia de nuestras reacciones afectivas actuales. Es importante ser consciente de ellas. Un elemento facilitador son los otros, la discusión en grupo nos hace ser conscientes y también comprometernos en una evolución y un cambio. Esta actividad propone un medio de suscitar esta toma de conciencia y este cambio. También puede descubrirnos nuevas emociones y permite identificar ciertos métodos para trabajarlas.

Objetivos afectivos

- Reflexionar sobre los efectos de la motivación y su ausencia.

- Identificar sus frustraciones, aunque sea únicamente a través de su verbalización.
- Transformar ciertas actitudes negativas en otras más positivas.
- Adquirir actitudes positivas hacia el trabajo matemático y comprender mejor en que consisten.

Objetivos metacognitivos y metaafectivos

- Reconocer que sus prejuicios, mitos y creencias constituyen un obstáculo en su logro matemático.
- Revisar sus opiniones y mirar las matemáticas a la luz de las ideas emitidas por los otros.
- Identificar las características de un alumno que no está nada motivado en matemáticas.

Procedimiento

Los posibles pasos a seguir son:

1. La profesora explica la importancia de las emociones y sentimientos negativos en matemáticas en la actividad intelectual. Por ejemplo:

> «He cogido las expresiones que vosotros utilizáis muchas veces. Si os habéis ido fijando, son en su mayoría pensamientos que os pasan por la cabeza y que son negativos. Tenéis muchos más que vamos a ir identificando. Quiero que tomemos en cuenta que muchas veces no sabemos resolver los problemas, no sabemos resolver las cosas de matemáticas, porque nos pasan por la cabeza pensamientos, emociones que sentimos, que nos hacen bloquearnos. No siempre que no sabemos resolver un problema es porque tenemos pensamientos o emociones negativas pero sí influye mucho. Os he copiado los pensamientos, las expresiones que normalmente decís en alto, para ver si lo podemos convertir en positivo para que aprendamos a controlar lo que nos está pasando cuando estamos resolviendo un problema. ¿De acuerdo?»

2. Facilita a los estudiantes una hoja de expresiones que ellos, en distintas sesiones de aula, han utilizado al trabajar la matemática:

¡Es muy chungo!
No entiendo cómo se hace
¡Ah!
¡A mí me come la moral!
¡A mí me come la cabeza!

¡Me aburro porque es muy difícil!
¡Queda bonito!
¡No es lo mismo hacerlo que decirlo!
¿Qué es lo que hay que hacer?¿es difícil la actividad?
Si por lo menos no te comes la olla ....
Hace años que no utilizo el transportador desde el colegio
Joder, aquí todo el tiempo escribiendo
A mí no me resuelve la vida
Pero a mí qué coño me interesa saber cuántos son
A mí este tipo de problemas no me gusta
¡Qué paciencia hay que tener!
Prefiero seguir con las cosas viejas que sé
Hola supergato, cómo estás
¡Se entiende de abuty!
Cuando no lo entiendes, fatal, pues te comes la cabeza
¡Yo no sé esto ... a mí no me gusta!
Yo no puedo aprender
¡Esto flipa!
¿Qué hay que hacer?
Porque la profe controla y tiene que haber algo complicado, no nos hemos comido el coco con los problemas
Tiene que tener algún truco
No sé plantearlo, me estoy haciendo un lío, estoy dormido
¡Qué paliza! ¡no me jodas!
¿Puede ser sumando, dividiendo, multiplicando?

3. La profesora las lee e indica que les pertenecen y que, por tanto, intenten buscar cada uno la que es suya.

4. La profesora invita a que reemplacen los comentarios negativos en positivos.

5. Puesta en común para ver qué frases se han identificado como propias y si entre todos podemos devolvernos otras expresiones nuestras de las que no somos conscientes.

6. Nos ayudamos a reconocernos nuestras expresiones. Y también los aspectos positivos de la verbalización.

7. Identificamos métodos para trabajar las reacciones afectivas.

Precauciones

Hay que evitar las discusiones que lleven a un discurso moralizante y las que no favorezcan un clima de libre expresión de emociones y opiniones.

REFLEXIÓN

Actividad 1: Diferentes aproximaciones para medir la confianza en matemáticas

Esta actividad consiste en que todos los participantes realicen estas dos tareas:

El tiempo de que dispone para resolver la tarea 1 es de 8 minutos.

Tarea 1: Se muestra en un retroproyector una transparencia que recoge las siguientes actividades. Se propone a los participantes que la resuelvan:

La finalidad de la *Actividad 1* es simular una situación de aula y forzar a los participantes a experimentar vivencias similares a las de sus estudiantes relativas a la faceta de confianza.

1.– Si un pantalón cuesta 6.550 y en las rebajas hacen el 20% ¿en cuánto se quedaría?

2.– Encuentra el valor de 2 1/4 - 1/3 + 1/7

3.– Si y = x cosx calcula dy/dx

Después de efectuarlas se procede a comentar las soluciones preguntándoles cuáles son éstas a los participantes.

4.– Dos cuadrados iguales en el plano (cuyo lado mide 2 cm) se mueven de modo que uno de los vértices de uno de ellos es el centro del otro cuadrado. ¿Qué fracción del área del cuadrado corresponde a la superficie sombreada?

Se solicita que levanten la mano los que han respondido bien a todas la cuestiones.

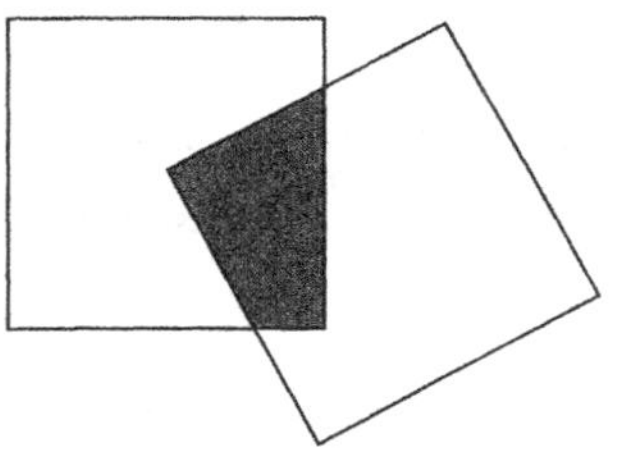

5. ¿Cuál es la probabilidad de sacar una bola roja de un bote que contiene 3 bolas rojas y 1 azul?

Algunas cuestiones para el grupo de discusión:

1.– Reacciones primarias de los individuos ante cada una de las cinco cuestiones.

2.– Preguntar a los participantes si sienten confianza en sus respuestas.

3.– Diferencias entre chicos y chicas.

4.– Noción de confianza en este instrumento.

Tarea 2: Existen instrumentos diferentes para evaluar el grado de confianza de un estudiante. Tomamos el del Anexo 1 del módulo. Se trata de un cuestionario que trata de medir el nivel de confianza que el sujeto tiene en relación a las respuestas. Para ello, se establecen 5 columna (5 niveles de confianza): «estoy seguro que es correcto», «creo que es correcto», «apuesto en un 50% que es correcto», «creo que es incorrecto», «estoy seguro que es incorrecto». Los participantes deben responder las 20 cuestiones, indicando su nivel de confianza.

Para establecer el nivel de confianza se adjudican las siguientes puntuaciones: «estoy seguro que es correcto»(4 puntos), «creo que es correcto»(3 puntos), «apuesto en un 50% que es correcto»(2 puntos), «creo que es incorrecto»(1 punto),

«estoy seguro que es incorrecto»(0 puntos). Se suman la de cada cuestión y se obtiene el nivel de puntuación total.
El rango posible de confianza es de 0 a 48 (Cfr. Fullarton, 1993). Cada persona separará las puntuaciones adjudicada a la escala de confianza de las respuestas correctas de las incorrectas. Se calcula las medias correspondientes a cada una de ellas y se compara. La puntuación obtenida será la inferior de estas medias.
Las escalas de actitudes son otro de los instrumentos para medir la confianza (Anexo 1, pág. 241). Compara con el cuestionario anterior y explicita qué diferencias encuentras. ¿Varia el concepto de «confianza» según el instrumento?

LA TEORÍA EN LA PRÁCTICA

Las actividades acentúan técnicas para la evaluación de las actitudes de los estudiantes.

Los participantes eligirán una de estas tres actividades. Es recomendable que cada participante elabore un informe escrito de la actividad que ha realizado para compartir en la sesión siguiente.

La *Actividad 1* está referida a la evaluación de las actitudes mediante la observación.

Se especifican distintos tipos de registros: narrativos, tecnológicos, etc.. y parrillas de observación.

Se incide en algunas de las fases que consideramos importantes en el adiestramiento de los observadores.

Actividad 1: Técnicas de observación de actitudes

Uno de los método para la evaluación de actitudes es el observacional. La observación es un fenómeno multifacético, un proceso de mediación en varios niveles: el nivel de observador y el nivel del instrumento.
La observación se convierte en técnica en la medida en que:

- Sirve a un objetivo ya formulado.
- Es planificada sistemáticamente.
- Es controlada y relacionada con proposiciones más generales en vez de ser presentada como una serie de curiosidades interesantes.
- Está sujeta a comprobaciones de validez y fiabilidad.

La disparidad de propósitos determina diferencias en materia de estrategias para la observación, niveles de sistematización y niveles de formalización. Estos factores, a su vez, dan lugar a diferencias en cuanto a diseño y ejecución, conformando el marco de referencia del observador e inciden en las decisiones que se toman, así como en el proceso observacional.
Las ventajas de la observación frente a otros métodos es que hace posible obtener la información tal como ocurre, es adecuada cuando los sujetos no pueden proporcionar informaciones verbales, o la utilización de otros métodos alteraría mucho sus conductas y provocaría resistencias por parte de las personas especificas.
Usualmente requieren que el profesor o alguna otra persona observe al estudiante y relate su comportamiento. Para ello es importante determinar la técnica de registro y del instrumento de observación.

En la primera fase para esta determinación es conveniente utilizar un *sistema narrativo*, diario de campo, que nos permita recoger información que mediante un análisis de contenido nos ayude a determinar las categorías. Recordamos que los:

• *Sistemas narrativos* son sistemas abiertos, no tienen categorías predeterminadas y registran segmentos amplios de acontecimientos o conductas en forma oral o escrita. Ej: diarios, libros de actas, registros de incidentes, notas de campo, etc. Las diferencias con los anteriores sistemas están en el hecho de que el observador es el principal instrumento de observación.

Un *registro narrativo*, es una forma de unidad natural o un registro de la ocurrencia natural de acciones, acontecimientos, conductas y demás. Se construyen de dos modos durante la observación y después de ella. La información se anota en lenguaje cotidiano y en forma cronológica. Se pueden derivar diversos tipos de unidades a partir de los datos. Estas unidades se pueden obtener por inducción y por deducción. Entre ellas se incluyen: unidades conductuales, situaciones como unidades, unidades fenomenológicas, de acción directamente observables e inferidas. Detalla con más amplitud los registros narrativos realizados durante el periodo de la observación:

– registros de incidentes críticos
– descripciones de muestras
– notas de campo

y la vez se puede grabar las sesiones de clase, por lo que utiliza los registros tecnológicos.

• *Los registros tecnológicos* son sistemas abiertos y tienden a captar el mayor segmento posible de la realidad con escasa intervención del observador. Pueden utilizarse junto con todos los otros sistemas antes presentados. Por lo tanto las unidades descritas para los sistemas anteriores pueden derivarse de estos registros.

En un segundo momento: la observación estará más acotada. Para ello se puede elaborar una parrilla que recoja: nombre, actividad, comportamiento observado, sugerencias para el programa. Este registro de observación junto con el diario de campo nos permitirá el establecimiento de las categorías para los distintos factores de la actitud matemática que deseamos evaluar con un instrumento más ajustado (Ver Anexo 2, cuadro 1 y 2, pág. 244).
Tercer momento hoja de registro del instrumento final elaborado (Ver Anexo 2, cuadro 3, pág. 245).

En nuestro caso de observación participante, la mera presencia del observador significa que cualquiera de sus movimientos, la diferencia de similitud de sus actividades con las del observador, será evaluado, pudiendo hasta alterar el curso de los eventos; ello implica que debe darse una mutua y gradual habituación entre el observador y observados con el fin de facilitar el propio proceso de la observación participante. Es importante en la formación del observador el ser consciente de su papel social, este adquiere un papel social determinado por los requerimientos del diseño de la investigación. Intentando disminuir el grado de interferencia.

El objetivo de la *Actividad 2* es indagar sobre la situación del profesor ante el tema de la formación y evaluación actitudinal. De forma específica en la apreciación personal sobre las actitudes de los alumnos hacia las matemáticas.

El objetivo de la *Actividad 3* es entrenar al profesorado en determinar objetivos, niveles de actitudes matemáticas e indicadores óptimos de comportamiento. Elemento claves en el diseño de materiales para la evaluación de las actitudes de los estudiantes.

La formación de observadores

Las fases que consideramos importantes en el adiestramiento de los observadores son

1. Explicar a los futuros observadores los fundamentos teóricos y el fin del estudio.
2. Ensayo de cómo hacer observaciones sin un protocolo preciso de observación.
3. Realizar constataciones más precisas con el segundo protocolo de observación previsto. Explicar los items del protocolo de observación
4. Discusión de la experiencia vivida, lectura de diario de campo.
5. Estudiar el sentido de las categorías y la manera de utilizarlas del instrumento de observación definitivo.

Para ello se solicita a los participantes que realicen distintos ensayos con los instrumentos especificados anteriormente en sus aulas. Posteriormente eligirán una de las fases del adiestramiento del observador para el tema de discusión en el grupo.

Actividad 2: Entrevista a tus compañeros de seminario

Plantea la entrevista del Anexo 3 del módulo a tus compañeros de seminario. ¿Qué puedes deducir de los datos que te aportan?

Actividad 3: Objetivos y niveles de las actitudes matemáticas

Las matemáticas constituyen una área particularmente propicia para el desarrollo de ciertas actitudes relacionadas con los hábitos de trabajo, la curiosidad y el interés por investigar y resolver problemas, con la creatividad en la formulación de conjeturas, con la flexibilidad para cambiar el propio punto de vista, con la autonomía intelectual para enfrentarse con situaciones desconocidas y con la confianza en la propia capacidad de aprender y de resolver problemas. En la etapa de Educación Secundaria podemos establecer objetivos de actitud matemática y explícitar mediante indicadores óptimos de comportamiento si se alcanza el objetivo. Veamos algún ejemplo:

Curiosidad

Objetivo

Ser capaz de plantearse preguntas durante el trabajo o actividad matemática y tener deseo de conocer.

Indicadores óptimos de comportamiento

- Ser capaz de asombrarse de un hecho que contradice lo adquirido, y saber traducir este asombro en preguntas precisas. Intentar encontrar la respuesta mediante un esfuerzo personal.
- Cogerle el gusto a manipular símbolos y objetos matemáticos, a modificar un fenómeno, a desprenderse de actividades repetitivas durante el juego, para desembocar en tanteos, en búsqueda de regularidades, etc.

Definición de niveles de actitud

Nivel 1: El alumno no se interesa por nada; esto no significa que no exista curiosidad, sino que no se manifiesta en estas condiciones.

Nivel 2: Observa superficialmente, toca, se aburre ante los hechos matemáticos, pasa de una cosa a otra sin ideas directrices. Sus preguntas son implícitas –sin formulación– y las exposiciones de sus observaciones contienen ideas preconcebidas.

Nivel 3: Se sorprende ante algunas cosas, comienza a reordenar sus observaciones y plantea preguntas sobre hechos.

Nivel 4: Se extraña ante una situación o un hecho, vuelve a dudar o completa su labor anterior. Impone preguntas precisas que motivan el interés de la clase y conducen hacia una investigación posterior.

El alumno realiza observaciones precisas producidas por una motivación: su curiosidad produce actividades intelectuales constructivas.

Establece objetivos, niveles de actitud, indicadores óptimos de comportamiento para las siguientes actitudes matemáticas:

Creatividad

Confianza en sí mismo

Pensamiento crítico

Actitud investigadora

Apertura hacia los otros.

PARA LEER Y REFLEXIONAR

Artículos y libros para ampliar los contenidos.

AIKEN, L.R. Jr. (1970) Attitudes toward Mathematics, *Review of Educational Research*, 40, 551-596.

AIKEN, L.R. Jr. (1974) Two Scales of Attitude toward Mathematics, *Journal for Research in Mathematics Education*, 5, 67-71.

ALLPORT, G. W. (1935) Actitudes, En Murchison, C. (Ed), *A handbook of social psichology*, Worcester, Clark: University Press.

ANGUERA, M. T.(1985) *Metodologia de la observación en las ciencias humanas.* Madrid: Cátedra.

AUZMENDI E. (1992) *Las actitudes hacia la matemática-estadistica en las enseñanzas medias y universitaria. Caracteristicas y medición.* Bilbao: Mensajero.

CALLAHAN, W.J. (1971) Adolescent Attitudes toward Mathematics, *Mathematics Teacher*, 64, 751-755.

ELEJABARRIETA, F.J. e IÑIGUEZ, L. (1984) *Construcción de escalas de actitudes.* Documentos de Psicología social. Departamento de Psicología. Universidad Autónoma de Barcelona.

FENNEMA, E. y SHERMAN, J.A. (1976) Fennema-Sherman Mathematics Attitudes Scales: Instruments Designed to Measure Attitudes toward the Learning of Mathematics by Females and Males, *Journal for Research in Mathematics Education*, 7, 324-326.

FULLARTON, S. (1993) *Confidence and mathematics: the effects of gender.* Geelong: Deakin University.

GAIRIN, J. (1990) *Las actitudes en educación. Un estudio sobre educación matemática.* Barcelona: Boixareu Universitaria.

GIORDAN, A. (1982) *La enseñanza de las ciencias.* Madrid: Siglo XXI.

GOMEZ-CHACON, I. Mª (1998) Una metodología cualitativa para el estudio de las influencias afectivas en el conocimiento de las matemáticas. *Enseñanza de las Ciencias. Revista de investigación y experiencias didácticas*, 16 (3), 431-450.

GOMEZ-CHACON, I. Mª (1999) Toma de conciencia de la actividad emocional en el aprendizaje de la matemática. Una perspectiva para el tratamiento de la diversidad. *Revista de Didáctica de las matemáticas, UNO*, 21, 29-46.

HERNANDEZ, R. P., GOMEZ-CHACON, I. Mª (1997) Las actitudes en educación matemática. Estrategias para el cambio. Revista *de Didáctica de las matemáticas, UNO,* 13, 41-61.

LEDER, G. C. (1992) Mahematics and gender: Changing perspectivies. En D. A. Grows (Ed.), *Handbook of Research on Mathematics Teaching and Learning.* New York: Macmillan, NCTM. p. 597-622

MACNAB, D.S. y CUMMINE (1992) *La enseñanza de las matemáticas de 11 a 16. Un enfoque centrado en la dificultad.* Madrid: Visor. (Traducción Carlos Maza Gómez).(Orig Teaching mathematics 11-16), 1986)

McCALLON, E.L. y BROWMN, J.B. (1971) A semantic Differencial Instrument for Measuring Attitude toward Mathematics, *Journal for Experimental Education,* 39, 69-72.

MCLEOD, D. B. (1992) Resarch on affect in mathematics education: A reconceptualization. En Douglas A. Grows (Ed.), *Handbook of Research on Mathematics Teaching and Learning.* New York: Macmillan, NCTM. p. 575-596.

MORALES, P. (1988) *Medición de Actitudes en psicologia y educación. Construcción de escalas y problemas metodológicos.* San Sebastian: Tarttalo.

PETERSON, L. (1978) Attitude toward Mathematics Scale, *Educational testing Service.* New Jersey: Princeton.

REYES, L. H. (1984) Affective variables and mathematics education. *Elementary School Journal,* 84, 558-581.

ROKEACH, M. (1968) *Beliefs, attitudes and values,* San Francisco: Josey-Bass.

SCHARF, E.S. (1971) Use of the Semantic Differential in Measuring Attitude of Elementary School Children toward Mathematics, *School Science and Mathematics,* 71, 641-664.

SERRANO, T. (1989) *Las actitudes en el aprendizaje de la Biologia. Aspectos didácticos de Ciencias Naturales (Biologia),* 4. Col. Educación Abierta nº 85. ICE de la Universidad de Zaragoza.

SUYDAM, M.N. (1984) Research Report: Attitudes toward Mathematics, *Arithmetic Teacher,* 32, 12.

Las cuestiones deberían surgir de los participantes. En el caso que no surjan se pueden plantear éstas.

IMPLICACIONES PARA EL AULA

Posibles cuestiones para plantear:

Grupo de currículo

¿Resulta operativo para el desarrollo curricular de los contenidos actitudinales definir objetivos, niveles e indicadores óptimos de comportamiento?

Grupo de evaluación

¿Qué ventajas e incovenientes plantea un método u otro de evaluación de actitudes?

Grupo de metodología

¿Qué modelo de evaluación de los afectos hacia las matemáticas emerge de la propuesta de este módulo?

Grupo de desarrollo profesional

¿Qué carencias detectas en ti y en otros profesores sobre la evaluación de los afectos? ¿Cómo lo articularías en el diseño de un curso de formación permanente del profesorado? ¿Qué contenidos concretos especificarías en este curso?

ANEXO 1. CUESTIONARIO SOBRE CONFIANZA EN MATEMÁTICAS

Nombre .... **Curso** ....
Fecha .... V ☐ M ☐

	Respuesta	Estoy seguro que es correcto	Creo que es correcto	Apuesto en un 50% que es correcto	Creo que es incorrecto	Estoy seguro que es incorrecto
Ejemplo: 6 x 4	24	X				
1. ¿Cuál de estos tres decimales es más grande? 0.5 0. 416 0. 0964						
2. Si a es un número. Si a + 5 = 28 - 5						
3. Calcular el volumen de un cubo que tiene de lado 4 cm.						
4. ¿Cuántas horas y minutos hay entre las 13.35 horas y las 19.15 horas?						
5. ¿Cuál es la unidad más idónea para medir la distancia de Barcelona a París? ¿Y la más idónea para medir las dimensiones de una mesa de ping-pong?						
6. Un juego de palabras utiliza dados con una letra en cada cara. En la figura se ven tres aspectos distintos de uno de estos dados.  ¿Qué letra es la que figura en la cara opuesta a la que ocupa la H?						
7. ¿Cuál es el valor de 0.7 x 0. 7?						
8. Si A es un número y si $(A + 1)^{1/2} = 4$ entonces $(A - 6)^{1/2} = \square$						
9. 12 - 1 = ☐ - 6						

	Respuesta	Estoy seguro que es correcto	Creo que es correcto	Apuesto en un 50% que es correcto	Creo que es incorrecto	Estoy seguro que es incorrecto
10. ¿Cuántos cubos de 1cm x1cm x1cm son necesarios para colocar en una caja de 3 cm x 3 cm x 10 cm?						
11. Aquí tienes tres fracciones: 1/3 1/4 3/7 Ordénalas de menor a mayor.						
12. ¿Cuál es el mínimo de colores que se necesitan para pintar un cubo de manera que dos caras adyacentes tengan siempre distinto color? 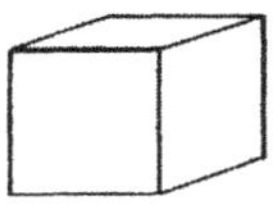						
13. Señala la respuesta correcta: ☐ $\pi = 3{,}1$ ☐ $\pi = 22 / 7$ ☐ $\pi = 3{,}14$ ☐ $\pi = 357 / 133$ ☐ $\pi = 3{,}1416$						
14. Si A = 4 y B = 9 ¿Cuál es el valor de $(A^2 + B^2)^{1/2}$?						
15. Continua la serie 1, 4, 7, 10, ...						
16. ¿Cuál es la señal que se ha hecho con este sello? 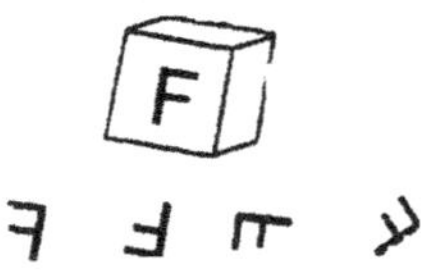 A. B. C. D.						
17. Las solución de $7x + 5 = 2x + 1$						
18. Sobre una mesa hay nueve cerillas formando cuatro triángulos equiláteros. Trata de construir cuatro triángulos de						

	Respuesta	Estoy seguro que es correcto	Creo que es correcto	Apuesto en un 50% que es correcto	Creo que es incorrecto	Estoy seguro que es incorrecto
la misma forma y tamaño que los anteriores, utilizando sólo seis cerillas. 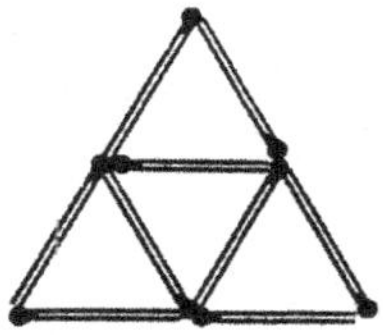						
19. 1333 - ☐ + 777 = 2000						
20. ¿ Cuántos cubos hay en esta caja? 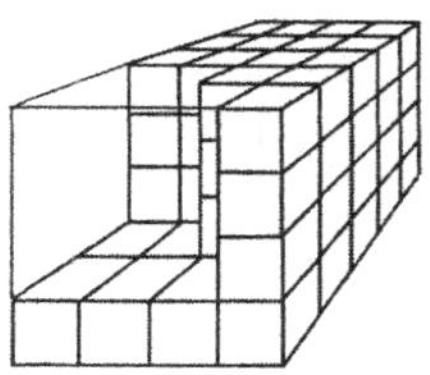						

Escala de actitudes: Confianza hacia las matemáticas

Nombre .... **Curso** ....
Fecha .... **V** ☐ **M** ☐

1.– Estudiar o trabajar con las matemáticas no me asusta en absoluto.

☐ Totalmente en acuerdo ☐ De acuerdo ☐ En desacuerdo ☐ Totalmente en desacuerdo

2.– Tengo confianza en mí mismo/a cuando me enfrento a un problema de matemáticas.

☐ Totalmente en acuerdo ☐ De acuerdo ☐ En desacuerdo ☐ Totalmente en desacuerdo

3.– Estoy calmado/a y tranquilo/a cuando me enfrento a un problema de matemáticas.

☐ Totalmente en acuerdo ☐ De acuerdo ☐ En desacuerdo ☐ Totalmente en desacuerdo

4.– No me altero cuando tengo que trabajar en problemas.

☐ Totalmente en acuerdo ☐ De acuerdo ☐ En desacuerdo ☐ Totalmente en desacuerdo

5.– Me provoca una gran satisfacción el llegar a resolver problemas.

☐ Totalmente en acuerdo ☐ De acuerdo ☐ En desacuerdo ☐ Totalmente en desacuerdo

ANEXO 2: TÉCNICAS DE OBSERVACIÓN DE ACTITUDES

HOJA DE REGISTROS DE OBSERVACIONES DE AULA Fecha			
Nombre	**Actividad**	**Comportamiento observado**	**Sugerencias para la programación**

Cuadro 1. Hoja de registro de observación en el aula.

EXPERIENCIA DEL ALUMNADO	FECHA Y ACTIVIDAD	
1. Confianza en el uso de las matemáticas		
2. Flexibilidad haciendo matemáticas		
3. Perseverancia en las tareas matemáticas		
4. Curiosidad haciendo matemáticas		
5. Reflexión sobre sus propias ideas		
6. Valoración de las aplicaciones de las matemáticas		
7. Apreciación del papel de las matemáticas		
Otros		

Cuadro 2. Inventario de actitudes matemáticas.

Fecha/Nombre Acción observada								
Confianza	1234567	1234567	1234567	1234567	1234567	1234567	1234567	1234567
Hace preguntas	1234567	1234567	1234567	1234567	1234567	1234567	1234567	1234567
Está seguro/a de encontrar respuestas	1234567	1234567	1234567	1234567	1234567	1234567	1234567	1234567
Aporta ideas en las actividades	1234567	1234567	1234567	1234567	1234567	1234567	1234567	1234567
Otra/notas:	1234567	1234567	1234567	1234567	1234567	1234567	1234567	1234567
Flexibilidad	1234567	1234567	1234567	1234567	1234567	1234567	1234567	1234567
Resuelve los problemas de más de una forma	1234567	1234567	1234567	1234567	1234567	1234567	1234567	1234567
Cambia de opinión en base a argumentos convincentes	1234567	1234567	1234567	1234567	1234567	1234567	1234567	1234567
Otra/notas:	1234567	1234567	1234567	1234567	1234567	1234567	1234567	1234567
Perseverancia en el trabajo	1234567	1234567	1234567	1234567	1234567	1234567	1234567	1234567
Otra/notas:	1234567	1234567	1234567	1234567	1234567	1234567	1234567	1234567
Interés por la actividad	1234567	1234567	1234567	1234567	1234567	1234567	1234567	1234567

Cuadro 3. Parrilla de observación de actitudes en matemáticas.

ANEXO 3: ENTREVISTA AL PROFESOR/A[1]

APRECIACIÓN PERSONAL SOBRE LAS ACTITUDES DE LOS ALUMNOS HACIA LAS MATEMÁTICAS

Presentación

En el área educativa, la formación de actitudes es, en la actualidad, una preocupación constante. Ya desde la Ley General de Educación de 1970 se establece como postulado básico. Estos contenidos curriculares son nuevos elementos a educar y evaluar por el profesorado cada vez más interesado, concienciado e inquieto ante estas demandas educativas.

Desde un punto de vista científico existen importantes dificultades para llegar a una definición unánime del término actitud, definición que sea aceptada por todos los profesionales. Alguna de sus definiciones clásicas son:

- Allport (1935): «un estado mental y nervioso de predisposición, adquirido a través de la experiencia, que ejerce una influencia directiva o dinámica sobre las respuestas del individuo».
- Newcomb, Turner y Converse (1965): «un estado de prontitud en orden a la excitación motriz».
- Rokeach (1968): «una organización de creencias relativamente permanentes que predisponen a responder de un modo preferencial ante un objeto o situación».

En cualquier caso, coinciden en afirmar que las actitudes son disposiciones de comportamiento, no conductas actuales; (no constituyen ninguna entidad observable sino que son construcciones teóricas que se infieren de ciertos comportamientos).

Éstas y otras concepciones señalan estos elementos como aspectos no directamente observables sino inferidos, compuestos tanto por creencias como por los sentimientos y predisposiciones comportamentales hacia el objeto que se dirigen. Así, en la propia naturaleza de las actitudes encontramos graves inconvenientes no sólo a la hora de encontrar técnicas apropiadas para la medición de actitudes, sino en el momento mismo de entender su formación y cambio.

1. ¿Estás de acuerdo con la idea de que las actitudes no se pueden observar directamente sino que se han de inferir desde la conducta? (Sí/No ¿Por qué?)
2. Desde su experiencia docente como profesor/a de Matemáticas:
   ¿Qué entiende por «Actitudes hacia las matemáticas» y «Actitudes matemáticas»? ¿Cómo las concibe?

[1] Esta entrevista fue utilizada en la investigación sobre actitudes realizada por HERNANDEZ, R. P., GOMEZ-CHACON, I. Mª (1997) Las actitudes en educación matemática. Estrategias para el cambio. *Revista de Didáctica de las matemáticas, UNO,* 13, 41-61.

3. ¿Ha trabajado la formación de actitudes diseñando contenidos, actividades y objetivos específicos para este fin?

4. En esta línea de pensamiento, ¿sabría medir o evaluar de alguna manera las actitudes matemáticas y hacia las matemáticas de sus alumnos? ¿Cómo?

5. ¿Conoce alguna técnica, estrategia metodológica o experiencia de intervención pedagógica que le permita abordar con seguridad la instrucción en el proceso de enseñanza-aprendizaje de las actitudes en matemáticas?

   En caso afirmativo ¿Cuál-cuáles?
   ¿Las pone en práctica?
   ¿Con qué resultados?

6. ¿Estaría interesado en recibir más información/formación a este respecto? (Sí/No: ¿Por qué?)

7. Dando una visión general ¿Cuál es su apreciación personal acerca de las actitudes matemáticas y hacia las matemáticas de sus alumnos?
   ¿Evolucionan?
   ¿Cómo? (Positiva-Negativamente?)

8. ¿Considera conveniente un cambio de actitudes? ¿Por qué?

9. ¿Aprecia realmente esa necesidad?

10. ¿En alguna ocasión se ha propuesto trabajar implícita o explícitamente actitudes en su clase?
    NO.....¿por qué?
    SI........¿de qué manera?

11. ¿Qué actitudes desearía desarrollar o afianzar en sus alumnos? ¿Por qué?

12. ¿Cuales considera más susceptibles de cambio? ¿Por qué?

Anexos

1. Entrevista para el diagnóstico de la interrelación cognición y afecto

CUESTIONARIO

Nombre **Fecha**

Teniendo en cuenta cuáles son tus propias actitudes hacia las matemáticas, completa las frases de esta lista escribiendo las palabras que haga falta:

1. Mis profesores de matemáticas del colegio son ....
2. Las matemáticas son ....
3. Mis capacidades en matemáticas son ....
4. Para ser bueno en matemáticas ....
5. Las matemáticas que trabajamos en el taller son ....
6. En matemáticas yo encuentro difícil ....
7. Un buen profesor de matemáticas debería ....
8. Podría aprender más matemáticas si ....
9. Mi motivación para hacer matemáticas es ....
10. Lo mejor que un profesor de matemáticas puede hacer por mí es ....
11. Cuando tengo la clase de matemáticas, yo ....
12. Cuando estaba en clase de matemáticas en el colegio, yo ....
13. Cuando ahora estoy en clase de matemáticas, yo ....
14. A mí me gustaba la clase de matemáticas hasta que ....
15. Mi experiencia más positiva con las matemáticas se da cuando ....
16. Mi experiencia más negativa con las matemáticas se da cuando ....
17. Yo siento que me «come la cabeza» las matemáticas cuando ....
18. Cuando escucho la palabra «matemáticas», yo ....
19. Cuando escucho decir que las matemáticas son de «abuty», yo ....
20. Cuando aprendo las matemáticas, yo me siento ....

2. Entrevista sobre situaciones para indagar las creencias de los estudiantes

Tarea introductoria: Clasificar

Finalidad: La finalidad de esta primera tarea es iniciar a la situación de la investigación y verificar modelos clasificando las fotos presentadas en grupos de la investigación.

Instrucción:

a) Clasifica estas fotos en grupos: coloca juntas las que piensan que tienen algo en común y en otro grupo las que son diferentes. Después ¿puedes hacer algún otro grupo más?

b) ¿Puedes explicar por qué agrupas los dibujos de esta forma?

c) ¿Puedes sugerir otras formas de agruparlos?

Ejemplo de fotografías

Tarea 1

Clasificar las fotos de acuerdo con situaciones donde se usan las matemáticas.

Finalidad: Investigar las creencia acerca de qué es matemáticas y situaciones en las cuales la gente necesita usar matemáticas.

Instrucción:

1.1. Clasifica las fotos de acuerdo con situaciones donde tú piensas que la gente necesita usar las matemáticas y al otro lado las que piensas que no lo necesitan.

1.2. ¿Por qué la gente necesita usar matemáticas en este grupo de fotos?

1.3. ¿Por qué la gente no necesita usar matemáticas en este grupo de fotos?

1.4. Ahora, para cada foto dime:

1.4.1.– ¿Qué hace la gente?
1.4.2.– ¿Qué lugar ocupa el trabajo para ellos?
1.4.3.– ¿Qué tipo de matemáticas necesitan usar estas personas?
1.4.4.– ¿Qué tipo de matemáticas es necesaria en esta situación?
1.4.5.– ¿Dónde piensas que han aprendido ese tipo de matemáticas?

Tarea 2

La matemática en la experiencia escolar

Finalidad: Investigar las creencias de los jóvenes acerca de qué relaciones se establecen entre «fracaso» o «éxito» en la matemática escolar y el tipo de trabajo que la gente hace. Obtener datos del significado de la matemática en su experiencia escolar.

2.1. Sitúa a un lado las fotos en las que piensas que la gente ha tenido éxito en matemáticas y, al otro, aquellas en las que te parezca que ha fracasado.

2.2. Da razones de la forma de agruparlas.

2.3. ¿Quién piensas que era el mejor alumno en matemáticas en la escuela?

2.4. ¿Quien piensas que era el peor alumno en matemáticas en la escuela?

2.5. ¿Hay alguno de ellos que pienses que no ha ido nunca a la escuela?

Tarea 3

Importancia de la matemática y éxito y fracaso en matemáticas en la escuela

Finalidad: Investigar las creencias acerca de la importancia de la matemática y éxito o fracaso en matemáticas en la escuela. Obtener datos del significado de la matemática en su experiencia escolar.

Situación: Foto de clase con la profesora y los alumnos

3.1. Imagínate que es una clase de matemáticas ¿Piensas que es importante para ellos?

3.2. ¿Qué tipo de tema podría estar explicando la profesora? Explícame un poco qué es la matemática.

3.3. ¿Dónde piensas que pueden utilizar este tipo de conocimiento?

3.4. Lo que piensas que aprenden ¿tiene alguna importancia en el taller, ...? ¿Qué?

3.5. Si tú pudieras elegir, ¿qué te gustaría aprender en clase de matemáticas en la escuela?

3.6. Ahora pensemos en los alumnos. Algunos de ellos son muy buenos en matemáticas en la escuela. ¿Por qué?

3.7. Y algunos tienen dificultades ¿Por qué? ¿Dónde está el fallo?

3.8. ¿Qué piensas que se puede hacer para ayudar a un alumno que tiene dificultades?

3.9. ¿En tu opinión, hay algo que el profesor puede hacer para ayudar a los alumnos con dificultades?

3.10. Ahora, cuéntame acerca de ti. ¿Cómo te iba en la escuela? ¿Y con las matemáticas?

3.11. ¿Puedes recordar algún tema en el que te fuera bien en la escuela? ¿Y alguna vez que tuvieras dificultades? ¿Qué clase de sentimientos asocias tu con cada una de estas situaciones?

Tarea 4

Creencia de la importancia de la matemática en el taller.
Conexiones entre taller y matemáticas.

Situación: una foto de gente trabajando en un taller de ebanistería

4.1. Pensemos en estos chicos ¿Qué piensas que es importante para ellos?

4.2. Muchos de ellos han estado poco tiempo en la escuela aunque saben hacer cálculos muy bien. ¿Piensas que es posible? ¿Por qué?

4.3. ¿Piensas que lo que aprenden en la calle y en el taller puede ayudarles en la escuela? ¿Cómo? ¿Los profesores de matemáticas aceptan esos conocimientos?

4.4. Piensa en estos chicos. ¿Qué aspiraciones y qué temores tienen para encontrar trabajo? ¿Qué influye en esto?¿Piensas que sería lo mismo si fuera otro trabajo?

4.5. Ahora cuéntame acerca de ti. ¿Cómo te va en el taller? ¿Qué es lo que más te gusta aprender en el taller?

4.6. De lo que te gusta hacer en el taller ¿Piensas que para ello necesitas aprender matemáticas? ¿Qué otro tipo de conocimientos? (destrezas mentales)

4.7. ¿Cuánto tiempo piensas que se necesita para ser un buen profesional?

4.8. ¿Puedes recordar algún proyecto en el que te fuera bien en el taller? ¿Y alguna vez que tuvieras dificultades? ¿Qué clase de sentimientos asocias con cada una de estas situaciones?

3. Cuestionario: «Eslogan de las clases de matemáticas»

ALUMNO/A: FECHA:

Ante el comienzo de curso, seguro que te has parado a pensar en cómo te gustaría que fueran las clases de matemáticas, qué cosas son las que más te ayudarían en tu aprendizaje de esta asignatura.

1. ¿Qué te gustaría aprender de matemáticas en este curso?
2. ¿Qué es lo que más te gusta de las matemáticas?
3. ¿Cómo te gustaría que fueran las clases de matemáticas?
4. Pensando en tu futuro profesional ¿qué consideras importante de matemáticas que no debemos dejar de aprender?
5. Si has sido alumno del curso pasado, indica algunos aspectos de los trabajados, que consideras es importante que no olvidemos y que continuemos haciendo y aprovechando en este curso para las clases de matemáticas.
6. Utiliza el cartel para comunicar tus expectativas, tus deseos, tus sugerencias. Si eres capaz, intenta inventarte un eslogan –a modo de anuncio– que exprese lo que tú deseas de la clase de matemáticas.

4. Módulo de aprendizaje de la sesión S27: Una puerta bien aprovechada

MÓDULO DE APRENDIZAJE
UNA PUERTA BIEN APROVECHADA

Se trata de un estupendo sistema para aprovechar el espacio de detrás de la puerta.

Material necesario para el armario-puerta:

1 tablero de contrachapado de 10-12 mm, de la medida de la puerta
5 tablas del mismo material, de 15 cm de ancho y 2 m (lateral), 80 cm (base), 60, 40 y 20 cm (estantes)
listón de madera de 80 cm de ancho
tornillos
serrucho
destornillador
lija
taladradora
brocas de madera
cola blanca
clavos sin cabeza
botador
selladora
pintura a la laca
2 escuadras

1. Al taller de carpintería, la señora Antonia ha encargado un armario de este tipo para guardar las cosas de la limpieza del Centro. Mide el ancho y el alto de la puerta y realiza el despiece necesario para el armario-puerta.
2. Explica el proceso de ejecución.

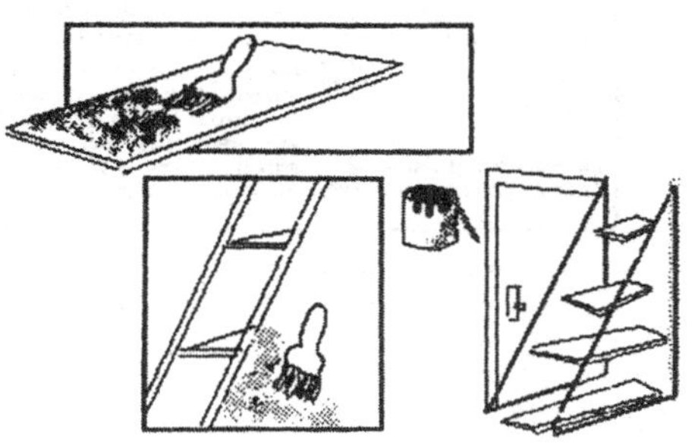

3. Fernando, le dice a la señora Antonia que el estima que el armario-puerta saldrá por 10.000 pts. Elabora un presupuesto de cuánto constaría la elaboración del armario-puerta y comprueba si la estimación del presupuesto de Fernando es buena. No olvides el incluir el IVA.

4. Realiza el puzzle siguiente, ¿Recuerdas el Teorema de Pitágoras? ¿Encuentras alguna relación con él?

5. Ahora que has recordado el Teorema de Pitágoras, comprueba si se cumple para el triángulo del armario-puerta.

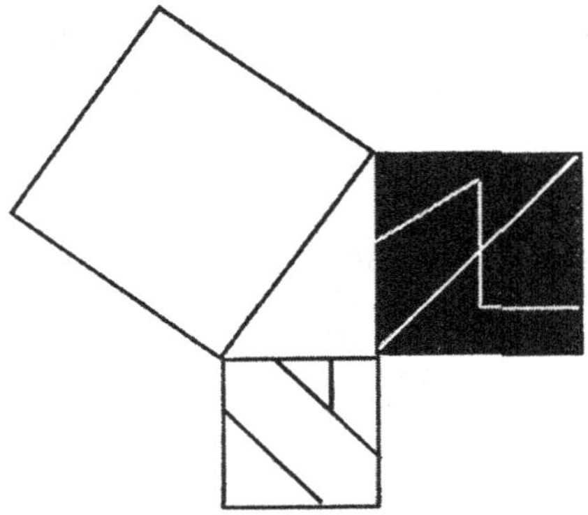

HASTA EN LOS SELLOS

La popularidad del Teorema de Pitágoras es tanta que ha sido incluso tema para sellos de países como Grecia, Surinam y Nicaragua

Pitágoras

Un universo lleno de números

Para Pitágoras y sus discípulos todas las cosas son números: todo cuanto es entendible puede ser expresado numéricamente. el resto es caos. No es extraño que dedicara todos sus esfuerzos al conocimiento de las Matemáticas.

Pitágoras vivió en el siglo VI a.C. Después de muchos viajes, el filósofo se instaló en la ciudad griega de Crotona. Allí formó una comunidad de filósofos que influyó en el gobierno de la ciudad. hasta que el pueblo se rebeló contra ellos y quemó su sede. Algunos dicen que el propio Pitágoras murió en el incendio. Otros que huyó y desencantado se dejó morir de hambre.

La música del universo

Además de formular el teorema que lleva se nombre (que ya era conocido, al menos en parte) inventó una tabla de multiplicar y estudió la relación entre la música y la matemática.

Los pitagóricos creen en la armonía de las esferas: que los cuerpos celestes se mueven regulados por una armonía universal y que su movimiento produce música.

5. Plantilla de análisis del protocolo de la sesión de aula S27 correspondiente a Adrián

IG- S27-7-3-95- Una puerta bien aprovechada 1

ANOTACIONES DEL ALUMNO EMOCION POSITIVA	HUELLAS EMOCION POSITIVA	INSTANTANEA EMOCIONAL	INTERACCIONES	META COGNICION	META AFECTO	PROCESO COGNITIVO	HUELLAS EMOCION NEGATIVA	ANOTACIONES DEL ALUMNO EMOCION NEGATIVA
1	Disposición positiva Escucha	IE1	A^+			Introduce la actividad la profesora		
2	Animado	IE1	✥^{OC} A^+			Indaga Selección de datos		
3	Interés ↗	IE1 IE2	↔* ◆			Indaga	Distracciones Requerimentos de atención	
4	Curiosidad Tranquilo Sin agresividad	IE1 IE2	□ ↔ ◆	✎		Lectura del enunciado Intentos de comprensión		
5	Descolocado Asombro Curiosidad	IE2	□ ✥^{OC} ✥* ↔	✎ ◎		Lectura del enunciado Indaga Relación con el taller Interpretación del dibujo		
6	Interés Animado	IE2 IE4	✥* A^+	◎	♣	Dibuja CM Manipula FL Y CM Escucha la explicación	Distracciones sin repercusión	
7	Interés Silencio	IE4	✥^{OC} A^+			Escucha la explicación Comprensión del problema siguiente por parte de FL, ID, CM Transferencia al taller		
8	Deseo de continuar aunque aún no ha escrito nada Entusiasmo Paciencia	IE4 IE2	✥* ≋^{*C} ✥^{OC}	✎ ◎	♣	Aprende conceptos nuevos Secuencia lógica Expresión verbal Explica		
9	Silencio ↗ Concentrado Confianza	IE2	≋^{*C}		▲	Colabora explicación del problema 1 a ID		
10	Paralizado Tranquilo		A^+ ↔* ◆		♣ 🍎 a,i		Distracciones con otros	¡Estoy dormido!
11	Receptivo	IE2	↔ ◆ ✥^{OC}			Comprensión del problema Organización de los datos Representa		
12		IE4	↔*				Distracciones ↘	
13		IE4 IE3	✥* ≋^{*C}			Ayuda comprensión del problema de ID		
14	Interés Complacido Satisfecho	IE4 IE3 IE5	□ ✥* ↔	✎ ◎	♣ 🍎 a,i,c,r	Intentos de comprensión del problema Relación con el taller Reformula el problema Representa		

Plantilla:2: IG-S27-7-3-95-Una puerta bien aprovechada 2

ANOTACIONES DEL ALUMNO EMOCIONES POSITIVAS	HUELLAS EMOCIONES POSITIVAS	INSTANTANEA EMOCIONAL	INTERACCIONES	META COGNICION	META AFECTO	PROCESO COGNITIVO	HUELLAS EMOCIONES NEGATIVAS	ANOTACIONES DEL ALUMNO EMOCIONES NEGATIVAS
15							Pequeñas distracciones con JG sin repercusión	
16	Interés Confianza Satisfecho	IE4 IE6	* ↔ *			Intentos de comprensión Verbaliza en alto proceso Captura la estructura del problema		
17		IE4					Pequeñas distracciones con ID sin repercusión	
18	Deseo de continuar Entusiasmo Paciencia	IE4 IE3	* ↔			Aprender conceptos nuevos Indaga		
19	Silencio Concentrado Animado Esmero	IE4	*			Intentos de trabajar de forma sistemática Organización y clasificación de datos Representación		
20	Confianza Satisfacción por el logro	IE6	□ ↔			Revisión del despiece		
21 (Ratificación del signo anterior)	Receptivo Sereno	IE7	↔ *		a,i,c,r	Invitación a reflexionar sobre el proceso y las reacciones emocionales Se confirma en lo puesto		
22	Deseo de continuar Entusiasmo Paciencia Coopera	IE4 IE1	≋c ≋+a			Reconstruye el proceso para ID Transferencia al taller Razonamiento espacial Visualización		
23	Sereno	IE4	* ≋+c			Escucha a los compañeros que trabajan el ejer. 3 Indaga Capturar la estructura del problema		
24	Confianza Animado	IE7	*		a,i,c,	Reflexión sobre su reacción emocional		
25	Silencio Animado Seguro de sí	IE4	*			Aprender conceptos nuevos Secuencia lógica Transferencia al taller Expresión escrita Explicación del proceso		
26	Receptivo Satisfación por el logro	IE7	↔ * ↔			Invitación a reflexionar sobre el proceso y las reacciones emocionales		

Plantilla 2: IG-S27-7-3-95- Una puerta bien aprovechada 3

ANOTACIONES DEL ALUMNO EMOCIONES POSITIVAS	HUELLAS EMOCIONES POSITIVAS	INSTANTANEA EMOCIONAL	INTERACCIONES	META COGNICION	META AFECTO	PROCESO COGNITIVO	HUELLAS EMOCIONES NEGATIVAS	ANOTACIONES DEL ALUMNO EMOCIONES NEGATIVAS
27	Tranquilo Ayuda a otro	IE4	≋C A+			Aplicaciones al taller Organización de datos		
28	Receptivo	IE4	↔			Introducción de concepto del IVA Concepto de % Estrategia informal de cálculo de % de JG		
29	Entusiasmo	IE6	* ≋C OC			Comparar datos y solución		
30	Silencio Concentrado	IE4	↔			Concepto del IVA Algoritmo de la regla de tres Intento de trabajar de forma sistemática		
31		IE4 IE5	*			Indaga conceptos Intuición Reconstruye el proceso y verbaliza conocimientos		
32	Júbilo Satisfacción	IE6	*			Llega a la solución		
33	Sereno Animado	IE7	↔		a,i,c,r	Invitación a reflexionar sobre el proceso y las reacciones emocionales		
34	Confianza		≋C			IG y FLReconstruyen el proceso seguido en las actividades anteriores y se lo explican a MH	Pequeñas distracciones	
35	Confianza Interés Animado Coopera	IE1 IE2	↔			Introducción del Teorema de Pitágoras Memoria Razonamiento con símbolos Concepto de área Presentación del puzzle		
36		IE2 IE3 IE4			a,i,c,r	Ejecución del puzzle Estrategia de ensayo y error Visión de la Matemática	Come la cabeza Alteración Impaciencia Pesimismo	STOP
37		IE4	↔		a,i	Escucha explicación Intentos de comprensión Memoria-recordar concepto	Impaciencia Desesperación Protesta	
38	Silencio	IE4 IE3	* ≋C			Manipulación Búsqueda de relaciones Apoya a MH		
39	Silencio	IE4	*			Manipulación Búsqueda de relaciones		

Plantilla 2: IG-S27-7-3-95-Una puerta bien aprovechada 4

ANOTACIONES DEL ALUMNO EMOCIONES POSITIVAS	HUELLAS EMOCIONES POSITIVAS	INSTANTANEA EMOCIONAL	INTERACCIONES	META COGNICION	META AFECTO	PROCESO COGNITIVO	HUELLAS EMOCIONES NEGATIVAS	ANOTACIONES DEL ALUMNO EMOCIONES NEGATIVAS
40	Animado	IE7	↔ ◆			Revisión de lo aprendido		
41		IE4	✿ oa			Estrategia de ensayo y error Manipulación	Impaciencia Protestas ↘	
42	Intuición ↗ Sonrisa Satisfacción	IE5	✿* ≋+a		🍎 a,i,c ♣	Búsqueda de relaciones		
43	Satisfacción ↘ ↗	IE6 IE7	↔ ◆			Revisión de lo aprendido	Desconfianza	
44 	Confianza Sereno	IE2 IE4		✎ ⊕	♣ 🍎 a,i,c,r	Explora si la comprensión es acertada Relación se-quiero Organización de la información Búsqueda de estrategia para llegar a la solución		
45		IE4	↔	✎	♣	Búsqueda de estrategia para llegar a la solución Esfuerzo de consolidación y aplicación del teorema	Preguntas de sentido Cuestionamiento de la tarea ↘ Disgusto Contrariado ⇣ Irritado	
46	Consciencia Tensión positiva ↘ — ↗		↔* ↔ ◆ ≋-a		♣	Revisión de operaciones Aclaración de conceptos Cálculos y operaciones	*Malhumor*	
47	Control de la emoción ↗	IE6 IE7	✿*	✎	🍎 r	Escucha la ampliación de conocimientos de historia de la matemática		
48	Receptividad Aceptación del error	IE6	✿* ↔	⊕	🍎 c	Detecta error	Malhumor	
49 	Satisfacción Animado ⇣	IE4 IE7	✿* ≋+c	⊕	♣ 🍎 a, i, c, r	Indaga conceptos Reconstruye el proceso y da cuenta a otro Reflexión sobre la reacción emocional		
50	⇣ Satisfacción	IE6 IE7	A^+ ≋ +c ≋ +a			Revisión del proceso		
51		IE6	A^-				Distracciones Resistencias	
52		IE6	↔			Revisión del proceso	Resistencia a aceptar el error	

6. Módulo de aprendizaje: «Algo más que una silla»

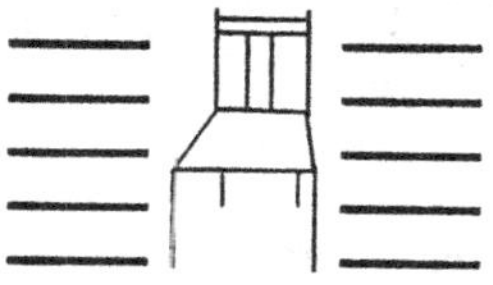

Nombre:

Fecha:

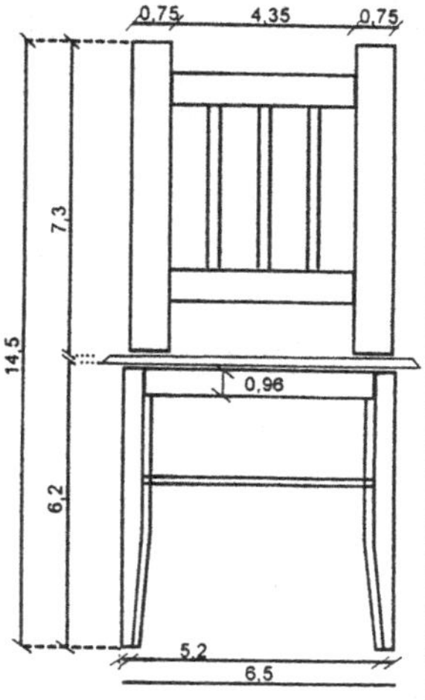

Aquí tienes el modelo en el que te basas para construir la silla en el taller:

1. Sabiendo que la escala es de 1cm: 4 cm. ¿Cuáles son las medidas reales de la silla?

Respaldo ....

Largueros ....

Frente ....

Travesaños ....

INTERPRETACIÓN

2. Explica los siguientes dibujos, indicando a qué parte de la silla corresponden, qué nombre recibe, qué significan los números que aparecen:

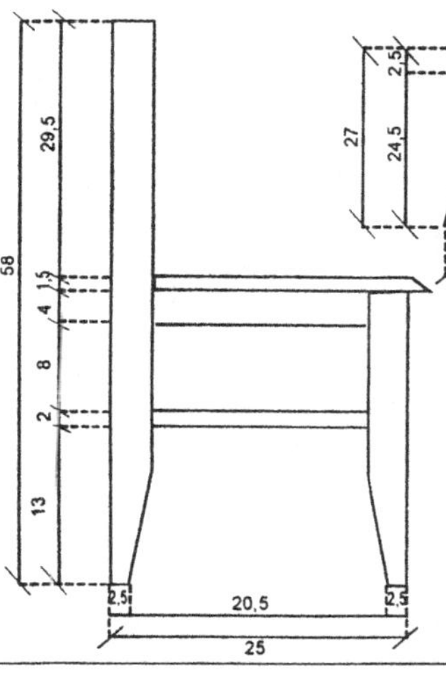

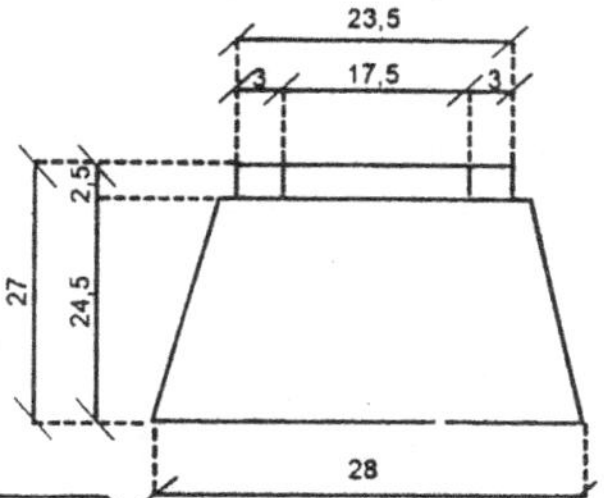

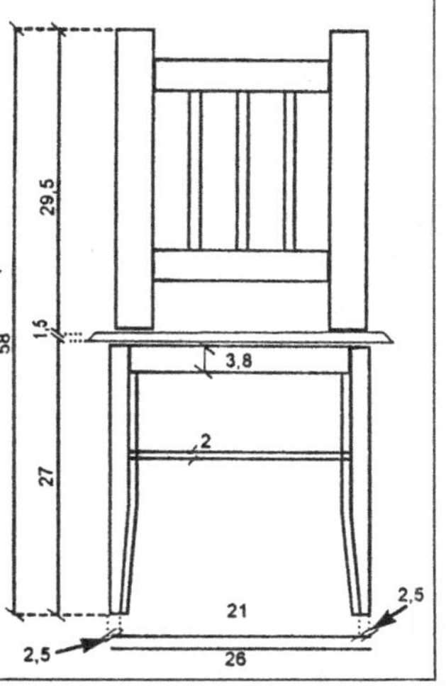

SABÍAS QUE

MEDIDAS TRADICIONALES(1)

MEDIDAS LINEALES

Las medidas lineales tradicionales, de enorme importancia tanto en el comercio como en la determinación de superficies y capacidades, se basaron en patrones (con divisiones) custodiados localmente en murallas e instituciones. el sistema castellano definió la siguiente división:

Vara	= 3 pies	= 4 palmos	0,836 m
Pie	= 12 pulgadas	= 16 dedos	27,9 cm
Palmo	= 9 pulgadas	= 12 dedos	20,9 cm
Pulgada	= 12 líneas		23 mm
Dedo	= 9 líneas		17 mm
Línea	= 12 puntos		2 mm
Punto			0,2 mm

Este sistema fue común en 25 provincias (vease tabla)

Provincia	Medidas usuales	Med. Métricas	Provincia	Medidas usuales	Med. Métricas
Álava	La vara de Castilla	0,8359	Lérida	Su 1/2 cana, 4 palmos	0,778
Albacete	Su vara	0,837	Logroño	Su vara	0,837
Alicante	"	0,912	Lugo	"	0,855
Almería	"	0,833	Madrid	"	0,843
Avila	La vara de Castilla	0,8359	Málaga	La vara de Castilla	0,8359
Badajoz	"	0,8359	Mallorca	El destre	4,214
Baleares	Su 1/2 cana, 4 palmos	0,782	Murcia	La vara de Castilla	0,8359
Barcelona	La cana, 8 palmos	1,555	Orense	"	0,8359
Burgos	La vara de Castilla	0,8359	Oviedo	"	0,8359
Cáceres	"	0,8359	Palencia	"	0,8359
Cádiz	"	0,8359	Pamplona	Su vara	0,785
Canarias	Su vara	0,842	Pontevedra	La vara de Castilla	0,8359
Castellón	Su vara	0,906	Salamanca	"	0,8359
Ciudad Real	"	0,839	Santander	"	0,8359
Córdoba	La vara de Castilla	0,8359	Segovia	La vara de Albacete	0,837
Coruña	La vara de Madrid	0,843	Sevilla	La vara de Castilla	0,8359
Cuenca	La vara de Castilla	0,8359	Soria	"	0,8359
Gerona	Su cana	1,559	Tarragona	Su 1/2 cana, 4 palmos	0,780
Granada	La vara de Castilla	0,8359	Teruel	Su vara	0,768
Guadalajara	"	0,8359	Toledo	"	0,837
Guipuzcoa	Su vara	0,837	Valencia	"	0,906
Huelva	La vara de Castilla	0,8359	Valladolid	La vara de Castilla	0,8359
Huesca	Su vara	0,772	Vizcaya	"	0,8359
Jaén	Su vara	0,839	Zamora	"	0,8359
León	La vara de Castilla	0,8359	Zaragoza	Su vara	0,772

(1) Tomado de Claudi Alsina. *Medidas tradicionales*

MEDIDAS PARA MADERAS USADAS EN CONSTRUCCIONES

La Esterometría de la madera ideada por ingenieros de montes, fijó unos ciertos nombres especiales para vigas de uso frecuente en la construcción de edificios. En algunos casos los resultados teóricos diferían de los cortes reales realizados por los leñadores o carpinteros de monte, y algunas dimensiones (ancho [A], grueso [G] o largo [L]) se dejaron variables [V] al estar en función del árbol.

Algunos ejemplos castellanos son

	L	A	G	L	A	G
Viga de media vara	V	2 palmos	1 pie	V	42 cm	28 cm
Viga de tercia	V	1 pie	1 palmo	V	28 cm	21 cm
Madera de 6 en vara	18 pies	10 dedos	8 dedos	5,01m	17 cm	14 cm

Algunos ejemplos valencianos son

	L	A	G	L	A	G
Tocho	30 palmos	30 dedos	26 dedos	6,79 cm	57 cm	49cm
Madero	V	19 dedos	17 dedos	V	36 cm	32 cm
Fila de 10	V	14 dedos	12 dedos	V	26 cm	23 cm

Algunos ejemplos barceloneses (vease figura) son (en palmos, siendo 8 palmos = 1,555 cm)

	L	A	G
Seixantè	60	3	2,5
Quarantè	40	2,5	2
Vint-i-quatrè	24	2	1,5
Dobler	36	1,75	1,25
Fila	24	1,5	1,25
Fustet	30-32	1,25	1
Fileta	30-34	1	0,75
Filetó	24	0,75	0,5

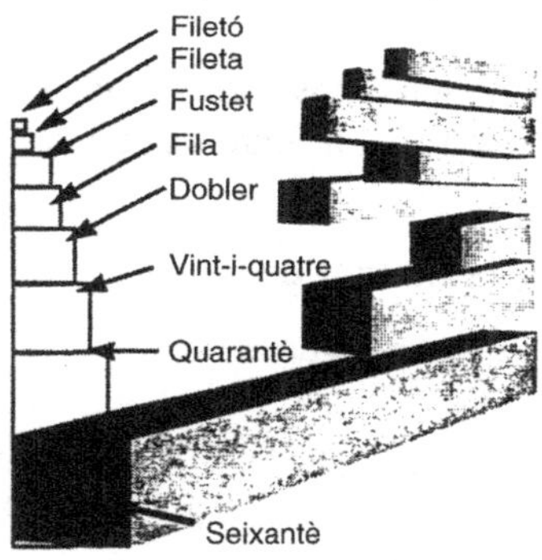

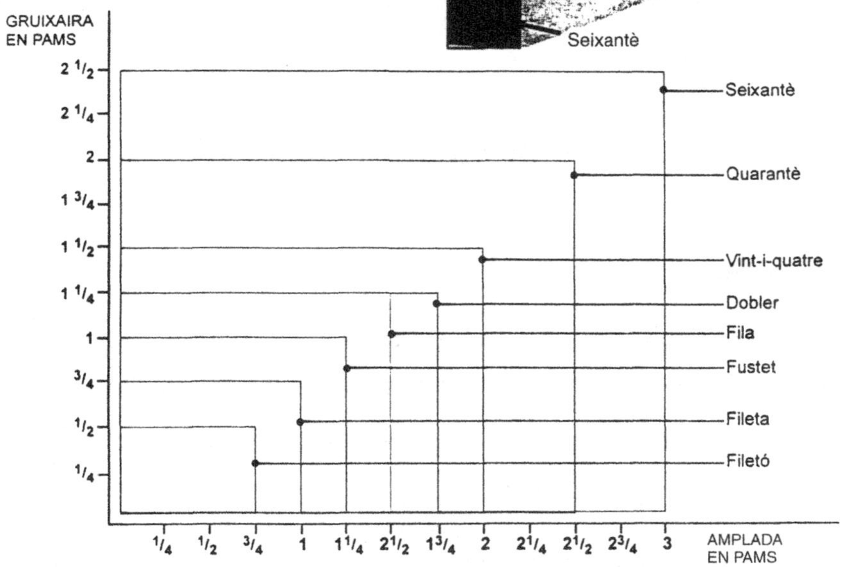

Nombre: Fecha:

DESPIECE

3. Utilizando una regla y tomando las medidas necesarias, realiza el despiece, situando las flechas de cota y el valor numérico del dibujo de la silla

EL ASIENTO

4. Aquí tienes el dibujo de la planta de la silla

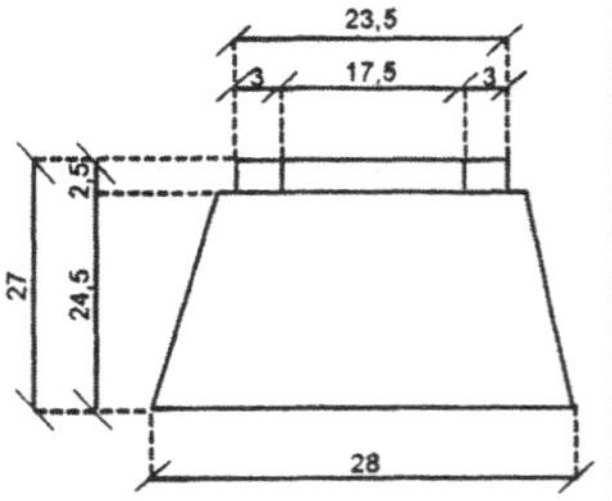

Tomando los datos correspondientes a las medidas del asiento de la silla. Calcula:

a) el área exterior del asiento

b)el área interior del asiento

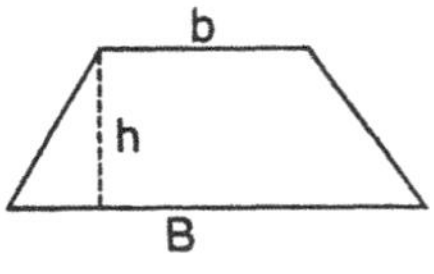

Área del trapecio $A = \frac{(B+b)h}{2}$

PRISMAS

5. Como habrás observado la mayoría de las piezas con las que construyes la silla son prismas; elige tres piezas diferentes y calcula su volumen

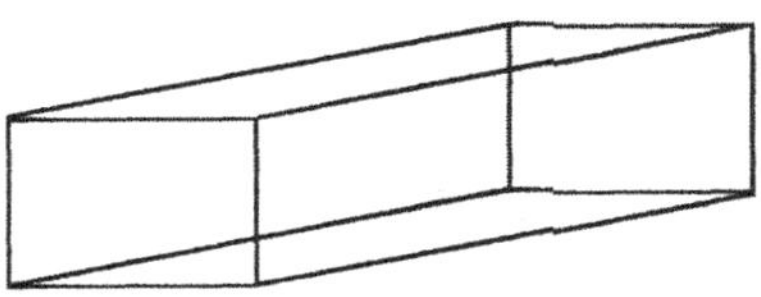

Nombre: Fecha:

ADIVINANDO MEDIDAS

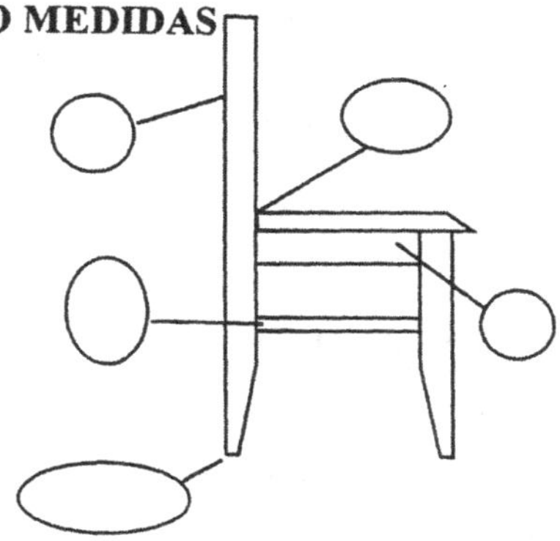

6. Javi en el taller plantea la siguiente cuestión a las personas que están realizando la silla: ¿Sabrías situar a que partes de la silla coresponden las siguientes medidas: 29,5 cm; 4 cm; 1,5 cm; 2 cm?

Representa sobre la recta real las medidas anteriores

ENSAMBLES Y UNIONES

7. Explica qué tipo de espigas llevan los travesaños de la silla. Indica su nombre y haz un dibujo del modelo

ÁRBOLES POR TODO EL MUNDO Los árboles crecen dondequiera que haya al menos 20 cm de lluvia al año y una temperatura de al menos 10° en verano. Estas condiciones no se dan en las zonas más claras del mapa. Ningún árbol crece en la tundra ártica y antértica, en las zonas desérticas o en las cimas de las montañas más altas.

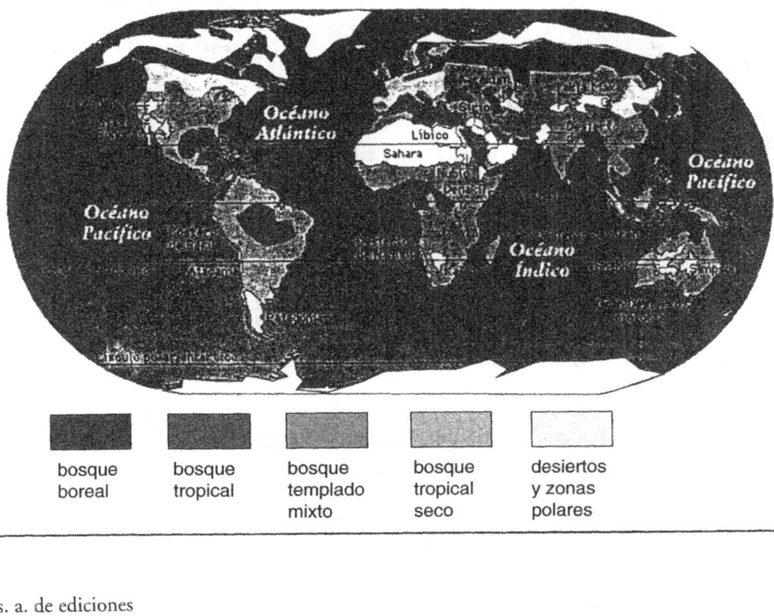

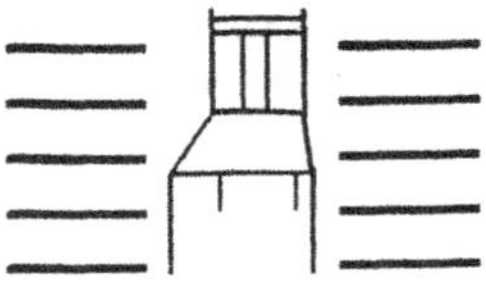

Nombre: Fecha:

DESVÍO DE FORMÓN

8. A un aprendiz del taller se le ha planteado un problema en su ejecución de la silla: se le ha desviado el formón al hacer el cajeado. ¿Cómo solucionarías el problema?

EL RESPALDO

9. El espacio que queda entre los dos largueros del respaldo de la silla es de 17 cm. Se quiere distribuir 3 barrotes que tienen 1 cm x 1 cm de sección. ¿Cómo harías la distribución para que todos queden a igual distancia?

TIPOS DE MADERA

La madera es un recurso muy versátil, porque los distintos tipos difieren considerablemente en cuanto a su color, densidad y dureza. Cada una de las maderas aquí mostradas tiene características particulares. La caoba es un árbol tropical apreciado por su madera densa, resistente y fácil de trabajar. El nogal americano tiene una madera dura de gran resistencia empleada para mangos de herramientas y muebles, y también para el ahumado de alimentos. Los fabricantes de instrumentos musicales aprecian mucho la madera de cerezo. El tejo es resistente, de veta fina, y se emplea en ebanistería y para la fabricación de arcos. El iroko, como la caoba, resiste a la podredumbre y los insectos, y tiene la veta 'entrelazada' de muchos árboles tropicales. El roble es una de las maderas más duraderas: se emplea en tonelería, chapado y revestimiento de suelos. El alerce es una madera resistente relativamente barata empleada en la construcción y en la fabricación de papel.

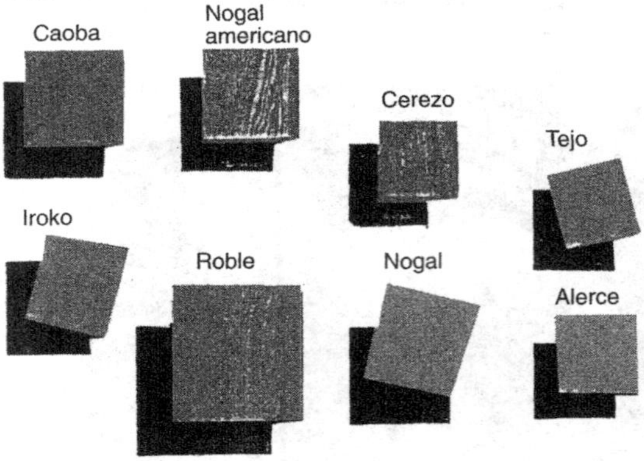

CORTEZA La corteza de un árbol está formada por células muertas que protegen a las células vivas del leño. Cuando el árbol crece, la capa más extensa de la corteza se raja y es sustituidad por una nueva. A veces resultan visibles muchas capas al mismo tiempo

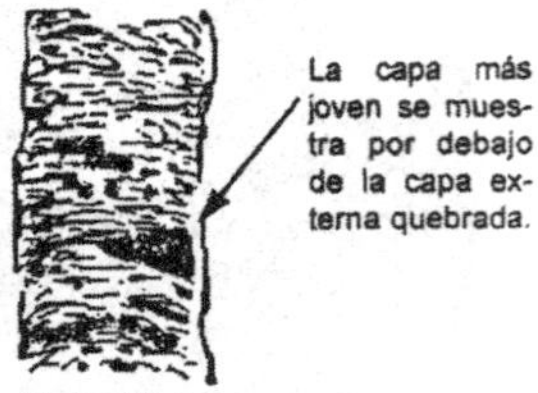

Abedul del papel
(Betula papyrifera)

MATERIALES

10. Elabora una lista del material necesario para la elaboración de la silla. Al lado de cada uno indica su precio de coste en el mercado.

Calcula el importe total de los materiales y añade el 16% de IVA

Referencias bibliográficas

ABELSON, R. (1979) Differences between belief system anda knowledge systems, *Cognitive Science*, 3, 355-366.

ABREU, G. (1993) *The relationship between home and school mathematics in a farming community in rural Brazil.* Ph.D thesis, University of Cambridge.

ABREU, G. (1995) Understanding how children experience the relationship between home and school mathematics. *Mind, culture, and activity*, 2 (2), 119-142.

ADAMS, V. M. (1989) Affective issues in teaching problem solving: a teacher' s perspective. En D. B. McLeod y V. M. Adams (Eds.), *Affect and mathematical problerm solving: A new perspective.* New York: Springer-Verlag. p. 192-201.

AIKEN, L. R., Jr (1970) Attitudes toward mathematics. *Review of Educational Research*, 40, 551-596.

APARICIO, R. (1994) Privación cultural relativa en un área urbana de Madrid. *Revista Internacional de Sociología.* Tercera época, nº 8 y 9, mayo-diciembre, 241-257.

APODAKA, P. (1989) Atribución-emoción-conducta. B. Weiner: Un modelo de motivación de logro basado en el proceso de atribución-emoción. En A. Echevarria y D. Paez (Cor), *Emociones: perspectivas psicosociales.* Madrid: Fundamentos. p. 431-458.

ARMON-JONES, C. (1986a) The Thesis of constructionism. En R. Harré (Ed.), *The social construction of emotion.* Oxford: Basil Blackwell. p. 32-56.

ARMON-JONES, C. (1986b) The social functions of emotion. En R. Harré (Ed.), *The social construction of emotion.* Oxford: Basil Blackwell. p. 57-82.

AVERILL, J. R. (1986) The adquisition of emotions during adulthood. En R. Harré (Ed.), *The social construction of emotion.* Oxford: Basil Blackwell. p. 98-119.

AVERILL, J. R. (1988) Un enfoque constructivista de la emoción. En L. Mayor (Comp.), *Psicología de la emoción (Teoría básica e investigaciones).* Valencia: Promolibro. p.193-238.

BASSAREAR, T. (1989) The interactive nature of cognition and affect in the learning of mathematics: two case studies. En C. A. Maher, G. A. Goldin and R. B. Davis (Eds.), *Proceeding of the PME-NA 11.* New Brunswick (NJ): Rugerts University. Vol. I, p. 3-10.

BERGER, P. y LUCKMAN, T. (1979) *La construcción social de la realidad.* Buenos Aires: Amorrortu.

BISHOP, A. (1999) *Enculturación matemática. La educación matemática desde una perspectiva cultural.* Barcelona: Paidós.

BISHOP, A. J. (1985) The social construction of meaning– A significant development for mathematics education? *For the Learning of Mathematics*, 5 (1), 24-28.

BISHOP, A. J. (1988a) *Mathematical Enculturation: A Cultural Perspective on Mathematics* Education, Dordrecht: Kluwer. (Trad. cast. de G. Sánchez *Enculturación matemática. La educación matemática desde una perspectiva cultural.* Barcelona: Paidós, 1999.

BLUMER, H. (1969) *Symbolic interactionism: Perspective and methods.* Engelwood Cliffs, NJ: Prentice-Hall. Trad. cast. *El interaccionismo simbólico: Perspectiva y método.* Barcelona: Hora, 1982.

BUXTON, L. (1981) *Do you panic about maths? Coping with maths anxiety.* London: Heinemann Educational Books.

CALLEJO, M. L. (1994) *Un club matemático para la diversidad.* Madrid: Narcea.

CAMILLERI, C., KASTERSZTEIN, J., LIPIANSKY, E. M., MALESWSKA-PEYRE, H., TABOADA-LEONETTI, I., VASQUEZ, A. (1990) Stratégies identitaires. Paris: Presses Universitaires de France.

CAÑON, C. (1993) *La Matemática: creación y descubrimiento.* Madrid: Universidad Pontificia de Comilllas.

CAÑON, C. (1995) Modas y creencias en epistemología matemática. Su relevancia para la didáctica. *En Actas de las VII Jornadas para el aprendizaje y la enseñanza de las matemáticas.* Madrid: Sociedad Madrileña del Profesores de Matemáticas Enma Castelnuovo, p. 27-31.

CAÑON, C. (1998) *Presentación.* En I. M. Gómez-Chacón, *Matemáticas y contexto. Enfoques y estrategias para el aula.* Madrid: Narcea.

CARRAHER, T. N., CARRAHER, D.W.y SCHLIEMANN, A. D. (1988) *Na Vida, Dez; Na Escola Zero. Os Contextos Culturais da Aprendizagem da Matemática.* Sao Paulo, Brazil: Cortez.

CARRILLO, J. (1996) *Modos de resolver problemas y concepciones sobre la matemática y su enseñanza de profesores de matemáticas de alumnos de más de 14 años. Algunas aportaciones a la metodología de la investigación y estudio de posibles relaciones.* Tesis Doctoral. Universidad de Sevilla.

CARRILLO, J. (1998). *Modos de resolver problemas y concepciones sobre la matemática y su enseñanza: metodología de investigación y relaciones.* Huelva: Servicio de Publicaciones de la Universidad de Huelva.

CARTER, C. S. y YACKEL, E. (1989 March) *A constructivist perspective on the relationship between mathematical beliefs and emotional acts.* Paper presented at the Annual Meeting of the American Educational Research Association, San Francisco.

COBB, P. (1985) Two children´s anticipations, beliefs, and motivations, *Educational Studies in Mathematics,* 16, 111-126.

COBB, P. (1986) Contexts, goals, beliefs, and learning mathematics, *For the Learning of Mathematics,* 6 (2), 2-9.

COBB, P. (1991) Reconstructing elementary school mathematics, *Focus on Learning Problems in Mathematics,* 13 (2), 3-32.

COBB, P. , YACKEL, E. y WOOD, T. (1989) Young childrens's emotional acts while engaged in mathematical problem solving. En D. B. McLeod y V M. Adams (Eds), *Affect and mathematical problem solving: A new perspective.* New York: Springer Verlag. p. 117-148.

COBB, P. , YACKEL, E. y WOOD, T. (1993) Theoretical orientation. En T. Wood, P. Cobb, E. Yackel y D. Dillon (Eds.) *Rethinking elementary school mathematics: Insights and issues* (Journal for Research in Mathematics Education Monograph Nº 6). Reston, VA: National Council of Teachers of Mathematics. p. 21-32.

COBB, P. y BAUERSFELD, H. (1995) *The emergence of mathematical meaning: interaction in classroom cultures.* Hillsdale, NJ: Lawrence Erlbaum.

COLLINS, R. (1984) The role of emotion in social structure. En K. Scherer y P. Ekman (Eds.), *Approaches to emotion.* Hillsdale: L. Erlbaum. (Citado en Valencia J. F., Paez, D. Echevarría, A. (1989), p. 172)

CONTRERAS, L. C. (1999). *Concepciones de los profesores sobre la resolución de problemas.* Huelva: Servicio de Publicaciones de la Universidad de Huelva.

DAVIS, P. J. y HERSH, R. (1988) *Experiencia Matemática.* Ed. Labor-MEC.

DEBELLIS, V. A. y GOLDIN, G. A. (1991) Interactions between cognition and affect in high school students' individual problem solving. En R. G. Underhill (Ed) *Proceedings of the Thir-*

teenth Annual Meeting on the Psychologv of Mathematics Education, North American Chapter of International Group. Virginia Polytechnic Institute and State University. Vol. I, p. 29-35.

DEBELLIS, V. A.y GOLDIN, G. A. (1993) Analysis of interactions between affect and cognition in elementary school chlidren during problem solving. En J. R. Becker y B. J. Pence (Eds) *Proceedings of the Fifteenth Annual Meeting on the Psychology of Mathematics Education, North American Chapter of International Group.* Pacific Grove, CA, USA. Vol. II, p. 56-62.

DENZIN, N. K. y LINCOLN, Y. S. (Eds.) (1994) *Handbook of qualitative research.* London: Sage Publications.

D'AMBROSIO, U. (1985a) Etnomathematics and its place in the history and pedagogy of mathematics. *For the Learning of Mathematics,* 5 (1), 44-48.

D'AMBROSIO, U. (1985b) *Socio-culural bases for mathematics education.* UNICAMP.

ECHEVARRIA, A. y PAEZ, D. (1989) *Emociones: perspectivas psicosociales.* Madrid: Fundamentos.

EKMAN, P. y DAVIDSON, R. J. (1994) *The nature of emotion.* Oxford: Oxford University Press.

ELLERTON, N. y CLEMENTS, K. (1994*) Fostering mathematical attitudes and appreciation.* AAMT Workshops. Adelaide: Australian Association of Mathematics Teachers.

ERNEST, P. (1988) The impact of beliefs on the teaching of mathematics. En C. Keitel, P. Damerow, A. Bishop, P. Gerders (Eds.), *Mathematics, Education and, Society.* Paris.United Nations Educational Scientific. p. 99-101.

ERNEST, P. (1989) The knowledge, beliefs and attitudes of the mathematics teacher: a model, *Journal of Education for teaching,* 15 (1), 13-33.

ERNEST, P. (1991) The philosophy of mathematics education. Hampshire, U.K.: The Falmer Press.

FENNEMA, E. (1989) The study of affect and mathemtics: a proposed generic model for research. En D. B. McLeod y V M. Adams (Eds.), *Affect and mathematical problerm solving: A new perspeative.* New York: Springer-Verlag. p. 205-219.

FENNEMA, E. y FRANKE, M. L. (1992) Teacher's knowledge and its impact. En Douglas A. Grows (Ed.), *Handbook of Research on Mathematics Teaching and Learning.* New York: Macmillan, NCTM. p. 147-164.

FLAVELL, J. H. (1979) Metacognition and cognition monitoring. A new area of cognitive-developmental inquiry. *American psychologist,* 34 (10), 906-911.

FRANK, M. L. (1988) Problem solving and mathematical beliefs. *Arithmetic Teacher* 35 (5), 32-34.

GAROFALO, J. y LESTER, F. (1985) Metacognition, cognitive monitoring, and mathematical performance. *Journal for Research in Mathematics Education,* 16, 163-176.

GLASER, R. y STRAUSS, A. (1967) *The discover of grounder theory: srategies for qualitative research.* New York: Aldine Publishing.

GOLDIN, G. A. (1988a) Affective representation and mathematical problem solving. En M. J. Behr, C. B. Lacampagne; y M. M. Wheler (Eds.), *Proceedings of the Tenth Annual Meeting on the Psychology of Mathematics Education, North American Chapter of International Group.* North Illinois University. DeKalb, IL. p. 1-7.

GOLDIN, G. A. (1988b) The development of a model for competence in mathematical problem solving based on systems of cognitive representation. En A. Borbás (Ed) *Proceedings of the Twelfth International Conference on the Psychology of Mathematics Education,* . Hungary: University of Hungary.Vol. II, p. 358-365.

GOLEMAN, D. (1995) *Emotional intelligence.* New York: Batam Books. Trad. cast. D, González y F. Mora. *Inteligencia emocional.* Barcelona: Kairós, 1996.

GOMEZ-CHACON, I. M. (1995) Mathematics in the «Centro-Taller»: Looking for the conections between the affective issues and the cultural influences in the mathematical learning. A paper presented at the *19th Annual Meeting of International Group for the Psychology of Mat-*

hematics Education (PME) and publised in*Booklet Cultural aspests in the Learning of Mathematics, Some current developments.PME19, Recife, july 1995.* p. 33-46.

GOMEZ-CHACON, I. M. (1997) *Procesos de aprendizaje en matemáticas con poblaciones de fracaso escolar en contextos de exclusión social. Las influencias afectivas en el conocimiento de las matemáticas.* Tesis Doctoral, Universidad Complutense. Inédita.

GOMEZ-CHACON, I. M. (1997a) La alfabetización emocional en Educación Matemática: actitudes, emociones y creencias. *Revista de Didáctica de las Matemáticas UNO,* Julio, 13, 7-22.

GOMEZ-CHACON, I. M. (1998) *Matemáticas y contexto. Enfoques y estrategias para el aula.* Apuntes IEPS, nº 64. Madrid: Narcea.

GOMEZ-CHACON, I. M. (1998a) Creencias y contexto social en matemáticas. *Revista de Didáctica de las matemáticas, UNO,* Julio, 17, 83-104.

GOMEZ-CHACON, I. M. (1998b) Dimensión afectiva e identidad social en matemáticas. En Oliveras, M. L. y otros, *Etnomatemáticas y Educación Matemática. Construyendo un futuro equitativo.* CD Rom 967/98, Granada.

GOMEZ-CHACON, I. Mª (1998c) Una metodología cualitativa para el estudio de las influencias afectivas en el conocimiento de las matemáticas. *Enseñanza de las Ciencias. Revista de investigación y experiencias didácticas.*, 1998, 16 (3), 431-450.

GOMEZ-CHACON, I. M. (1998d) ¿Es la actividad matemática algo emocional? *Gaceta de la Real Sociedad Matemática Española, 1(3)*, 415-423.

GOMEZ-CHACON, I. Mª (1999) Procesos de aprendizaje en matemáticas con poblaciones de fracaso escolar en contextos de exclusión social. Las influencias afectivas en el conocimiento de las matemáticas, En MEC, *Premios Nacionales de Investigación e Innovación Educativa 1998,* Colección Investigación, Madrid: Ministerio de Educación y Cultura-CIDE, p. 333-358.

GOMEZ-CHACON, I. Mª (1999a) Toma de conciencia de la actividad emocional en el aprendizaje de la matemática. Una perspectiva para el tratamiento de la diversidad. *Revista de Didáctica de las matemáticas, UNO,* 21, 29-46.

GOMEZ-CHACON, I. Mª (Pendiente de publicación) Emotional influences in the knowledge of mathematics. A model of analysis for local affect, *Educational Studies in Mathematics, An international Journal*

HALMOS, P. R. (1991) ¿Qué es un matemático? *Epsilón,* 20, 33-40.

HARRE, R. (1986a) An Outline of the social constructionist viewpoint. En R. Harré (Ed.), *The social construction of emotion.* Oxford: Basil Blackwell. p. 2-14.

HARRE, R. (1986) (Ed.) *The social construction of emotion* . Oxford: Basil Blackwell.

HART, L. E. (1989) Describing the affective domain: saying what we mean. En D. B. McLeod y V. M. Adams (Eds.), *Affect and mathematical problem solving: A new perspectitve.* New York: Springer-Verlag. p. 37-48.

HART, L. E. y WALKER, J. (1993) The role of affect in teaching and learning mathematics. En D. T. Owens (Eds.) *Research ideas for the classroom: Middle grades mathematics.* New York: Macmillan, p. 22-38.

HART, L. E. y ALLEXSAHT-SNIDER, M. (1996) Sociocultural and Motivacional contexts of mathematics learning for diverse students. En M. Carr (Ed.), *Motivation in Mathematics.* Hampton Press. Cresskill N. J. p. 1-24.

HEIDER, F. (1958) *The psycholoy of interpersonal relations.* New York: John Wiley and Sons. (Citado en E. Garcia Fernandez-Abascal. p.369).

HERSH, R. (1986) Some proposals for revising the philosophy of mathematics, En T. Tymoczko (Ed.) *New directions in the philosophy of mathematics.* Boston: Birkhauser. p. 9-28.

ISODA, M. (1996) What is observed via face, writing and speaking in the classroom? Paper presented in *Working Group 3 Student Attitude and Motivation, ICME-8.* Universidad de Sevilla.

KLOOSTERMAN, P. (1996) Students' beliefs about knowing and learning mathematics: implications for motivation, En M. Carr (Ed.), *Motivation in Mathematics.* Cresskill, NJ: Hampton Press. p. 131-156.

KRATHWOHL, D. R.; BLOOM, B. S. y MASIA, B. B. (1964) *Taxonomy of educational objecives: The classidication of educational goals. Handbook II: Affective domain.* New York: Longman. Trad. cast. de I. Acarreta, *Taxonomía de los objetivos de la educación: Clasificación de las metas educativas: Ambito de la afectividad.* Vol. II. Alcoy: Marfil, 1973.

KULM, G. (1980) Research on mathematics attitude. En R. J. Shumway (Ed.), *Research in mathematics education.* Reston, Va: National Council of Teachers of Mathematics. p. 356-387.

LAFORTUNE, L. (1992) *Dimension affective en Mathématiques.* Mont-Royal, Québec: Spirale.

LAFORTUNE, L. y ST-PIERRE, L. (1994) *La pensée et les émotions en mathématiques. Métacognition et affectivité.* Quebec: Les Editions Logiques.

LAVE, J. (1988) Cognition in practice. Cambridge: Cambridge University Press. Trad. cast. de L. Botella *La cognición en la práctica. Cognición y desarrollo humano.* Barcelona: Paidós, 1991.

LAVE, J. (1992) Word problems: a microcosm of theories of learning. En P. Light and G. Butterworth (Eds.), *Context and cognition: Ways of learning and knowing.* New York: Harvester. p. 75-92.

LAZARUS, R. S. y FOLKMAN, S. (1984) Stress, Appraisal and coping. New York: Springer Publishing Company. (Citado en Vano –Vindel, A. (1995) Orientaciones en el estudio de la emoción. En E. García Fernandez– Abascal (Coord.) *Manual de Motivación y Emoción.* Madrid: Ed. Centro de Estudios Ramón Areces. p. 370)

LERMAN, S. (Ed.) (1996) Socio-cultural approaches to mathematics teaching and learning, *Educational Studies in Mathematics,* 31 (1-2). Monografía.

LEWIS, M. y HAVILAND, J. M.(1993) *Handbook of emotions.* New York: The Guilford Press.

LIPIANSKY, E. M. (1990) Identité subjective et interaction. En C. Camilleri, J. Kastersztein, E. M. Lipiansky, H. Malewska-Peyre, I. Taboada-Leonetti, A. Vasquez, *Stratégies identitaires.* Paris: Presses Universitaires de France. p. 173-212.

MANDLER, G. (1975) *Mind and emotion.* New York: Wiley.

MANDLER, G. (1984) *Mind and body: Psychology of emotion and stress.* New York: Norton.

MANDLER, G. (1985) *Cognitive psychology: An essay in cognitive science.* Hillsdale, NJ: Lawrence Erlbaum.

MANDLER, G. (1988) Historia y desarrollo de la psicología de la emoción. En L. Mayor (Comp.), *Psicología de la emoción (Teoría básica e investigaciones).* Valencia: Promolibro. p. 9-71

MANDLER, G. (1989a) Affect and learning: Causes and consequences of emotional interactions. En D. B. McLeod y V M. Adams (Eds) *Affect and mathematical problem solving*: A new perspectitve. Springer-Verlag. New York. p. 3-19.

MANDLER, G. (1989b) Affect and learning: reflections and prospects. En D. B. McLeod y V. M. Adams (Eds.), *Affect and mathematical problem solving: A new perspective.* New York: Springer-Verlag. p. 237-244.

MARSHALL, S. (1989) Affect in schema knowledge: Source and impact. En D. B. McLeod y V. M. Adams (Eds), *Affect and mathematical problem solving: A new perspective.* New York: Springer Verlag. p. 49-58.

MARTIN , B. L. y BRIGGS, L. J. (1986) *The afective and cognitive domains: Integration for instruction and research.* Englewood Cliffs, New Jersey: Educational Technology Publications.

MASON, J., BURTON, L. y STACEY, K. (1982) *Thinking mathematically.* London: Addison-Wesley. Trad. cast. de M. Martínez, *Pensar matemáticamente.* Barcelona: Labor, 1988.

MCDONALD, B. A. (1989) Psychological conceptions of mathematics and emotion. En D. B. McLeod y V. M. Adams (Eds.), *Affect and mathematical problem solving: A new perspective.* New York: Springer Verlag. p. 221-234.

MCLEOD, D. B. (1985) Affective issues in research on teaching mathematical problem solving. En E. A. Silver (Ed), *Teaching and learning mathematical problem solving: multiple research perspectives.* Hillsdale: Lawrence Erlbaum Associates. p. 267-279.

MCLEOD, D. B. (1988) Affective issues in mathematical problem solving: Some theoretical considerations. *Journal for Research in Mathematics Education,* 19, 134-141.

MCLEOD, D. B. (1989a) The role of affect in mathematical problem solving. En D. B. McLeod y V M. Adams (Eds.), *Affect and mathematical problerm solving: A new perspective.* New York: Springer-Verlag. p. 20-36.

MCLEOD, D. B. (1989b) Beliefs, attitudes, and emotions: new view of affect in mathematics education. En D. B. McLeod y V M. Adams (Eds.), *Affect and mathematical problem solving: A new perspectitve.* New York: Springer-Verlag. p. 245-258.

MCLEOD, D. B. (1990) Information-processing theories and mathematics learning: the role of affect, *International Journal of Educational Research,* 14, 13-29.

MCLEOD, D. B. (1992) Resarch on affect in mathematics education: A reconceptualization. En Douglas A. Grows (Ed.), *Handbook of Research on Mathematics Teaching and Learning.* New York: Macmillan, NCTM. p. 575-596.

MCLEOD, D. B. (1994) Research on affect and mathematics learning in the JRME: 1970 to the present. *Journal for Research in Mathematics Education* 25, (6), 637-647.

MCLEOD, D. B. y ADAMS, V M. (Eds.) (1989) *Affect and mathematical problem solving: A new perspective.* New York: Springer Verlag.

MCLEOD, D. B. y ORTEGA, M. (1993) Affective issues in mathematics education. En P. S. Wilson (Ed.), *Research ideas for the classroom: High school mathematics.* Reston, VA: National Council of Teachers of Mathematics. Research and Macmillan. p. 21-36.

MCLEOD, D. B., CRAVIOTTO, C. y ORTEGA, M. (1990, July) Students' affective responses to non-routine mathematical problems An empirical study. *Paper presented at the Fourteenth International Conference for the Psychology– of Mathematics Education,* Mexico City. p. 159-166.

MCLEOD, D. B., METZGER, W. y CRAVIOTTO, C. (1989) Comparing experts' and novices' affective reactions to mathematical problem solving: An exploratory study. En G. Vergnaud (Ed), *Proceedings of the Thirteenth International Conference for the Psychology of Mathematics Education.* Paris: Laboratoire de Psychologie du Developement et de l'Education de l'Enfant. Vol. II, p. 296-303.

MEAD, G. H. (1934) *Mind, self and society.* Chicago: University Chicago Press. (Citado en Valencia J. F., Paez, D. Echevarría, A. (1989). p. 166)

MEC (1989). *Diseño Curricular Base del área de Matemáticas.* Madrid: MEC.

MELLIN-OLSEN, S. (1987) *The politics of mathematics education.* Boston: D. Reidel.

N.C.T.M. (1991). *Estándares Curriculares y de Evaluación para la Educación Matemática* (NCTM, 1989). Publicado en Castellano por Sociedad Andaluza para la Educación Matemática «THALES».

NICHOLLS, J. G., COBB, P., WOOD, T., YACKEL, E. y PATASHNICK, M. (1990) Assessing students' theories of success in mathematics: individual and classroom differences, *Journal for Research in Mathematics Education,* 21 (2), 109-122.

NICKSON, M. (1989) What is multicultural mathematics. En P. Ernest, *Mahematics teahing: The state of the art.* London: The Falmer Press. p. 236-240.

NIMIER, J. (1988) *Les modes de relations aux mathématiques. Attitudes et représentations.* Paris: Méridiens Klincksieck.

NIMIER, J. (1993) Defence mechanisms against mathematics, *For the Learning of mathematics,* 13 (1), 30-34.

NUNES, T. (1992) Ethnomathematics and everyday cognition. En D. A. Grouws (Ed.), *Hand-*

book of Research on Mathematics teaching and learning. Nueva York: Mac Millan P. C. p. 557-574.

OLIVERAS, M. L. (1996) *Etnomatemáticas. Formación de profesores e innovación curricular.* Granada: Comares.

ORTONY, A, CLORE, G. L. y COLLINS, A. (1988) *The cognitive structure of emotions.* Cambridge: Cambridge University Press.

PAEZ, D. y cols. (1987) *Pensamiento, individuo y sociedad. Cognición y representación social.* Madrid: Fundamentos.

PAJARES, M. F. (1992) Teachers' beliefs anda educational reseach: cleaning up a messy construct, Review of Educational Research, 62(3), 307-332.

PEHKONEN, E. y TÖRNER, G. (1995) Mathematical beliefs systems and their meaning for the teaching and learning of mathematics, En G. Törner (Ed.), *Current state of research on mathematical beliefs, Proceedings of the MAVI Workshop.* University of Duisburg.

PONTE, J. P. (1994) Mathematics teachers'professional knowledge. Proceeding of the 18th PME Conference, Vol 1, 195-210, Lisbon.

REYES, L. H. (1984) Affective variables and mathematics education. *Elementary School Journal,* 84, 558-581.

RUIZ HIGUERAS, L. (1994) *Concepciones de los alumnos de Secundaria sobre la noción de función: Análisis epistemológico y didáctico.* Micropublicación de la Universidad de Jaén.

RUIZ HIGUERAS, L. (1998) *La noción de función: Análisis epistemológico y didáctico.* Servicio de Publicaciones. Universidad de Jaén.

SALOVEY, P. y MAYER, J. D. (1990) Emotional intelligence. *Imagination, Cognition and Personality,* 9 (30), 185-211.

SCHOENFELD, A. H. (1985) Metacognitive and epistemological issues en mathematical understanding. En E. A. Silver (Ed.) *Teaching and learning mathematical problem solving: multiple research perspectives.* Hillsdale, N. J.: Lawrence Erlbaum Associates. p. 361-379.

SCHOENFELD, A. H. (1992a) Learning to think mathematically: problem solving, metacognition, and sense-making in mathematics, En D. A. Grouws (Ed.), *Handbook of Research on Mathematics teaching and learning.* New York: Mac Millan P. C. p. 334-370.

SCHOENFELD, A. H. (Ed.) (1987) *Cognitive science and mathematics education.* Hillsdale, NJ: Lawrence Erlbaum Associates.

SHOTT, S. (1979) Emotion and social life: a symbolic interactionist analysis. *American Journal of Sociology,* 84, 1317-1334. (Citado en Valencia J. F., Paez, D. Echevarría, A. (1989) p. 161).

SIMON, H. A. (1982) Comments. En M. S. Clark y S. T Fiske (Eds.), *Affect and cognition.* Hillsdale, NJ: Lawrence Erlbaum. p. 333-342.

SKEMP, R. (1979) *Intelligence, learning and action.* New York: John Wiley. (Citado en Buxton (1981), p. 7).

SNOW, R. E. y FARR, M. J. (Eds.) (1987) *Aptitude, learning, and instruction. Volume 3: Conative and affective process analyses.* Hillsdale, NJ: Lawrence Erlbaum.

SOWDER, L. (1989) Searching for affect in the solution of story problems in mathematics. En D. B McLeod y V. M. Adams (Eds.), *Affect and mathematical problerm solving: A new perspective.* Ney York: Springer-Verlag. p. 104-113.

TAJFEL, H. (1981) *Human groups and social categories.* Cambridge: Cambridge University Press.

TAJFEL, H. (Ed.) (1978) *Differentiation between social groups: studies in social psychology of intergroup relations (European Monographs in Social Psychology, 14).* London: Academic Press.

THOMPSON, A. G. (1984) The relationship of teachers' conceptions of mathematics teaching to instructional practice, *Educational Studies in Mathematics,* 15, 105-127.

THOMPSON, A. G. (1992) Teachers' Beliefs and conceptions: a synthesis of research. En GROWS, Douglas A.(ed). *Handbook of Research on Mathematics Teaching and Learning.* Macmillan, NCTM. p. 127-146.

THOMPSON, A. G. y THOMPSON, P. W. (1989) Affect and problem solving in an elementary school mathematics classroom. En D. B. McLeod y V. M. Adams (Eds.), *Affect and mathematical problerm solving: A new perspeative.* New York: Springer-Verlag. p. 162-176.

TÖRNER, G y PEHKONEN, E. (1996) *Literature on mathematical beliefs.* Schriftenreihe des Fachbereichs Mathematik. Gerhard Mercator Universität. Gesamthochschule Duisburg.

UNDERHILL, R. G. (1990) A web of beliefs: learning to teach in an environment with conflicting messages. En G. Booker, P. Cobb y T. N. de Mendicuti, Proceedings of PME 14, Vol. 1, 207-213, Mexico.

VALENCIA, J. F., PAEZ, D. y ECHEVARRIA, A. (1989) Teorías sociopsicologicas de las emociones. En A. Echevarria y D. Paez (Cord.), *Emociones: perspectivas psicosociales.* Madrid: Fundamentos. p. 141-232.

WEINER, B. (1986) *An atributtional theory of motivation and emotion.* Nueva York: Springer-Verlag.

WEINERT, F. E. y KLUWE, R. H. (Eds). (1987) *Metacognition, motivation, and understanding.* Hillsdale, NJ: Lawrence Erlbaum.

WOOD, L. A. (1986) Lonelines. En R. Harré (Ed.), *The social construction of emotion.* Oxford: Basil Blackwell. p. 184-208.

YACKEL, E. y COBB, P. (1996) Sociomathematical norms, argumentation, and autonomy in mathematics. *Journal for Research in Mathematics Education,* 27 (4), 458-477.

Colección
EDUCACIÓN HOY ESTUDIOS

Títulos publicados:

AEBLI, H.: *12 formas básicas de enseñar. Una didáctica basada en la psicología.*
– *Factores de la enseñanza que favorecen el aprendizaje autónomo.*
AINSCOW, M.: *Necesidades especiales en el aula. Guía para la formación del profesorado.*
– *Desarrollo de escuelas inclusivas. Ideas, propuestas y experiencias para mejorar las instituciones escolares.*
AINSCOW, M., HOPKINS, D., SOUTHWORTH, G. y WEST, M.. *Hacia escuelas eficaces para todos. Manual para la formación de equipos docentes.*
AINSCOW, M., BERESFORD, J., HARRIS, A., HOPKINS, D. y WEST, M.: *Crear condiciones para la mejora del trabajo en el aula. Manual para la formación del profesorado.*
AINSCOW, M. y WEST, M. (coord.): *Mejorar las escuelas urbanas.*
ALSINA, À. y PLANAS, N.: *Matemática Inclusiva. Propuestas para una educación matemática accesible.*
ARIZA, C., CESARI, M.ª D. y GABRIEL Y GALÁN, M.: *Programa integrado de Pedagogía Sexual en la escuela.*
ASSMANN, H.: *Placer y ternura en la Educación. Hacia una sociedad aprendiente.* Prólogo de Leonardo Boff.

BARTOLOMÉ, M. (coord.): *Identidad y Ciudadanía. Un reto a la educación intercultural.*
BAZARRA, L., CASANOVA, O., G.ª UGARTE, J.: *Profesores, alumnos, familias. 7 pasos para un nuevo modelo de escuela.*
BERNABEU, N. y GOLDSTEIN, A.: *Creatividad y aprendizaje. El juego como herramienta pedagógica.*
BERNAD, J. A.: *Modelo cognitivo de evaluación escolar.*
BERNARDO CARRASCO, J.: *Cómo personalizar la educación. Un reto de futuro.*
BISQUERRA, R.: *Orígenes y desarrollo de la Orientación Psicopedagógica.*
BOUD, D., COHEN, R. y WALKER, D.: *El aprendizaje a partir de la experiencia. Interpretar lo vital y cotidiano como fuente de conocimiento.*
BRUNER, J. S.: *El proceso mental en el aprendizaje.*

CERRO, S. Mª: *Grafología pedagógica. Aplicada a la orientacion vocacional.*
DAY, Ch.: *Formar docentes. Cómo, cuándo y en qué condiciones aprende el profesorado.*

ECHEITA, G.: *Educación para la inclusión o educación sin exclusiones.*

FERMOSO, P.: *Manual de la Economía de la Educación.*
FOUREZ, G.: *La construcción del conocimiento científico. Sociología y ética de la ciencia.*
– *Cómo se elabora el conocimiento. La epistemología desde un enfoque socioconstructivista.*
FRANCESCATO D., TOMAI, M. y MEBANE, M. E.: *Psicología Comunitaria en la enseñanza y la orientación.*

GARCÍA SÁNCHEZ, J. N.: *Manual de dificultades de aprendizaje.*
GERVILLA, A.: *Didáctica básica de la Educación Infantil. Conocer y comprender a los más pequeños.*
– *Familia y Educación familiar. Conceptos clave, situación actual y valores.*
GERVILLA, E.: *Educación familiar. Nuevas relaciones humanas y humanizadoras.*
GÓMEZ-CHACÓN, I.: *Matemática emocional. Los afectos en el aprendizaje.*
GUPTA, R. M. y COXHEAD, P.: *Asesoramiento y apoyo psicopedagógico. Estrategias prácticas de intervención educativa.*
GUTIÉRREZ ZULOAGA, I.: *Introducción a la historia de la Logopedia.*

HERNÁNDEZ, P.: *Diseñar y enseñar. Teoría y técnicas de la programación y del proyecto docente.*
HERSH, R., REIMER, J. y PAOLITTO, D.: *El crecimiento moral. De Piaget a Kohlberg.*
HOUGH, M.: *Técnicas de orientación psicológica.*
HUSÉN, T.: *La escuela a debate. Problemas y futuro.*
HUSÉN, T. y OPPER, S.: *Educación multicultural y multilingüe.*

JENSEN, E.: *Cerebro y aprendizaje. Competencias e implicaciones educativas.*

KEOGH, B. K.: *Temperamento y rendimiento escolar. Qué es, cómo influye, cómo se valora.*
KLENOWSKI, V.: *Desarrollo de Portafolios para el aprendizaje y la evaluación.*

LONGÁS, J. y MOLLÁ, N.: *La escuela orientadora. La acción tutorial desde una perspectiva institucional.*
LLOPIS, C. (coord.): *Recursos para una educación global. ¿Es posible otro mundo?*

MARCELO, C. y VAILLANT, D.: *Desarrollo profesional docente. ¿Cómo se aprende a enseñar?*
MARCO STIEFEL, B.: *Competencias básicas. Hacia un nuevo paradigma educativo.*
MARDOMINGO, M.ª Jesús: *Psiquiatría para padres y educadores.*
MARTÍN, M.: *Semiología de la imagen y pedagogía.*
McCLELLAND, D.: *Estudio de la motivación humana.*
MEMBIELA, P. (ed.): *Enseñanza de las Ciencias desde la perspectiva CTS. Formación para la ciudadanía.*
MONEREO, C. y POZO, J. I.: *La Identidad en Psicología de la Educación. Necesidad, utilidad y límites.*

PÉREZ JUSTE, R., LÓPEZ RUPÉREZ, F., PERALTA, M. D. y MUNICIO, P.: *Hacia una educación de calidad. Gestión, instrumentos y evaluación.*
PÉREZ SERRANO, G.: *Pedagogía social-Educación social. Construcción científica e intervención práctica.*
POEYDOMENGE, M. L.: *La educación según Rogers. Propuestas de la no directividad.*
POSTIC, M.: *La relación educativa. Factores institucionales, sociológicos y culturales.*
POSTIC, M. y DE KETELE, J. M.: *Observar las situaciones educativas.*
– *La relación educativa.*
POVEDA, L.: *Ser o no ser. Reflexión antropológica para un programa de pedagogía teatral.*
– *Texto dramático. La palabra en acción.*

QUINTANA, J. Mª: *Pedagogía familiar.*

RAY, W.: *Diferencias individuales en el aprendizaje. Personalidad y rendimiento escolar.*
RODRÍGUEZ, A., GUTIÉRREZ, I. y MEDINA, A.: *Un enfoque interdisciplinar en la formación de los maestros.*
ROSALES, C.: *Evaluar es reflexionar sobre la enseñanza.*
RUIZ, J. M.ª: *Cómo hacer una evaluación de centros educativos.*

SÁINZ, C. y ARGOS, J.: *Educación Infantil. Contenidos, procesos y experiencias.*
SCHWARTZ, B.: *Hacia otra escuela.*
STAINBACK, S. y W.: *Aulas inclusivas. Un nuevo modo de enfocar y vivir el currículo.*

TARDIF, M.: *Los saberes del docente y su desarrollo profesional.*
TEJEDOR, F. J. y GARCÍA VALCÁRCEL, A. (eds.): *Perspectivas de las nuevas tecnologías en la educación.*
TENBRINK, T. D.: *Evaluación. Guía práctica para profesores.*
TITONE, R.: *Psicodidáctica.*

URÍA, M.ª E.: *Estrategias didáctico-organizativas para mejorar los centros educativos.*

VALLE, A. del: *Aportación bio-bibliográfica a la Historia de la Ciencia.*
VILA, A. y CALLEJO, M.ª L.: *Matemáticas para aprender a pensar. El papel de las creencias en la resolución de problemas.*

WHITAKER, P.: *Cómo gestionar el cambio en contextos educativos.*

ZABALZA, M. A.: *Calidad en la Educación Infantil.*
– *Diseño y desarrollo curricular.*
– *Diarios de clase. Un instrumento de investigación y desarollo profesional.*

Made in the USA
Monee, IL
18 October 2026

66048460R10155